粪鬼伞

美味牛肝菌

彩图3　伞菌类的食用菌(续)

竹荪

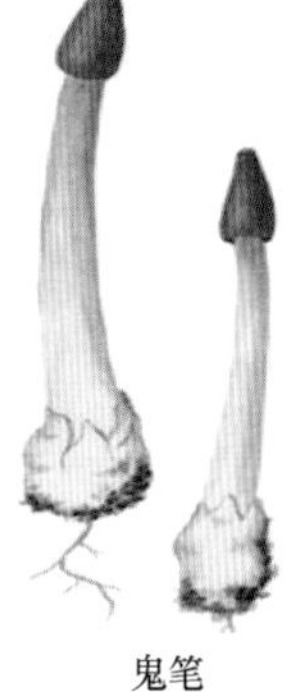
鬼笔

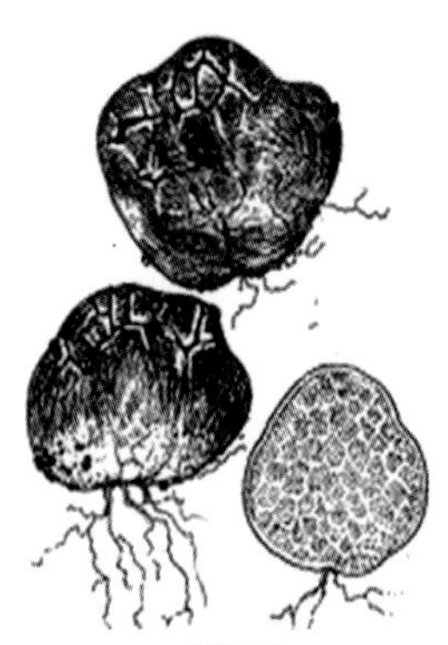
须腹菌

彩图4　腹菌类的食用菌

羊肚菌

森林盘菌

冬虫夏草

彩图5　部分子囊菌中的食用菌

彩图 6　茯苓的菌核

彩图 7　平菇黑色品种

彩图 8　平菇灰色品种

彩图 9　平菇白色品种

彩图 10　平菇黄色品种

彩图 11　平菇红色品种

彩图 12　平菇发蓝色

彩图 13　香菇

彩图 14　香菇转色不正常

彩图 15　花菇

彩图 16　金针菇

彩图 17　双孢蘑菇白色品种

彩图 18　双孢蘑菇棕色品种

彩图 19　双孢蘑菇出菇过密

彩图 20　双孢蘑菇死菇

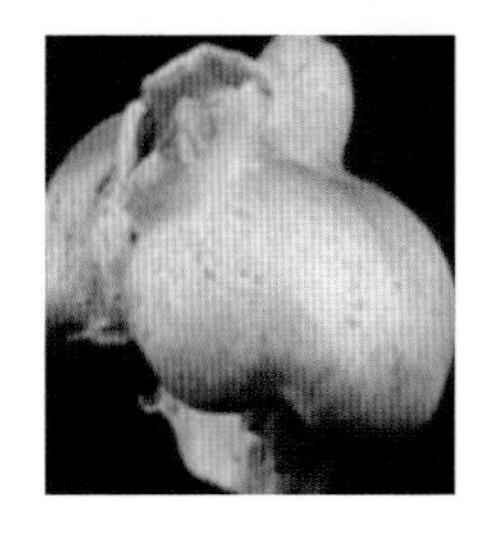

彩图 21　双孢蘑菇畸形

彩图 22　双孢蘑菇薄皮菇

彩图 23　双孢蘑菇硬开伞

彩图 24　地雷菇

彩图 25　红根菇

彩图 26　双孢蘑菇水锈病

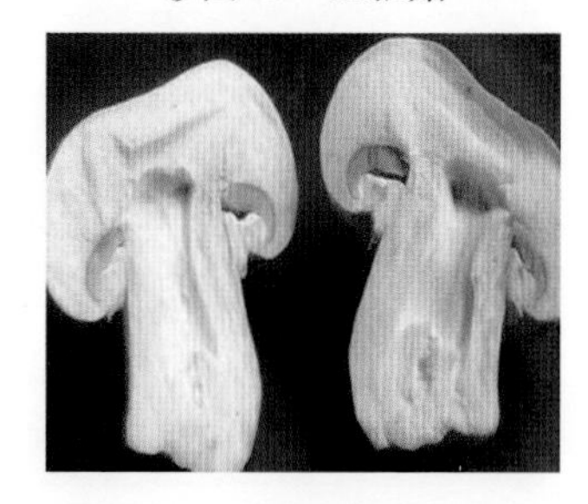

彩图 27　空心菇

彩图 28　双孢蘑菇鳞片菇

彩图 29　群菇

彩图 30　鸡腿菇子实体

彩图 31　草菇

彩图 32　草菇采收适期

彩图 33　大球盖菇子实体

彩图 34　灵芝子实体

彩图 35　灵芝盆景

彩图 36　真姬菇子实体

彩图 37　猴头菇子实体

彩图 38　姬松茸子实体

彩图 39　蛹虫草子实体

彩图 40　蛹虫草白色品种

彩图 41　子座生长期

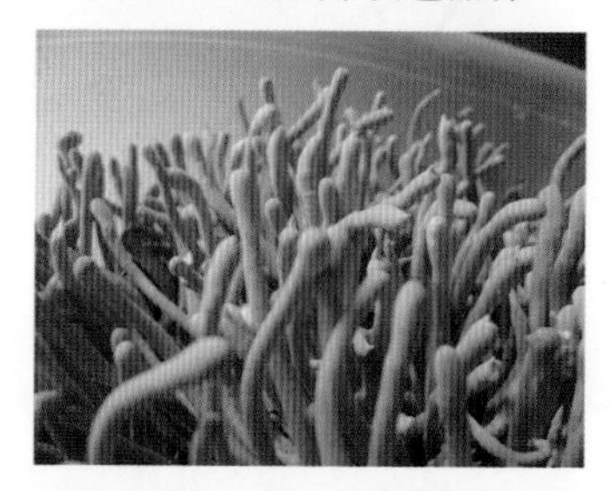

彩图 42　蛹虫草采收期

彩图 43　蛹虫草干品

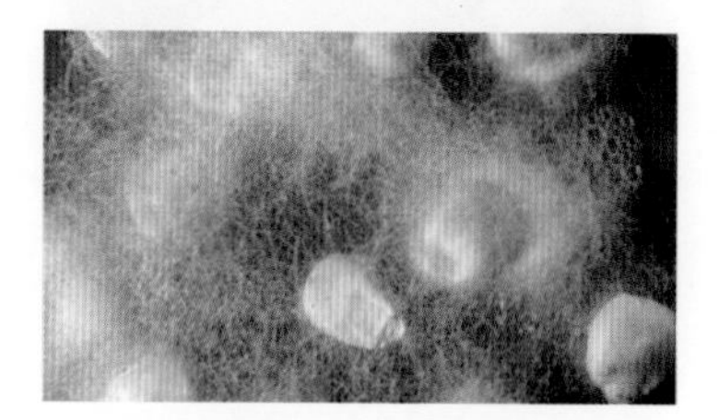

彩图 44　毛霉

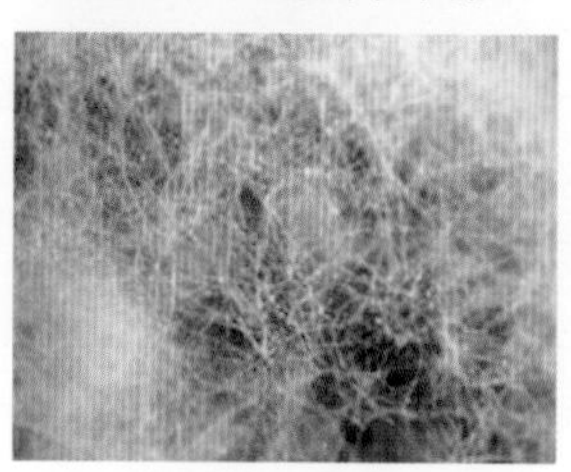

彩图 45　根霉

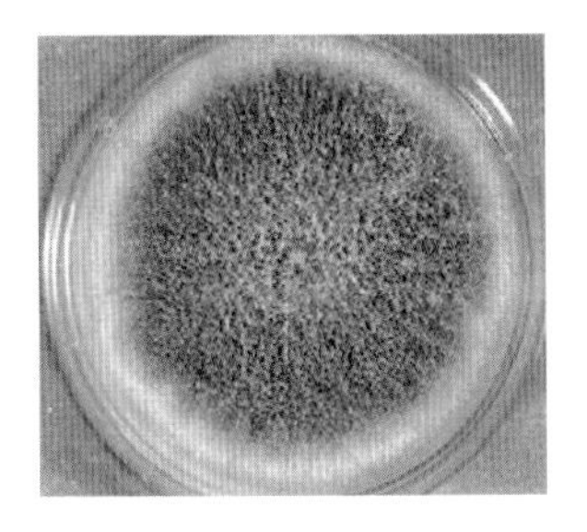

彩图 46　曲霉

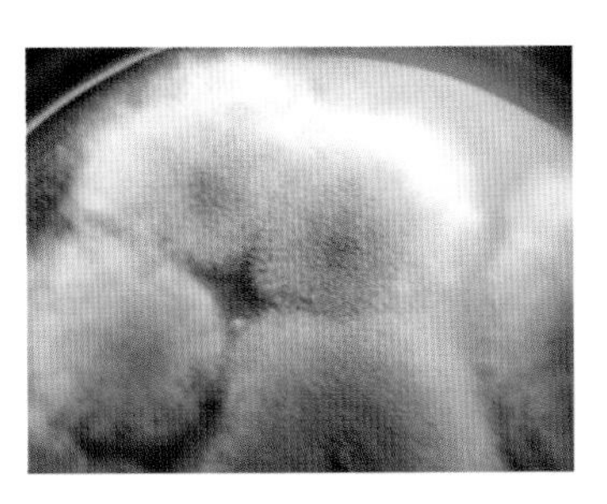

彩图 47　青霉

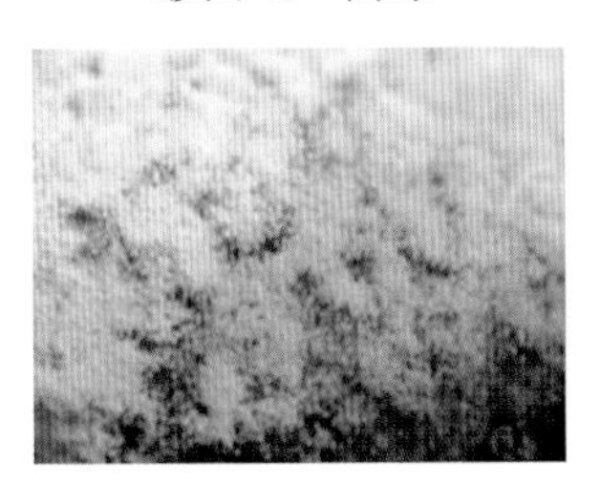

彩图 48　木霉

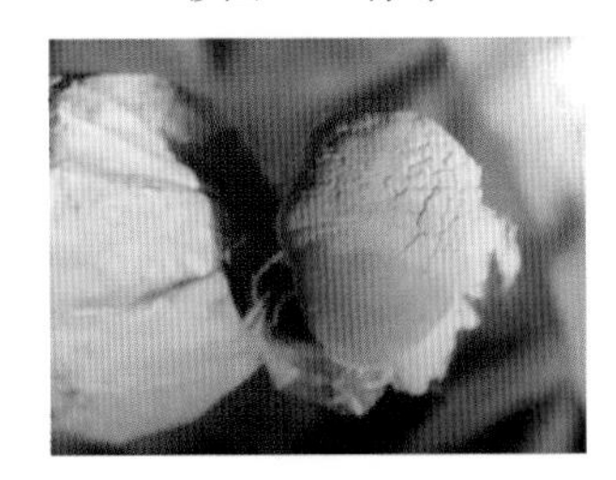

彩图 49　链孢霉

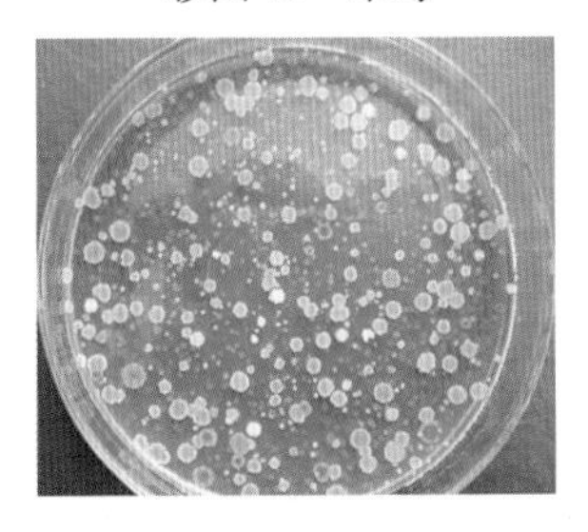

彩图 50　酵母菌

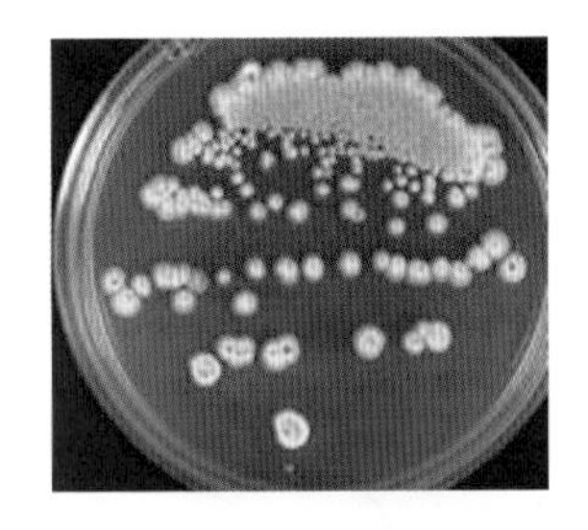

彩图 51　细菌

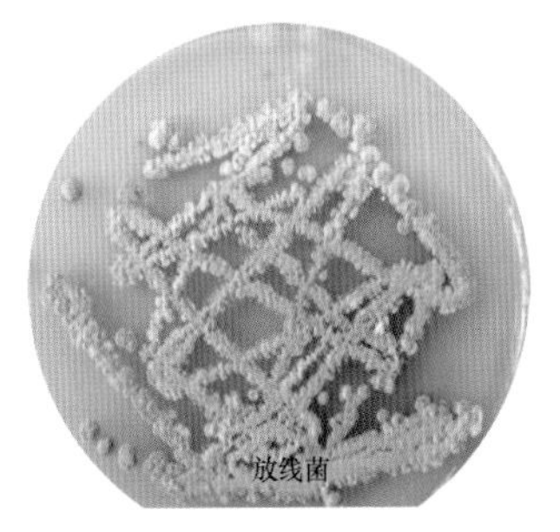

彩图 52　放线菌

彩图 53　螨虫

彩图 54　菇蚊成虫

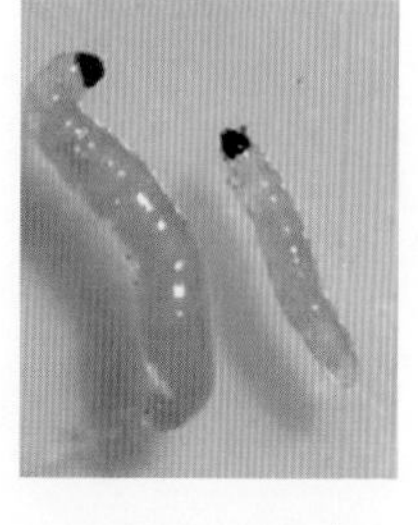

彩图 55　菇蚊幼虫

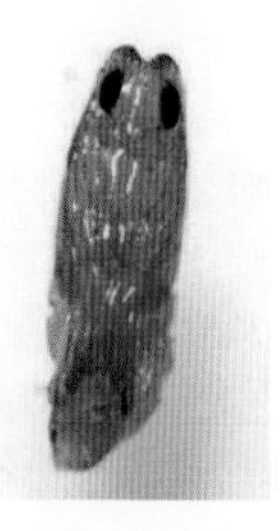

彩图 56　菇蚊蛹

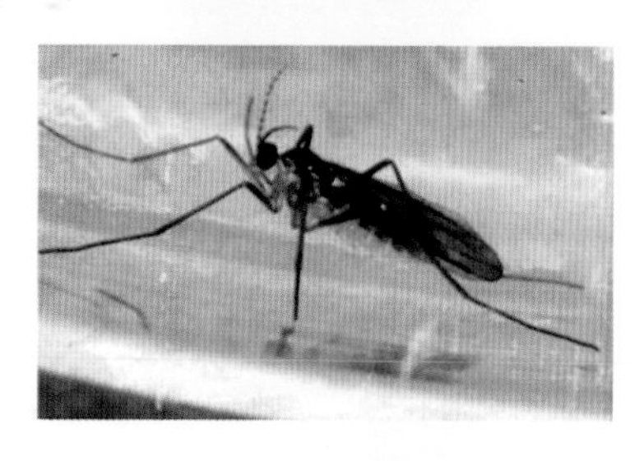

彩图 57　瘿蚊成虫

彩图 58　瘿蚊幼虫

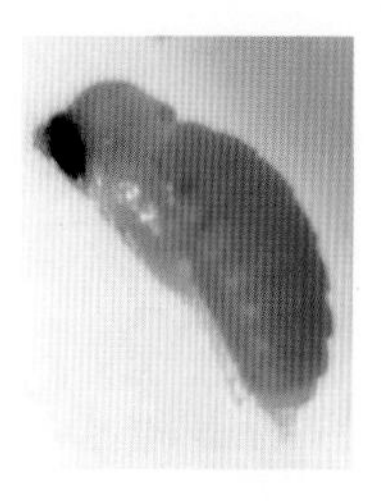

彩图 59　瘿蚊蛹

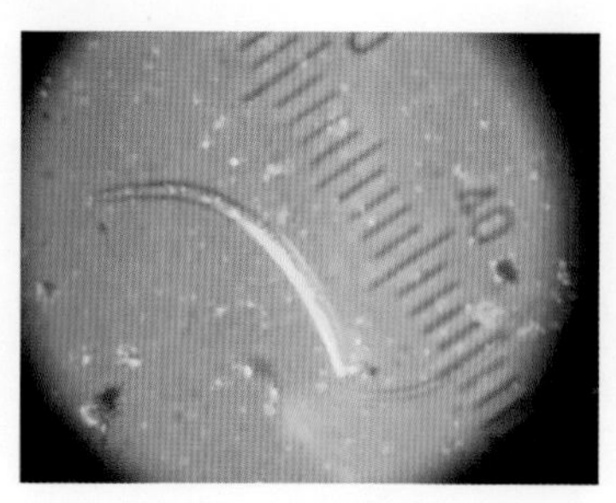

彩图 60　食用菌线虫

食用菌高效栽培

主　编　国淑梅　牛贞福

参　编　高　霞　杨　真　史振霞　闫训友

机　械　工　业　出　版　社

本书是编者在总结归纳当前食用菌生产主要经验的基础上，结合自身的教学科研成果和多年来在指导食用菌生产中积累的心得体会，较为全面地对食用菌菌种制作、木腐型食用菌高效栽培、草腐型食用菌高效栽培、珍稀食用菌高效栽培、食用菌病虫害诊断与防治进行了介绍，并对有关品种的工厂化生产予以介绍。另外，本书设有“提示”“注意”“窍门”等小栏目，并配有食用菌高效栽培实例，更有食用菌生产过程中近30个操作技术视频以二维码的形式呈现给读者，内容全面翔实、图文并茂、通俗易懂、实用性强，可以帮助菇农及相关企业、合作社的技术人员更好地掌握食用菌高效栽培的技术要点。

本书适合广大菇农及食用菌栽培企业、合作社的技术人员使用，也可供农业院校相关专业的师生学习参考。

图书在版编目（CIP）数据

食用菌高效栽培/国淑梅，牛贞福主编．—北京：机械工业出版社，2016.10（2021.2重印）
（高效种植致富直通车）
ISBN 978-7-111-52723-7

Ⅰ.①食…　Ⅱ.①国…②牛…　Ⅲ.①食用菌－蔬菜园艺　Ⅳ.①S646

中国版本图书馆CIP数据核字（2016）第016234号

机械工业出版社（北京市百万庄大街22号　邮政编码100037）
总 策 划：李俊玲　张敬柱　　策划编辑：高　伟　郎　峰
责任编辑：高　伟　郎　峰　李俊慧　责任校对：黄兴伟
责任印制：孙　炜
保定市中画美凯印刷有限公司印刷
2021年2月第1版第7次印刷
140mm×203mm·10.375印张·4插页·277千字
标准书号：ISBN 978-7-111-52723-7
定价：39.80元

凡购本书，如有缺页、倒页、脱页，由本社发行部调换

电话服务
服务咨询热线：010-88361066
读者购书热线：010-68326294
　　　　　　　010-88379203

网络服务
机 工 官 网：www.cmpbook.com
机 工 官 博：weibo.com/cmp1952
金　书　网：www.golden-book.com
教育服务网：www.cmpedu.com

高效种植致富直通车
编审委员会

园艺产业包括蔬菜、果树、花卉和茶等，经多年发展，园艺产业已经成为我国很多地区的农业支柱产业，形成了具有地方特色的果蔬优势产区，园艺种植的发展为农民增收致富和“三农”问题的解决做出了重要贡献。园艺产业基本属于高投入、高产出、技术含量相对较高的产业，农民在实际生产中经常在新品种引进和选择、设施建设、栽培和管理、病虫害防治及产品市场发展趋势预测等诸多方面存在困惑。要实现园艺生产的高产高效，并尽可能地减少农药、化肥施用量以保障产品食用安全和生产环境的健康离不开科技的支撑。

根据目前农村果蔬产业的生产现状和实际需求，机械工业出版社坚持高起点、高质量、高标准的原则，组织全国20多家农业科研院所中理论和实践经验丰富的教师、科研人员及一线技术人员编写了“高效种植致富直通车”丛书。该丛书以蔬菜、果树的高效种植为基本点，全面介绍了主要果蔬的高效栽培技术、棚室果蔬高效栽培技术和病虫害诊断与防治技术、果树整形修剪技术、农村经济作物栽培技术等，基本涵盖了主要的果蔬作物类型，内容全面，突出实用性，可操作性、指导性强。

整套图书力避大段晦涩文字的说教，编写形式新颖，采取图、表、文结合的方式，穿插重点、难点、窍门或提示等小栏目。此外，为提高技术的可借鉴性，书中配有果蔬优势产区种植能手的实例介绍，以便于种植者之间的交流和学习。

丛书针对性强，适合农村种植业者、农业技术人员和院校相关专业师生阅读参考。希望本套丛书能为农村果蔬产业科技进步和产业发展做出贡献，同时也恳请读者对书中的不当和错误之处提出宝贵意见，以便补正。

中国农业大学农学与生物技术学院

前　言

食用菌是人类重要的食物资源，其中有些菇菌还具有药用价值。在世界食用菌贸易中，我国已成为当今世界最大的食用菌生产国和出口国，2014 年我国食用菌总产量 3169 万吨，产值达 2017 亿元，从业人员近 2500 万人，标志着食用菌已经成为我国农产品经济中一个引人瞩目的大产业。食用菌产业已经成为继粮、油、果、菜业之后的第五大农业产业，并且随着“一荤一素一菇”科学膳食结构的推广，我国掀起了食用菌消费的热潮，食用菌菜肴走进了千家万户，成为舌尖上不可缺少的美味。

随着现代农业、生物技术、设施环境控制等的发展，食用菌栽培的实践性、操作性、创新性和规范性日渐突出，技术日臻完善，逐步朝着专业化、机械化、集约化、规模化、工厂化的方向发展，使得广大食用菌从业者迫切需要了解、认识和掌握食用菌栽培的新品种、新技术、新工艺、新方法，以解决实际生产中遇到的技术难题，提高食用菌栽培的技术水平和经济效益。为此，编者深入生产一线，调查食用菌生产中存在的难点、疑点，总结经验，结合自己的教学科研成果和多年来在指导食用菌生产中积累的心得体会，并参阅大量的食用菌相关教材、著作和文献，力使本书内容尽量丰富、新颖；为了使本书内容形象生动，编者尽可能采用具有代表性的、典型的照片和示意图，以增强本书的可读性和适用性；为了节省篇幅，对食用菌栽培基础知识、菌种制作、病虫害诊断与防治等章节采用了综合论述的方法。另外，本书还加入了近年来食用菌行业涌现出的新技术，如液体菌种生产、工厂化生产等，可以帮助菇农及相关企业、合作社的技术人员更好地掌握食用菌高效栽培的技术要点。

需要特别说明的是，本书所用药物及其使用剂量仅供读者参考，不可完全照搬。在实际生产中，所用药物学名、通用名和实际商品名称存在差异，药物浓度也有所不同，建议读者在使用每一种药物之前，参阅厂家提供的产品说明以确认药物用量、用药方法、用药时间及禁忌等。

本书由山东农业工程学院、山东省农业技术推广总站、廊坊职业技术学院长期从事食用菌教学、科研、推广的具有丰富食用菌栽培实践经验的人员合作编写而成。在编写过程中，得到了部分食用菌生产企业、合作社的大力支持，在此致以深深的谢意。同时，也对编写过程中所参引资料的作者表示感谢。

由于编者水平有限，加之编写时间比较仓促，书中难免存在许多不足之处，敬请广大读者提出宝贵意见，以便再版时修正。

编　者

目录

第三章　木腐型食用菌高效栽培

第四章　草腐型食用菌高效栽培

第五章　珍稀食用菌高效栽培

第六章　食用菌病虫害诊断与防治

第七章　食用菌高效栽培实例

附录

参考文献

第一章 食用菌栽培基础知识

第一节 食用菌的种类

了解食用菌的种类是认识、学习食用菌的基础，同时也是进行野生食用菌采集、驯化、鉴定、育种等工作的前提。食用菌的分类系统主要是以其形态结构、生理生化、遗传特性等为依据建立的，其中以子实体形态结构及孢子显微结构为最主要依据。

一 食用菌的分类地位

食用菌的分类单位与其他生物一致，通常划分为门、亚门、纲、目、科、属、种，其中“种”为分类的基本单位。把具有近似特征的种归为一类称为属，把具有近似特征的属归为一类称为科，以后依次类推直到门。食用菌属于生物中的真菌界、真菌门中的担子菌亚门和子囊菌亚门（图 1-1），其中约 95% 的食用菌属于担子菌亚门。其名称采用林奈创立的双名法命名，即由两个拉丁词和命名人构成，第一个词为属名，第二个词为种加词，最后加上命名人姓名的缩写，这样便保证了每一种食用菌有且只有一个学名，如香菇的学名为［*Lentinula edodes*（Berk.）Pegler.］。

【提示】 食用菌指真菌界中可供人食用的肉质、胶质或膜质的大型真菌，它仅为一种命名方式，而非分类学中的分类单位。

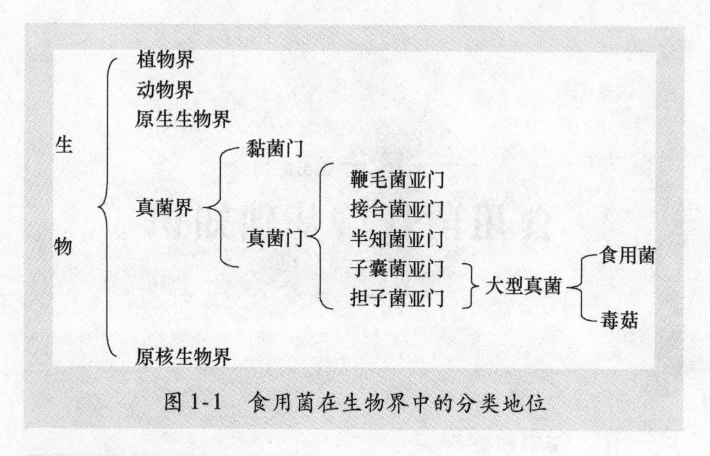

图 1-1　食用菌在生物界中的分类地位

二　担子菌中的食用菌

担子菌是指有性生殖能产生特殊的产孢体——担子，并在担子内产生担孢子的一类真菌，它由多细胞的菌丝体组成，且菌丝均具横隔膜。目前，常见的绝大多数食用菌及广泛栽培的食用菌均属于担子菌，它们大致可分为四大类群，即耳类、非褶菌类、伞菌类和腹菌类（图1-2）。

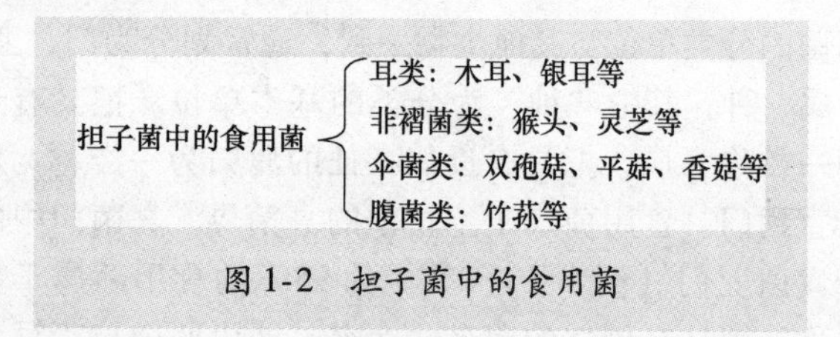

图 1-2　担子菌中的食用菌

1. 耳类担子菌

该类菌主要是指隶属于木耳目（Auriculariales）、银耳目（Tremellales）及花耳目（Dacrymycetales）的食用菌（彩图1）。

（1）木耳目　较为常见的有黑木耳、毛木耳等。

（2）银耳目　较为常见的有银耳、金耳、茶耳等，其中银耳、金耳是中国著名的食用兼药用菌类。

（3）花耳目　较常见的有桂花耳等。

2. 非褶菌类担子菌

该类菌主要是指非褶菌目（Aphyllophorales）的食用菌。主要分布于珊瑚菌科（Clavariaceae）、绣球菌科（Sparassidaceae）、伏革菌科（Corticiaceae）、猴头菌科（Hericiaceae）、多孔菌科（Polyporaceae）、灵芝菌科（Ganodermataceae）等（彩图2）。

（1）珊瑚菌科 该科中的菌类多地生，常生于苔藓或腐殖质中，很少生于腐木上。食用菌类主要有虫形珊瑚菌、杯珊瑚菌等。

（2）绣球菌科 该科部分菌类可产生对某些真菌有抵抗作用的绣球菌素（sparassol），如绣球菌、花耳绣球菌等，具有较高的药用价值，有防癌、抗癌的功效。

（3）伏革菌科 常见食用菌为胶韧革菌，即人们常说的榆耳。

（4）猴头菌科 该科中最为人熟悉的食用菌为猴头，又称猴头菇，是中国传统的四大名菜（猴头、熊掌、海参、鱼翅）之一，同时具有很高的药用价值。

（5）多孔菌科 猪苓、茯苓、雷丸、木蹄层孔菌、朱红硫黄菌等均属于此科，其中猪苓、茯苓的菌核都是著名的中药材。

（6）灵芝菌科 灵芝、树舌、紫芝属于此科，其中灵芝被誉为仙草，有神奇的药效。

3. 伞菌类担子菌

伞菌类担子菌主要是指伞菌目（Agaricales）中的可食用菌类，该类食药用菌种类最多，分类复杂（彩图3）。目前常用于栽培的食用菌，如侧耳、香菇、草菇、鸡腿菇、双孢蘑菇等，几乎都属于该类。常见种类如下：

（1）蘑菇科 双孢蘑菇、四孢菇、野蘑菇、草地蘑菇等。

（2）侧耳科 糙皮侧耳、桃红侧耳、凤尾菇、金顶侧耳、亚侧耳、花脸香蘑等。

（3）粪锈伞科 田头菇、杨树菇等。

（4）鬼伞科 毛头鬼伞、鸡腿蘑、墨汁伞、粪鬼伞等，有较高的食用价值。

【注意】 鬼伞科食用菌不宜与酒同食。

（5）光柄菇科　灰光柄菇、草菇、银丝草菇等。

（6）球盖菇科　滑菇、毛柄鳞伞、大球盖菇等。

（7）鹅膏科　橙盖鹅膏、湖南鹅膏等。

（8）口蘑科　大杯伞、肉色香蘑、姬松茸、松口蘑、金针菇、棕灰口蘑等。

（9）红菇科　变色红菇、正红菇、松乳菇等。

（10）牛肝菌科　美味牛肝菌、铜色牛肝菌、松乳牛肝菌、黏盖牛肝菌等。

4. 腹菌类担子菌

腹菌类担子菌主要包括鬼笔目（Phallales）、黑腹菌目（Melanogastrales）、灰包目（Lycoperdales）等可食用菌类（彩图4）。

（1）鬼笔目　该目鬼笔科中食用菌较多，鬼笔科产孢组织黏液状，有恶臭，常暴露在海绵状的菌托上。常见食用菌有白鬼笔、短裙竹荪、长裙竹荪等。

（2）黑腹菌目　倒卵孢黑腹菌、山西光腹菌、须腹菌等。

（3）灰包目　灰孢菇等。

三　子囊菌中的食用菌

通过有性繁殖，在子囊中产生子囊孢子的一类真菌称为子囊菌。子囊菌中常见的食用菌多属于盘菌目（Pezizales）及肉座菌目（Hypocreales）（图1-3），且具有种类少、经济价值高的特点，多为野生菌，其中较为常见的有以下几种（彩图5）：

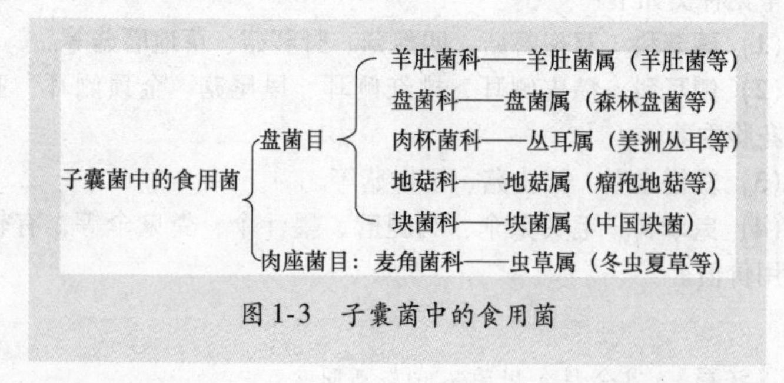

图1-3　子囊菌中的食用菌

1. 盘菌目

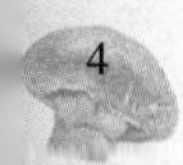

（1）羊肚菌科（Morchellaceae） 常见的有黑脉羊肚菌、尖顶羊肚菌、粗腿羊肚菌、羊肚菌等，是著名的食用菌。

（2）盘菌科（Pezizaceae） 常见的有森林盘菌及泡质盘菌等，它们聚集丛生于堆肥及花园或温室的土壤上，可食用。

（3）肉杯菌科（Sarcoscyphaceae） 该科的美洲丛耳是在我国较为常见的食用菌，具有一定的食用及药用价值。

（4）地菇科（Terfeziaceae） 我国已知的有瘤孢地菇，其味甜。

（5）块菌科（Tuberaceae） 该科的块菌属中有一些是名贵的食品，但在我国已知的仅有中国块菌一种，产于四川。

2. 肉座菌目

该目中麦角菌科（Clavicipitaceae）虫草属的所有种类相当专化地寄生在昆虫、麦角菌的菌核或大团囊菌属几个种的地下生子囊果上，其中很多种类如冬虫夏草等兼有食用及药用价值。

四 食用菌分类检索表

为了便于人们区分和了解食用菌各主要类群之间的差异，对我国目前栽培的常见食用菌的特点种类有一概括性的了解，下面以分类检索表的形式加以简单介绍（表1-1、表1-2）。

表1-1 食用菌分类检索表

形状特征	分类
1. 子实体盘状、马鞍状或羊肚子状；孢子生于子囊之内 …………	子囊菌亚门
1. 子实体多为伞状；孢子生于担子之上 …………………………	担子菌亚门
2. 子实体胶质，脑状、耳状、瓣片状，无柄，黏，担子具有分隔或分叉 ……	耳类
2. 子实体肉质、韧肉质、革质、脆骨质或膜质、木栓质。有柄或无柄，黏或不黏；担子不分隔 …………………………	3
3. 子实体革质、脆骨质或幼嫩时肉质，老熟后革质或硬而脆，子实层体平滑，齿状、刺状或孔状 …………………	非褶菌类
3. 子实体肉质，易腐烂；子实层体若为孔状，其子实体一定是肉质 ……	4
4. 子实体为典型伞状，子实层体常为褶状，罕为孔状…………	伞菌类
4. 子实体闭合，子实层不明显，或在孢子成熟前开始外露，或始终闭合 ………………………	腹菌类

表 1-2 常见栽培食用菌分类检索表

形状特征	分类
1. 子实体胶质或半革质，无柄；担子具有或纵或横的分隔	2
2. 子实体花叶状或脑状，白色或橙黄色；担子卵圆形，具有纵隔	3
3. 子实体花叶状，白色	银耳
3. 子实体脑状，橙黄色	金耳
2. 子实体耳壳状至近杯状，黑色至黑褐色，偶带丁香紫色；担子柱棒状，具有横隔	4
4. 子实体黑色，较薄，背面无明显的毛	黑木耳
4. 子实体黑褐色，偶带丁香紫色，背面多具有较明显的黄褐色毛	毛木耳
1. 子实体肉质、木革质或近海绵质，多具有菌柄；担子无隔	5
5. 子实体肉质或木革质，子实层体刺状或孔状	6
6. 子实体头状至近球状，白色，表面具有明显的刺（子实层体）	猴头
6. 子实体非如上述，子实层体孔状	7
7. 子实体平伏，无柄，可食用部位为生于地下的菌核	茯苓
7. 子实体由菌柄和菌盖组成，可食用部位为地上的子实体	8
8. 子实体木革质，柄偏生至侧生，表面红褐色至黑褐色，具有光泽	灵芝
8. 子实体肉质，柄中生，多分枝，灰白色至浅褐色	灰树花
5. 子实体肉质或近海绵质，子实层体非如上述	9
9. 子实体伞形或扇状，子实层体褶状，孢子成熟时由担子主动弹出	10
10. 孢子印褐色，偶尔呈浅紫色	11
11. 菌柄中生，具有膜质菌环，菌盖圆形，黄褐色	蜜环菌
11. 菌柄中生或偏生，无菌环	12
12. 菌盖小，圆形，黄褐色，柄细长，中生	金针菇
12. 菌盖大，较厚，柄多偏生或侧生，少中生	13
13. 菌盖圆形至近圆形，茶褐色，质韧，菌褶直生至近弯生，褶缘多呈锯齿状，柄偏生至近中生	香菇

13. 菌盖为其他颜色，扇形至贝壳状，少呈漏头状，质脆，菌褶延生，褶缘非锯齿状 ……… 14

14. 孢子印紫色 …… 紫孢侧耳

14. 孢子印白色 …… 15

15. 菌盖橙黄色 …… 金顶侧耳

15. 菌盖灰色、灰白色至灰褐色 …… 16

16. 菌盖灰褐色至近褐色，表面具有明显的灰黑色鳞片，在琼脂培养基上产生大量黑头分生孢子梗束 …… 鲍鱼菇

16. 菌盖灰白色至灰色，表面近平滑，在琼脂培养基上不产生大量黑头分生孢子梗束 …… 17

17. 菌盖扇形至贝壳状，初灰黑色至蓝黑色，后渐变为灰白色，多丛生 …… 糙皮侧耳

17. 菌盖扇形至近漏斗状，初白色，后渐变为灰褐色，多单生 …… 凤尾菇

10. 孢子印黑色、黑褐色或酒红色 …… 18

18. 子实体具有菌托，无菌环 …… 19

19. 菌盖灰色至灰褐色，表面近光滑，生于草原基础物上 … 草菇

19. 菌盖乳白色至浅黄色，表面具有明显的丝状柔毛，生于阔叶树朽木上 …… 银丝草菇

18. 子实体无菌托，具有菌环 …… 20

20. 菌盖白色，半球形，担子为 2 孢子型 …… 双孢菇

20. 菌盖白色至蛋壳色，较大，担子为 4 孢子型 …… 大肥菇

9. 子实体初闭合，卵球形，后开裂露出具有菌柄的海绵质子实层托，子实层托菌盖状，下部具有网状菌裙，孢子堆黏液状，成熟时不能由担子主动弹出 …… 21

21. 菌裙长达 10cm 以上，白色；网眼多角形，5 ~ 10mm …… 长裙竹荪

21. 菌裙长 3 ~ 6cm，白色；网眼圆形，宽 1 ~ 4mm …… 短裙竹荪

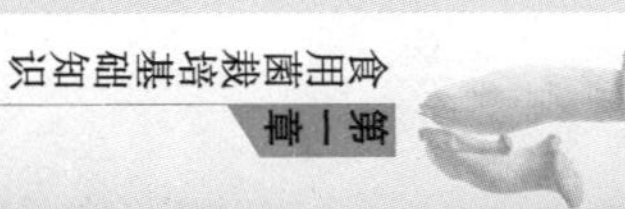

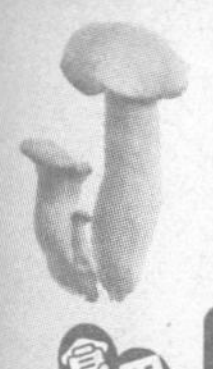

【窍门】>>>>

当遇到一种不知名的食用菌时，应当根据食用菌的形态特征，按检索表顺序逐一查找该食用菌所处的分类地位。首先确定是属于哪个门、哪个纲和目的食用菌，然后再继续查其分科、分属及分种。在运用检索表时，必须要详细观察或解剖标本，按检索表一项一项地仔细查对。对于完全符合的项目，继续往下查找，直至检索到终点为止。

第二节　食用菌的形态结构

自然界的食用菌看起来千差万别，颜色不一，但基本结构大致相同，成熟的食用菌主要由菌丝体、子实体、孢子三部分组成（图1-4）。

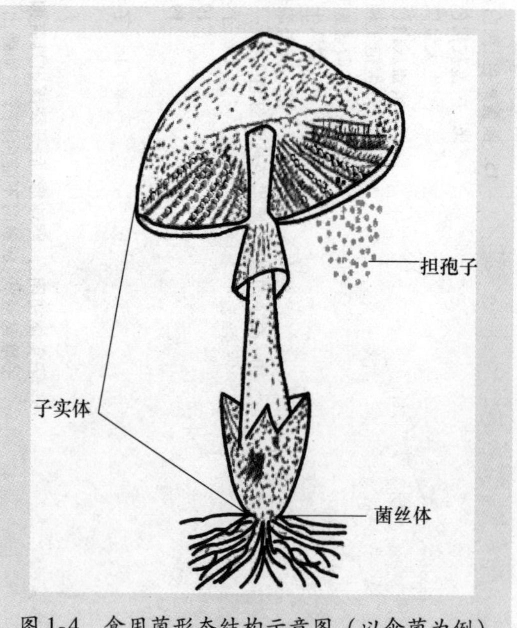

图1-4　食用菌形态结构示意图（以伞菌为例）

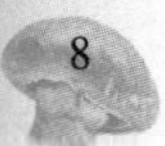

一 菌丝体

孢子是食用菌的繁殖单位。在适宜条件下，孢子萌发形成管状细胞，它们聚集形成丝状体，每根丝状体叫菌丝。菌丝大都无色透明，许多菌丝交织在一起形成菌丝体。它的功能是分解基质、吸收营养和水分，供食用菌生长发育所需，因此它是食用菌的营养器官，相当于高等植物的根、茎、叶。菌丝也可以进行繁殖，取一小段菌丝在一定的环境中，经一定时间后，可以繁殖成新的菌丝体（属无性繁殖），实际生产中大多使用菌丝来进行繁殖。

1. 菌丝的分类

按照隔膜有无、细胞核个数、发育顺序不同等分类标准，可将食用菌的菌丝进行分类。

在光学显微镜下观察，多数种类的菌丝被间隔规则的横壁隔断，这些横壁称为隔膜。子囊菌和担子菌中，隔膜将菌丝分隔成间隔或细胞，含有一个或多个细胞核，该类菌丝称为有隔菌丝。在壶菌和接合菌中，只有在产生繁殖器官或在菌丝受伤部位及老龄菌丝中形成完全封闭的隔膜，而生长活跃的营养菌丝则没有隔膜，此类菌丝称为无隔菌丝（图 1-5）。在由隔膜隔开的细胞中，所含细胞核个数不同，菌丝间也有差异，只含一个细胞核的，称为单核菌丝；含两个细胞核的，称为双核菌丝。不同菌丝的生长部位也有不同，生长于培养基之中的，称为基内菌丝；而生长于培养基之外的，称为气生菌丝。

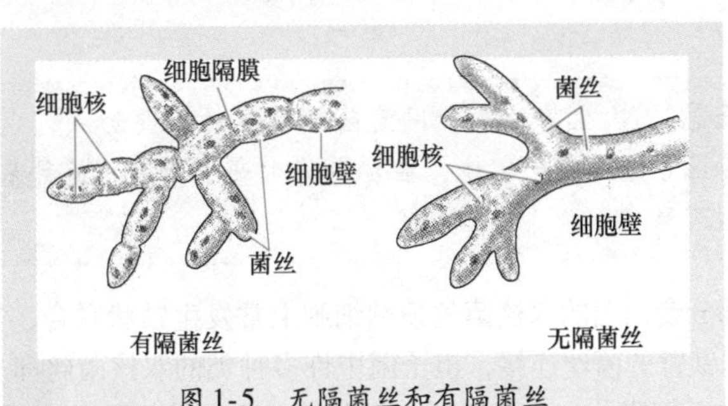

图 1-5 无隔菌丝和有隔菌丝

2. 菌丝体的形态

食用菌的菌丝都是多细胞的，与大多数真菌一样，其细胞由细胞壁、细胞膜、细胞质、细胞核及细胞器组成。食用菌的菌丝都是有隔菌丝，其菌丝细胞中细胞核的数目不一，通常子囊菌的菌丝细胞有一个或多个核，而担子菌的菌丝细胞大多数含有两个核，为双核菌丝。一般常以发育顺序、细胞核数将菌丝分为初生菌丝、次生菌丝和三生菌丝。

（1）初生菌丝 初生菌丝是由孢子直接萌发而形成的菌丝。孢子萌发后，初期形成的菌丝无隔膜，细胞核多数，即多核的单细胞菌丝；随后产生隔膜，将菌丝分成许多个细胞，每个细胞内仅含一个细胞核，故又称为单核菌丝或一次菌丝。绝大多数的食用菌孢子萌发都形成单核菌丝，但也有少数特殊，如双孢蘑菇的担孢子萌发形成的不是单核菌丝而是双核菌丝；银耳的担孢子萌发形成芽孢子，由芽孢子萌发再形成单核菌丝。

【注意】 初生菌丝一般都不会形成子实体，只有和另一条可亲和的单核菌丝质配之后变成双核菌丝，才会产生子实体。

（2）次生菌丝 由两条初生菌丝结合，经过质配而形成的菌丝称为次生菌丝，又称为二次菌丝。在形成次生菌丝的过程中，两个初生菌丝细胞的细胞质融合，而细胞核并未发生融合，因此次生菌丝每个细胞中含两个细胞核，因此又称为双核菌丝（图1-6）。

【注意】 次生菌丝是食用菌菌丝存在的主要形式，也只有双核菌丝才能形成子实体，在食用菌生产中使用的菌种基本都是双核菌丝。

大部分食用菌的双核菌丝顶端细胞上常发生锁状联合，它是一种形状类似锁臂的菌丝连接，担子菌中许多种类的双核菌丝都是靠锁状联合来进行细胞分裂，不断增加细胞数目的。锁状联合（图1-7）主

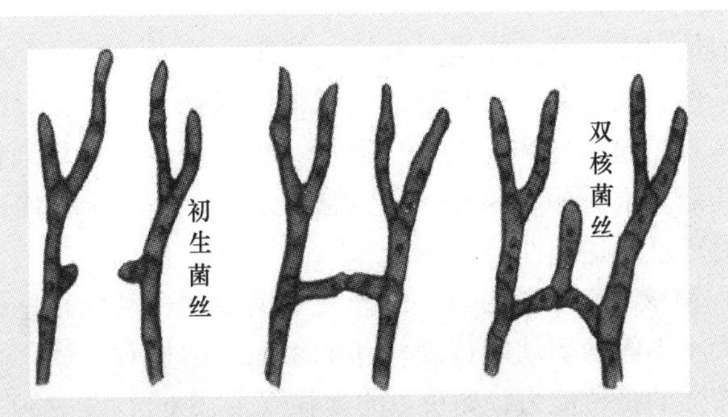

图 1-6　初生菌丝质配形成双核菌丝

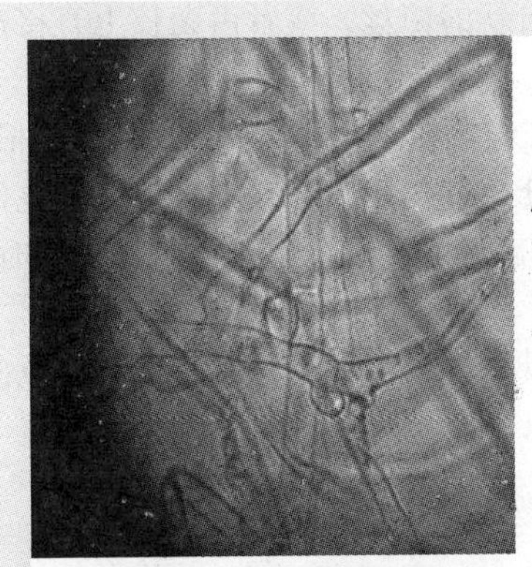
显微镜下菌丝的锁状联合

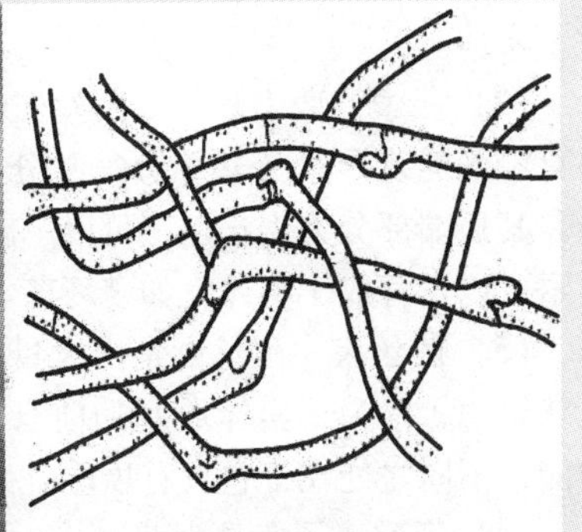
锁状联合示意图

图 1-7　菌丝锁状联合结构

要存在于担子菌中，如香菇、平菇、木耳等，但也有例外，如草菇、双孢蘑菇等。极少数的子囊菌菌丝也形成锁状联合，如地下真菌中的块菌。

(3) 三生菌丝　次生菌丝在不良条件下或达到生理成熟时，就紧密扭结、分化成特殊的菌丝组织体，这种次生菌丝进一步发育而成的已组织化的双核菌丝，称为三生菌丝或三次菌丝，如菌核、菌索、子实体中的菌丝。

3. 菌丝的组织体

一般情况下，菌丝体呈现疏松的状态，但有些子囊菌或担子菌在不良条件或繁殖时，菌丝便以组织体的状态存在。菌丝的组织体实质上是食用菌菌丝体适应不良环境或繁殖时的一种休眠体，能行使繁殖功能。常见的有菌核、子座、菌索等，有利于食用菌的繁殖或增强对环境的适应性。

（1）菌核 菌核是由双核菌丝发育而成的一种质地坚硬、颜色较深、大小不等的团块状或颗粒状的组织。菌核对干燥、高温或低温均有较强的抵抗能力，如茯苓的菌核（彩图6），在－30℃仍能过冬；同时菌核中储藏着较多养分，因此它既是真菌的储藏器官，又是度过不良环境的一种休眠体。菌核中的菌丝有着很强的再生能力，当环境条件适宜时，很容易萌发出新的菌丝，或者由菌核上直接产生子实体。

（2）菌索 菌索是双核菌丝交织成绳索状的组织束，外形似根，内有髓部能疏导水分和养分，常分叉或角质化，对不良环境抵抗性强。其顶端部分为生长点，可以不断延伸生长。当环境条件适宜时，菌索可以发育成子实体，如蜜环菌。

（3）菌丝束 菌丝束是由大量平行的双核菌丝紧密排列形成的束状组织，常为子实体原基的前身。菌丝束与菌索相似，都有疏导功能，不同之处在于它没有顶端分生组织。

（4）子座 子座是由菌丝组织构成的可容纳子实体的褥座状结构。子座是真菌从营养生长阶段到生殖生长阶段的一种过渡形式，其形态不一。食用菌的子座多为头状或棒状，如麦角菌的子座呈头状，冬虫夏草的子座呈棒状（图1-8）。

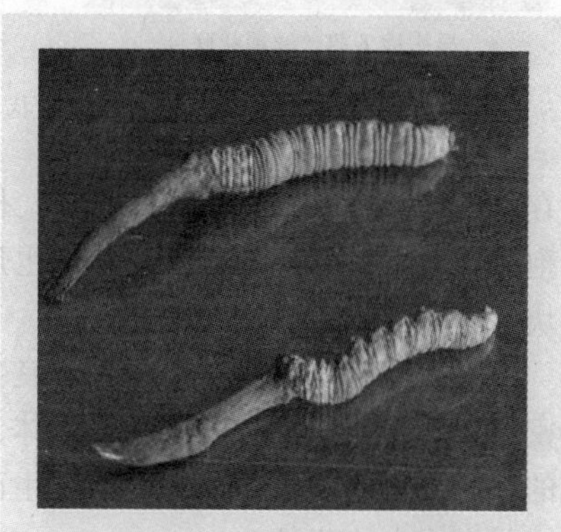

图1-8 冬虫夏草的子座

（5）菌膜 有的食用菌菌丝紧密交织成的一层薄膜

即称为菌膜，如香菇栽培过程中形成的褐色被膜。

二 子实体

菌丝体在多数情况下生长于基质之内。如果环境条件适宜，菌丝体便不断向四周蔓延，吸收营养，完成增殖。当菌丝体达到生理成熟时，便发生扭结，形成子实体原基，进而形成子实体。

产生有性孢子的肉质或胶质的大型菌丝组织体称为子实体，是食用菌的繁殖器官。食用菌的子实体常生长于基质表面，是人们通常称为“菇、蘑、耳”的那一部分。子囊菌的子实体能产生子囊孢子，是子囊菌的果实，故又称为子囊果。担子菌的子实体能产生担孢子，故又称为担子果，目前人们食用的多为担子果。

1. 子囊果的结构

根据产生子囊的方式，子囊果可分为以下5种类型：

（1）裸果型 子囊果裸生，没有任何子实体。

（2）闭囊壳 子囊被封闭在一个球形的缺乏孔口的子囊果内（图1-9a），如块菌等。

（3）子囊壳 子囊着生于一个球形或瓶状的子囊果内，子囊果或多或少是封闭的（图1-9b），但在成熟时会出现一个孔口，使孢子能够释放出来，如冬虫夏草等。

（4）子囊盘 子囊着生在一个盘状或杯状开口的子囊果内，与侧丝平行排列在一起形成子实层（图1-9c），如胶陀螺菌、羊肚菌等。

（5）子囊腔 子囊单独、成束或成排地着生于子座的腔内，子囊的周围并没有形成真正的子囊果壁，这种含有子囊的子座称为子囊座。在子囊座内着生子囊的腔称为子囊腔，一个子囊座内可以有一到多个子囊腔。有些含单腔的子囊座在外表上很像子囊壳，称为假囊壳。

2. 担子果的结构

担子果的形态、大小、质地因种类不同而异。其大小差异悬殊，小的只能用显微镜才能看到，大的直径可达1m以上。担子果外部形态常呈伞状、喇叭状、耳状、珊瑚状、块状等。其质地也多种多样，如胶质、革质、肉质、木质等。下面着重以伞菌为例，介绍子实体形态。

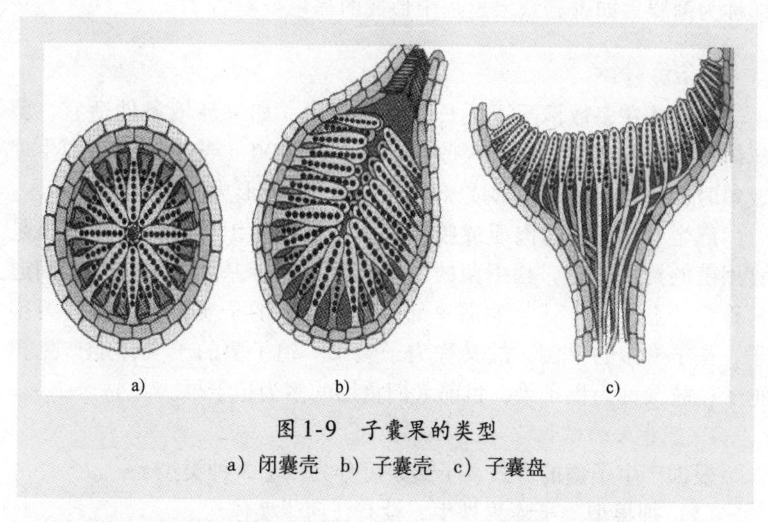

图 1-9　子囊果的类型

a）闭囊壳　b）子囊壳　c）子囊盘

伞菌是包括通常称其子实体为蘑菇的一类担子菌，伞菌主要由菌盖、菌肉、菌柄、菌褶或菌管、菌环和菌托组成。

(1) 菌盖　菌盖是食用菌子实体的帽状部分，也是人们食用的主要部分，多位于菌柄之上。菌盖形态多种多样，常见的有钟形、圆锥形、斗笠形、半球形等（图 1-10）。菌盖边缘形状有的全缘或

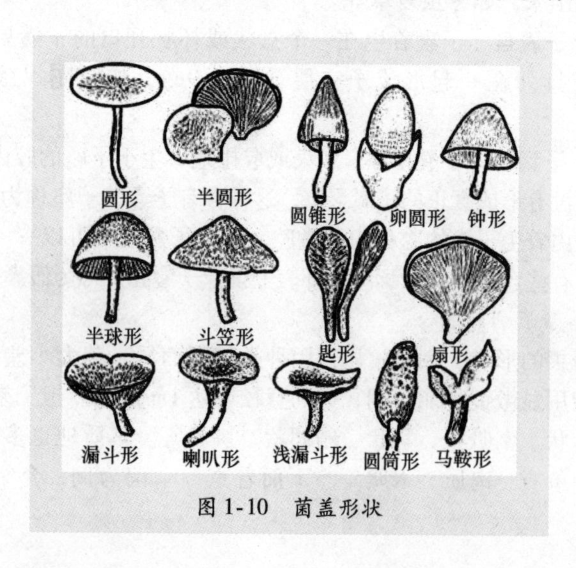

图 1-10　菌盖形状

开裂，有的边缘内折或外翻，有的边缘平滑，有的边缘平滑具条纹、沟纹或波折，有的边缘表皮延伸具残膜或角状残膜。

菌盖表面称为表皮，表皮的菌丝内含有不同颜色的色素，这使菌盖呈现白、黄、黑、灰、红等不同的色泽，不同品种的颜色不同，同品种不同个体之间、不同成熟程度个体之间甚至菌盖中央及边缘的颜色也会有所不同；菌盖表面干燥、湿润、黏滑、平滑或粗糙，有的表面粗糙具有纤毛、鳞片等；菌盖中央有平展、突起、下凹或呈脐状。

（2）菌肉 菌盖表皮下面和菌柄内部的组织称为菌肉。一般由长形的菌丝细胞组成，有些种类，如红菇属有膨大的球形或卵圆形的细胞分散在长形的菌丝细胞之间，为囊泡状菌丝组织（图1-11）。菌肉的颜色、厚度和菌丝形态多有差异，菌肉多为白色或浅黄色，但也有例外，如乳菇属的一些种类受伤后流出乳汁后又变为蓝色。

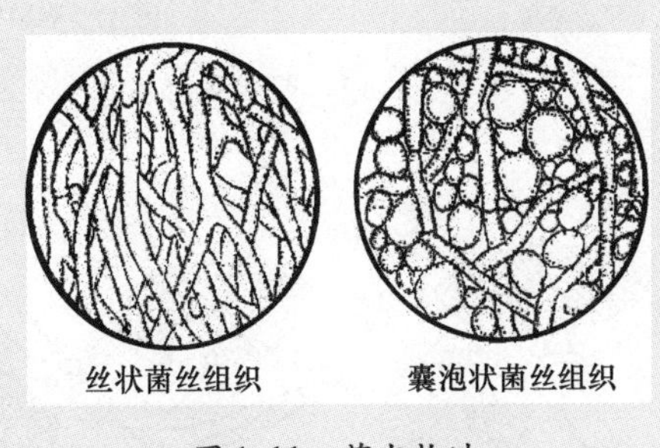

图1-11 菌肉构造

（3）菌褶或菌管 菌褶是生长在菌盖下面的片状部分，少数是管状的菌管，多数为褶片状的菌褶。菌褶是伞菌产生孢子的地方，常呈片状，少数为叉状。菌褶等长或不等长，排列有密有疏，一般为白色，也有黄、红、灰等其他颜色，并常随着子实体的成熟而呈现出孢子的各种颜色，如褐色、黑色等。菌褶边缘一般光滑，也有的呈波浪状或锯齿状（图1-12）。

（4）菌柄 菌柄生长于菌盖下面，具有输送养分、水分及支撑菌盖的功能，其形状因菌盖的着生方式、粗细、颜色、长短、内部空实等而异。多数食用菌的菌柄为肉质，少数为纤维质、蜡质、脆骨质等。有些种类的菌柄较长，有的较短，有的甚至无菌柄。菌柄一般生于菌盖中部，有的偏生或侧生。有些种类的菌柄上部还有菌

环，菌柄基部有菌托（图1-13）。

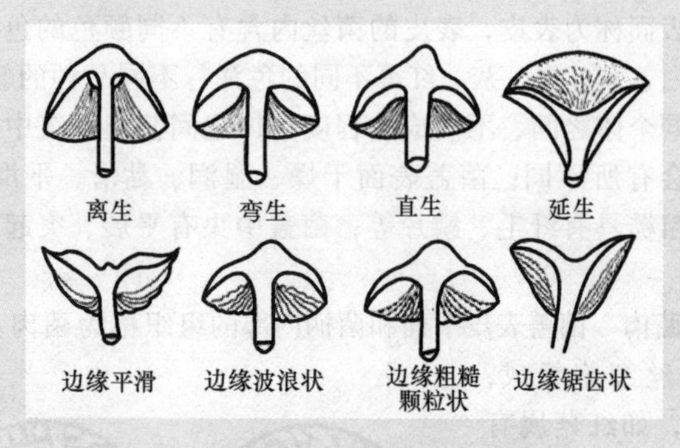

图1-12　菌褶与菌柄着生情况及褶缘特征

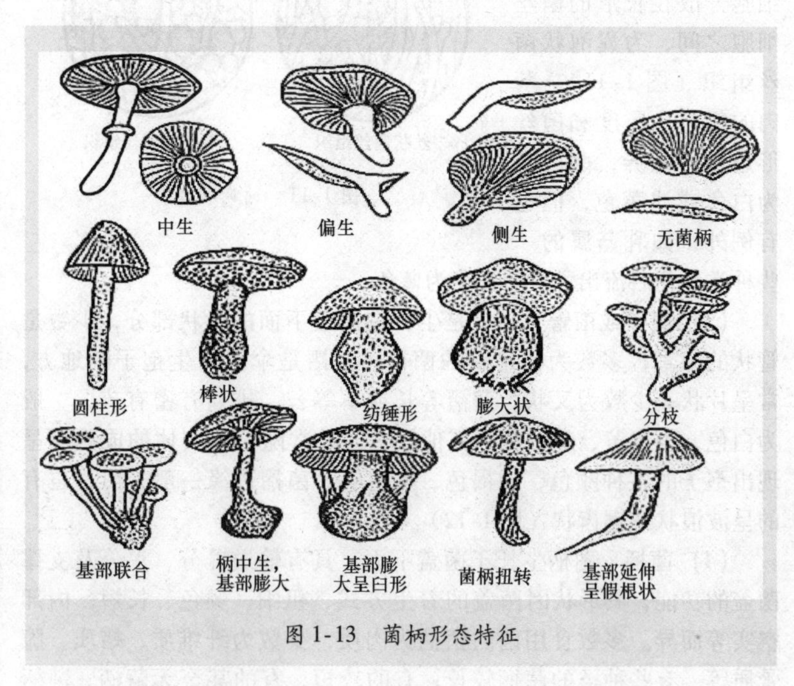

图1-13　菌柄形态特征

(5) 菌幕、菌环和菌托　菌幕分为外菌幕和内菌幕，包被于整个幼小子实体外面的菌膜，称为外菌幕。连接于菌盖与菌柄间的膜为内菌幕。随着子实体的长大，菌幕会被撑破、消失，但在一些伞菌中会残留，分别发育成菌环或菌托。

随着子实体的长大，内菌幕破裂，残留在菌柄上的单层或双层环状膜，称为菌环。菌环的大小、厚薄、层数及在菌柄上着生的位置因种类不同而异。随着子实体的长大，外菌幕被撑破，残留于菌柄基部发育成的杯状、苞状或环圈状的构造，称为菌托。由于种类的不同或外菌幕发育强弱的不同，菌托的形状有苞状、鳞片状、粉状和环带状等（图1-14）。

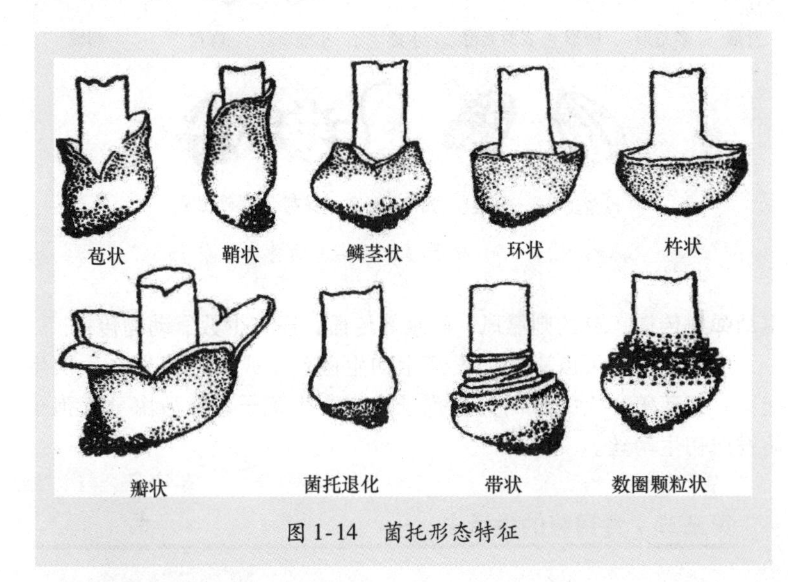

图1-14　菌托形态特征

三 孢子

孢子是真菌繁殖的基本单位，如同高等植物的种子。孢子可分为有性孢子和无性孢子两类。有性孢子包括担孢子、子囊孢子、结合孢子等，无性孢子包括分生孢子、厚垣孢子、粉孢子等。不同种类真菌其孢子大小、形状、颜色及表面纹饰都有较大的差异（图1-15）。

孢子一般无色或呈浅色，成熟子实体不断释放出的孢子堆积起来形成的菌褶形印称为孢子印。孢子印的颜色多样，有白色、粉色、奶油色、青褐色、褐色、黑色等。孢子的传播方式十分复杂，有的

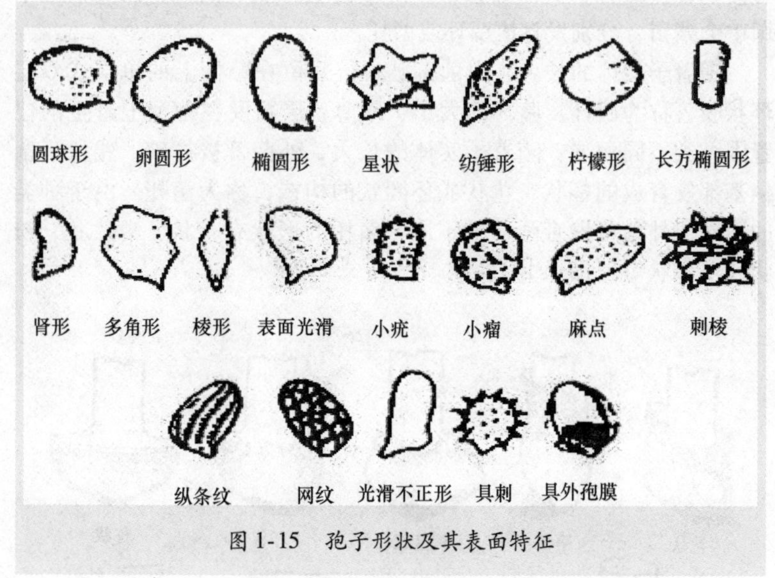

图 1-15　孢子形状及其表面特征

主动弹射传播，有的则靠风、雨水等传播，还有少数靠动物传播。

成熟的孢子可以直接萌发产生初生菌丝，或间接萌发产生次生孢子，或芽殖产生大量的分生孢子或小分生孢子，然后由分生孢子萌发成初生菌丝。

第三节　食用菌的生活史

所谓生活史，是指生物一生所经历的生长发育和繁殖阶段的全部过程。食用菌的生活史是指从孢子到孢子的整个生长发育过程，即从孢子在适宜的条件下萌发形成单核菌丝，具有亲和性的单核菌丝相互融合形成双核菌丝，双核菌丝发育到生理成熟阶段，扭结生长形成子实体，子实体产生新一代孢子的全部过程，如此周而复始，物种得以延续（图 1-16）。在食用菌的生活史中，有的种在菌丝体生长阶段还形成无性繁殖的小循环，如金针菇等。与其他生物一样，食用菌的生活史可分为营养生长阶段和生殖生长阶段两个阶段。

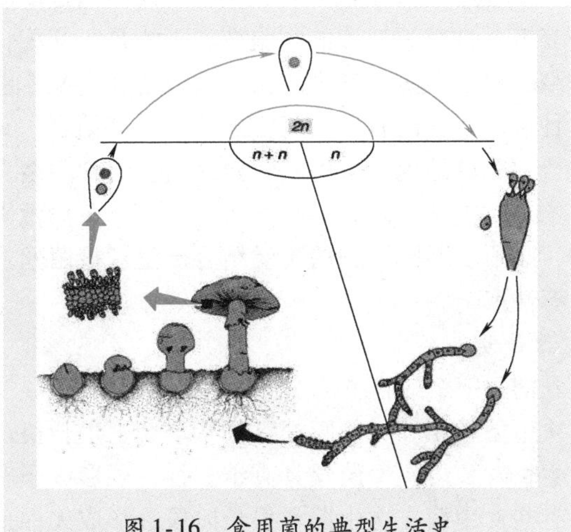

图 1-16　食用菌的典型生活史

一　营养生长阶段

1. 孢子萌发为初生菌丝

孢子是食用菌最初的繁殖单位，其生活史也是以孢子为起点。孢子在适宜的条件下可直接萌发长出芽管，芽管不断分支伸长形成菌丝体（初生菌丝、单核），并形成隔膜。在不适宜其萌发的条件下，孢子可以存活较长时间，待环境适宜后再萌发。一般初生菌丝体不产生子实体，但金针菇的初生菌丝体能产生子实体，且这种子实体小，发育不完全。

2. 初生菌丝融合形成次生菌丝

亲和的初生菌丝之间可以融合，融合后即形成次生菌丝。而根据其菌丝性因子的不亲和性，将食用菌的交配系统分为同宗结合和异宗结合两大类，其中同宗结合又分为初级同宗结合及次级同宗结合，异宗结合又分为二极性异宗结合和四极性异宗结合。

（1）同宗结合　由同一孢子萌发的菌丝间能通过自体结合的方式产生有性孢子，这一自交可孕的生殖方式称为同宗结合，又叫同宗配合或同宗接合。

（2）异宗结合　异宗结合是担子菌纲有性生殖最普遍的交配类

型，约有90%的担子菌属于该种交配类型。同一担孢子萌发形成的初生菌丝带有1个自交不亲和的细胞核，不能自行交配，只有2个不同交配类型的担孢子萌发产生的初生菌丝之间交配才能完成有性生活史，这种自交不育的有性生殖方式称为异宗结合，又叫异宗配合或异宗接合。简单地说，可理解为异宗结合的食用菌，其初生菌丝有“雌”“雄”之别（常用“+”“-”表示），同性别的菌丝间是不亲和的，必须由不同性别的菌丝结合产生双核菌丝才具有结实性，并产生有性孢子。

3. 次生菌丝分裂生长

次生菌丝的每一个细胞中都含有分别来自两个亲本（初生菌丝）的细胞核。次生菌丝粗壮、隔膜处有锁状联合、生长快，可以独立地、无限地生长发育。次生菌丝具有结实性，可形成子实体，完成有性生殖。有些食用菌在次生菌丝生长阶段会形成无性孢子，如金针菇的粉孢子、滑菇的分生孢子等，这类无性孢子在适宜的环境条件下萌发仍能生成次生菌丝，并完成其生活史。

4. 子实体的形成

次生菌丝吸收和积累了大量养分之后，在适宜的环境条件下可以形成子实体。子实体的形成和发育大致可分为菌丝聚集、子实体分化生长、子实体成熟3个阶段。

二 生殖生长阶段

1. 担子和担孢子的形成

典型的担子是由次生菌丝顶端的一个细胞形成的，双核菌丝顶端的一个细胞逐渐膨大，2个细胞核结合，经减数分裂产生4个单倍体的核。同时，担子顶端产生4个小梗，小梗的顶端膨大形成担孢子原基，4个核通过小梗进入担孢子原基，最后形成单核的担孢子（图1-17）。

2. 担孢子的释放

孢子从产孢结构上脱下来的过程称为孢子释放。担孢子发育成熟后，子实体打开，进行孢子释放。食用菌孢子有的主动弹射传播，有的则靠风、雨水等传播，还有少数靠动物传播。孢子释放之后，在适宜环境条件下萌发，开始新的生活史。

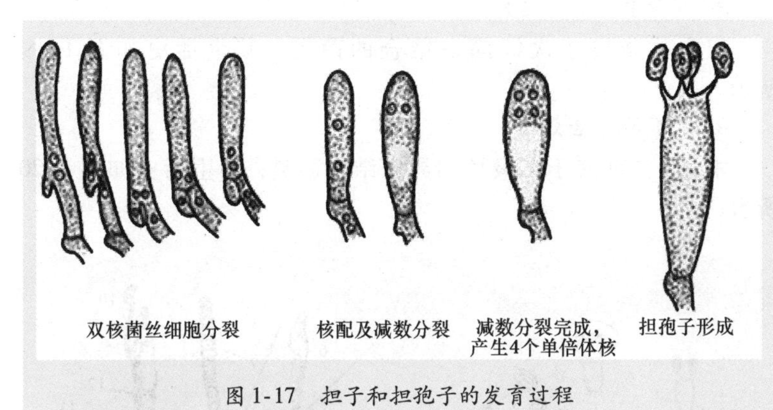

图 1-17　担子和担孢子的发育过程

三 常见食用菌的生活史

食用菌种类繁多，其生殖、交配类型也略有不同，下面介绍几种常见食用菌的生活史。

1. 草菇的生活史

草菇属于初级同宗结合的菌类，其生活史如图 1-18 所示。

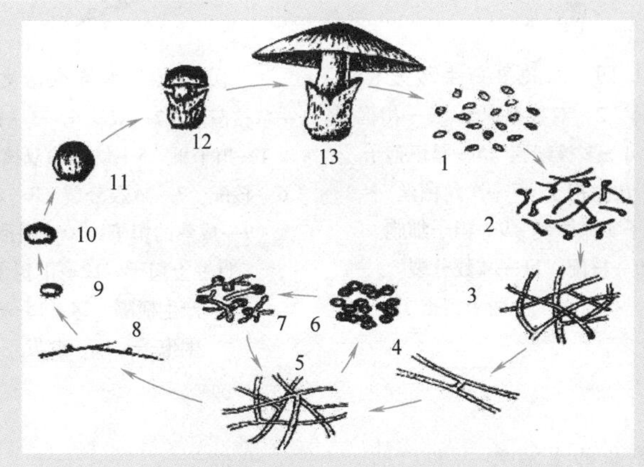

图 1-18　草菇生活史

1—担孢子　2—担孢子萌发　3—初生菌丝　4—菌丝交配　5—次生菌丝　6—厚垣孢子　7—厚垣孢子萌发　8—针头期　9—细钮期　10—钮期　11—蛋期　12—伸长期　13—成熟子实体

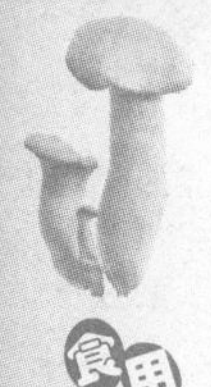

2. 双孢蘑菇的生活史

双孢蘑菇属于次级同宗结合的菌类，其生活史如图 1-19 所示。

3. 木耳的生活史

木耳、滑菇属于二极性的异宗结合菌类，其生活史如图 1-20 所示。

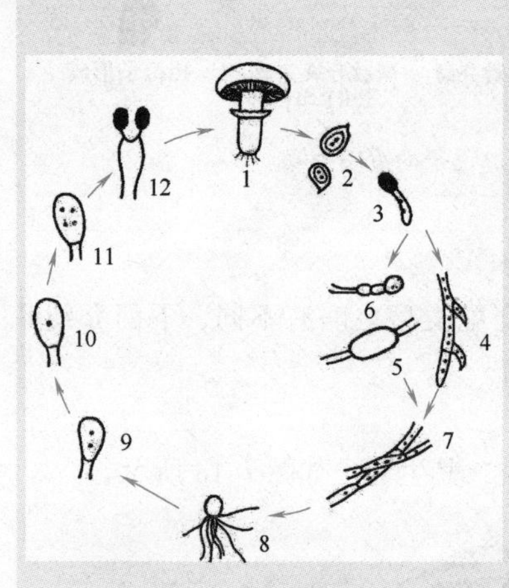

图 1-19 双孢蘑菇生活史

1—子实体 2—双核担孢子 3—担孢子萌发 4—多核细胞 5—厚垣孢子 6—次生孢子 7—次丝菌丝 8—子实体原基 9—担子细胞 10—核配 11—减数分裂 12—担子上产生两个担孢子

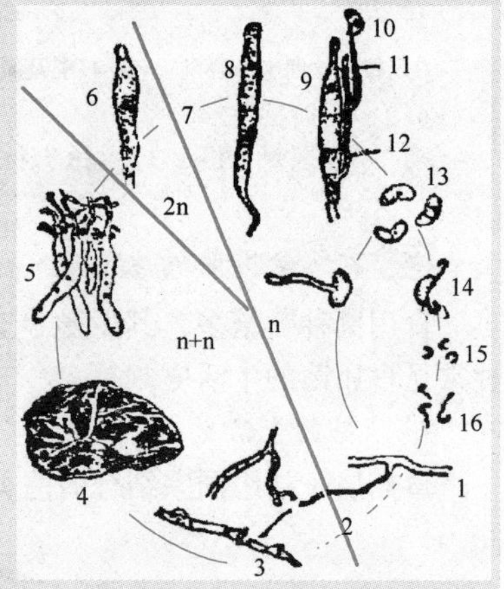

图 1-20 木耳生活史

1—单核菌丝 2—双核化 3—锁状联合 4—担子果 5—幼小的双核担子 6—核配 7—减数分裂 8—幼担子 9—成熟的担子 10—担孢子 11—上担子 12—下担子 13—产生横隔 14，15—分生孢子 16—萌发

4. 香菇的生活史

香菇、平菇、金针菇、银耳属于双因子四极性异宗结合的菌类，其生活史如图 1-21 所示。

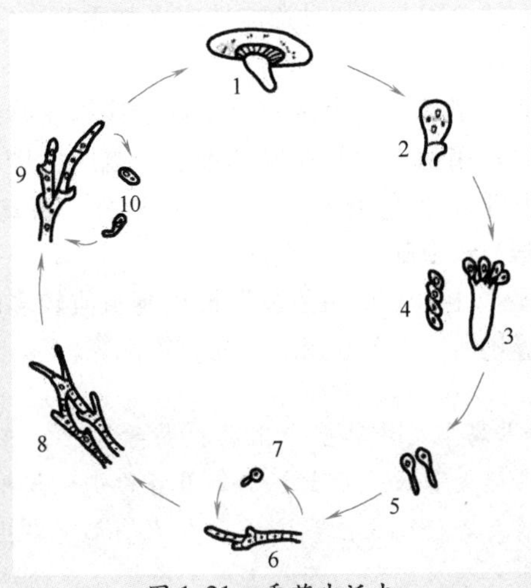

图 1-21　香菇生活史

1—子实体　2—担子形成　3—成熟担子　4—担孢子　5—担孢子萌发
6—单核菌丝　7—单核厚垣孢子　8—单核菌丝融合
9—双核菌丝　10—双核厚垣孢子

第四节　食用菌的营养

食用菌是异养生物，在适宜的环境条件下，不断地吸收营养物质，并进行新陈代谢活动，支撑其完成生活史。

一　食用菌的营养类型

根据自然状态下食用菌营养物质的来源，可将食用菌分为腐生、共生和寄生三种不同的营养类型。

1. 腐生

从动植物尸体上或无生命的有机物中吸收养料的食用菌称为腐生菌。根据腐生型食用菌适宜分解的植物尸体不同和生活环境的差异，可分为木腐型（木生型）、土生型和粪草型三个生态类群。

（1）木腐型　指从木本植物残体中吸取养料的食用菌。该类食用菌不侵染活的树木，多生长在枯木朽枝上，以木质素为优先利用

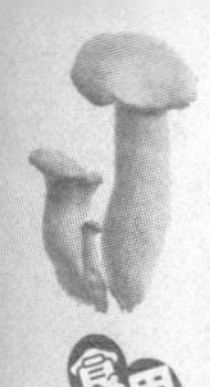

的碳源，也能利用纤维素。常在枯木的形成层生长，使木材变腐充满白色菌丝。有的食用菌对树种适应性广（如香菇）；有的食用菌适应范围较狭（如茶薪菇）。

（2）粪草型 粪草型食用菌从草本植物残体或腐熟有机肥料中吸取养料。该类食用菌多生长在腐熟堆肥、厩肥、烂草堆上，优先利用纤维素，几乎不能利用木质素，可用秸秆、畜禽粪为培养料，如草菇、鸡腿菇、双孢菇等。

（3）土生型 土生型食用菌多生长在腐殖质较多的落叶层、草地、肥沃田野等场所，如羊肚菌、马勃、竹荪等。

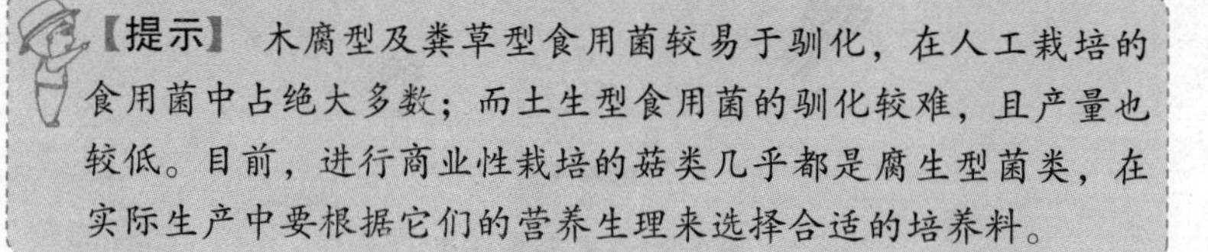

【提示】 木腐型及粪草型食用菌较易于驯化，在人工栽培的食用菌中占绝大多数；而土生型食用菌的驯化较难，且产量也较低。目前，进行商业性栽培的菇类几乎都是腐生型菌类，在实际生产中要根据它们的营养生理来选择合适的培养料。

2. 寄生

生活在活的有机体内或体表，从活的寄主细胞中吸收营养而生长发育的食用菌，称为寄生菌。在食用菌中整个生活史都是营寄生生活的情况十分罕见，多为兼性寄生或兼性腐生。在生活史的某一阶段营寄生生活，而其他时期则营腐生生活，称为兼性寄生；而在生活史的某一阶段营腐生生活，而其他时期则营寄生生活，则称为兼性腐生。专性寄生的典型代表是星孢寄生菇，它们专门寄生在稀褶黑菇的子实体上，并在寄主的子实体上产生自己的子实体，形成“菇上菇”。兼性寄生的典型代表是蜜环菌，它可以在树木的死亡部分营腐生生活，一旦进入木质部的活细胞后就转为寄生生活，常生长在针叶或阔叶树干的基部或根部，形成根腐病。寄生菌中兼性腐生的代表是冬虫夏草，它是寄生在鳞翅目幼虫上的一种真菌，能够杀死虫体并将虫体变成长满菌丝的菌核。

3. 共生

与高等植物、昆虫、原生动物或其他菌类相互依存、互利共生的食用菌称为共生菌。

（1）食用菌与植物共生 菌根菌是食用菌与植物共生的典型代

表，食用菌菌丝与植物的根结合成复合体——菌根。菌根菌能分泌生长激素，促进植物根系的生长，菌丝还可帮助植物吸收水分及无机盐，而植物则把光合作用合成的碳水化合物提供给菌根菌。

菌根分为外生菌根和内生菌根两种类型。其中多数是外生菌根，约有30个科99个属，与阔叶树或针叶树共生。

1）外生菌根。外生菌根的菌丝大部分紧密缠绕于根表面，形成菌套，并向四周伸出致密的菌丝网，仅有少部分菌丝进入根的表皮细胞间生长，但不侵入植物细胞内部。木本植物的菌根多为外生菌根，如赤松根和松口蘑等。

2）内生菌根。菌根菌的菌丝侵入根细胞内部的为内生菌根，如蜜环菌的菌索侵入天麻的块茎中，吸取部分养料，而天麻块茎在中柱和皮层交界处有一消化层，该处的溶菌酶能将侵入到块茎的蜜环菌丝溶解，使菌丝内含物释放出来供天麻吸收。

【提示】 食用菌与植物形成菌根，是长期自然环境中形成的一种生态关系。这种关系一旦受到破坏或改变，无论植物或食用菌的生活都会受到不良影响甚至不能正常生活。因此，目前这类食用菌的人工栽培较困难，取得成功的不多。菌根菌中有不少优良品种，但还没有驯化到完全可以被人工栽培，是开发的一个方向。

（2）食用菌与动物共生 食用菌与动物构成共生关系中，最典型的例子是不少热带食用菌与白蚁或蚂蚁存在密切的共生关系。在自然条件下，鸡㙡只能生长在白蚁窝上，鸡㙡在白蚁窝上的生长为白蚁提供了丰富的营养物质，而白蚁窝则为鸡㙡提供了生存基质。

（3）食用菌与微生物共生 食用菌与微生物的共生关系中，最典型的例子就是银耳属。现在已经很明确，银耳与香灰菌、金耳与韧革菌存在一种偏共生关系，其中的香灰菌与韧革菌通常被称为“伴生菌”。

二 食用菌的营养生理

食用菌在生命活动中需要大量的水分，较多的碳素、氮素；其

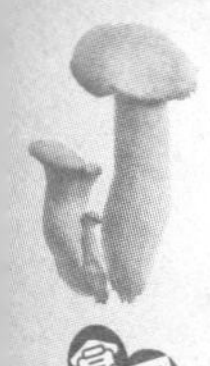

次是磷、镁、钾、钠、钙、硫等主要矿质元素；还需要铜、铁、锌、锰、钴、钼等微量元素；有的还需要维生素。生产中，只有满足食用菌对这些营养物质的要求才能正常生长。

1. 碳源

碳源是构成食用菌细胞和代谢产物中碳来源的营养物质，也是食用菌生命活动所需要的能量来源，是食用菌最重要的营养源之一。食用菌吸收的碳素大约有20%用于合成细胞物质，80%用于分解产生维持生命活动所必需的能量。碳素也是食用菌子实体中含量最多的元素，占子实体干重的50%～60%。因此，碳源是食用菌生长发育过程中需要量最大的营养物质。

食用菌主要利用单糖、双糖、半纤维素、纤维素、木质素、淀粉、果胶、有机酸和醇类等。单糖、有机酸和醇类等小分子碳化合物可以直接吸收利用，其中葡萄糖是利用最广泛的碳源。而纤维素、半纤维素、木质素、淀粉、果胶等大分子碳化合物，需在酶的催化下水解为单糖后才能被吸收利用。生产中食用菌的碳源物质除葡萄糖、蔗糖等简单的糖类之外，还主要来源于各种富含纤维素、半纤维素的植物性原料，如木屑、玉米芯、棉籽壳等。这些原料多为农产品的下脚料，具有来源广泛、价格低廉的优点。

木屑、玉米芯等大分子碳化合物分解较慢，为促使接种后的菌丝体很快恢复创伤，使食用菌在菌丝生长初期也能充分吸收碳素，在生产中，拌料时适当地加入一些葡萄糖、蔗糖等容易吸收的碳源，作为菌丝生长初期的辅助碳源，可促进菌丝的快速生长，并可诱导纤维素酶、半纤维素酶以及木质素酶等胞外酶的产生。

【注意】 加入辅助碳源的浓度不宜太高，一般糖的含量为0.5%～5%，否则可能导致质壁分离，引起细胞失水。

2. 氮源

氮源是指构成细胞的物质或代谢产物中氮素来源的营养物质。氮源是合成食用菌细胞蛋白质和核酸的主要原料，对生长发育有着重要作用。

食用菌主要利用各种有机氮，如氨基酸、蛋白胨等。氨基酸等小分子有机氮可被菌丝直接吸收，而大分子有机氮则必须通过菌丝分泌的胞外酶将其分解成小分子有机氮后才能够被吸收。生产上常用蛋白胨、氨基酸、酵母膏等作为母种培养基的氮源，而在原种和栽培种培养基中，多由含氮高的物质提供氮素，用小分子无机氮或有机氮作为补充氮源。

【提示】 少数食用菌只能以有机氮作为氮源，多数食用菌除利用有机氮外，也能利用 NH_4^+ 和 NO_3^- 等无机氮源，通常铵态氮比硝态氮更易被菌丝吸收。以无机氮为唯一氮源时易产生生长慢、不结菇现象，因为菌丝没有利用无机氮合成细胞所必需的全部氨基酸的能力。

一般在菌丝生长阶段要求含氮量较高，培养基中氮含量以0.016%～0.064%为宜，若含氮量低于0.016%，菌丝生长就会受阻。子实体发育阶段对氮含量的要求略低于菌丝生长阶段，一般为0.016%～0.032%。含氮量过高会导致菌丝徒长，抑制子实体发生及生长。

【注意】 食用菌生长发育过程中，碳源和氮源的比例要适宜。食用菌正常生长发育所需的碳源和氮源的比例称为碳氮比（碳氮比）。一般而言，食用菌菌丝生长阶段所需碳氮比较小，以(15～20)∶1为宜；子实体发育阶段要求碳氮比较大，以(30～40)∶1为宜。若碳氮比过大，菌丝生长缓慢，难以高产；若碳氮比过小，容易导致菌丝徒长而不易出菇。不同菌类其最适碳氮比也有不同，如草菇的最适碳氮比为（40～60)∶1，而香菇的最适碳氮比则为（25～40)∶1。

3. 矿质元素

矿质元素是构成细胞和酶的成分，并在调节细胞与环境的渗透压中起作用，根据其在菌丝中的含量可分为大量元素和微量元素两类（表1-3）。

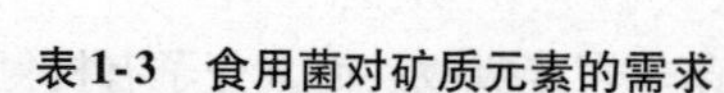

表1-3　食用菌对矿质元素的需求

元素		用量/mol	作用
大量元素	钾（K）	10^{-3}	核酸构成，能量传递，中间代谢
	磷（P）	10^{-3}	酶的活化，ATP代谢
	镁（Mg）	10^{-3}	氨基酸、核苷酸及维生素的组建
	硫（S）	10^{-3}	氨基酸、维生素构建；巯基的构建
	钙（Ca）	10^{-4} ~ 10^{-3}	酶的活化，细胞膜成分
微量元素	铁（Fe）	10^{-6}	细胞色素及正铁血红素的构成
	铜（Cu）	10^{-7} ~ 10^{-6}	酶的活化，色素的生物合成
	锰（Mn）	10^{-7}	酶的活化，TCA循环，核酸合成
	锌（Zn）	10^{-8}	酶的活化，有机酸及其他中间代谢
	钼（Mo）	10^{-9}	酶的活化，硝酸代谢及其他

磷、硫、钾、钙、镁为大量元素，其主要功能是参与细胞物质的构成及酶的构成、维持酶的作用、控制原生质胶态和调节细胞渗透压等。在食用菌生产中，可向培养料中加入适量的磷酸二氢钾、磷酸氢二钾、石膏、硫酸镁来满足食用菌的需求。

微量元素包括铁、铜、锌、钴、锰、钼、硼等，它们是酶活性基的组成成分或酶的激活剂，其需求量极少，培养基中的含量在1mg/kg左右即可。一般营养基质和天然水中的含量就可以满足，不需要另行添加，若过量加入则会有抑制或毒害作用。木屑、作物秸秆及畜粪等生产用料中的矿质元素含量一般可以满足食用菌生长发育需求，但在生产中常添加石膏1%～3%、过磷酸钙1%～5%、生石灰1%～2%、硫酸镁0.5%～1%、草木灰等给予补充。

4. 维生素和生长因子

（1）维生素　维生素是食用菌生长发育必不可少又用量甚微的一类特殊有机营养物质，主要起辅酶的作用，参与酶的组成和菌体代谢。食用菌一般不能合成硫胺素（维生素 B_1），这种维生素是羧基酶的辅酶，对食用菌碳的代谢起重要作用，其缺乏时食用菌发育受阻，外源加入量通常为0.01～0.1mg/kg。许多食用菌还需要微量的核黄素（维生素 B_2）、生物素（维生素 H）等，其中核黄素是脱氢酶的辅酶，生物素则在天冬氨酸的合成中起重要作用。

当基质中严重缺乏维生素时，食用菌就会停止生长发育。有的食用菌自身具有合成某些维生素的能力，若无合成某种维生素的能力，则称该食用菌为该种维生素的营养缺陷型，如金针菇、香菇、鸡腿菇等不能合成维生素 B_1，是维生素 B_1 的营养缺陷型。由于天然培养基或半合成培养基使用的马铃薯、酵母粉、麦芽汁、麸皮、米糠等天然物质中各种维生素含量非常丰富，因此一般不需要另行添加。

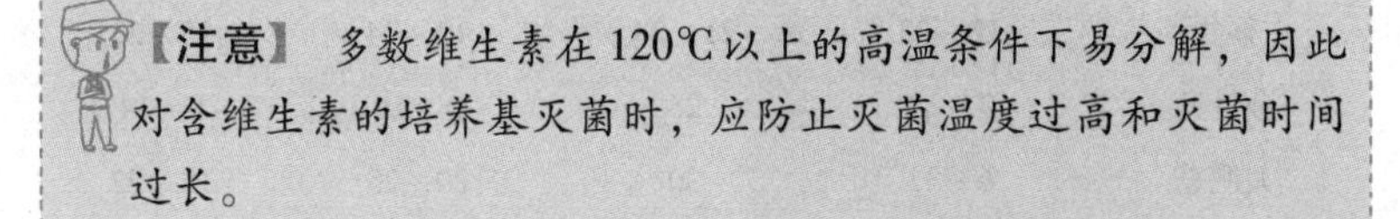
【注意】 多数维生素在120℃以上的高温条件下易分解，因此对含维生素的培养基灭菌时，应防止灭菌温度过高和灭菌时间过长。

（2）生长因子 生长因子是促进食用菌子实体分化的微量营养物质，如核苷、核苷酸等，它们在代谢中主要发挥"第二信使"的作用。其中环腺苷酸（cAMP）具有生长激素的功能，在食用菌生长中极为重要。此外，萘乙酸（NAA）、吲哚乙酸（IAA）、赤霉素（GA）、吲哚丁酸（IBA）等生长素也能促进食用菌的生长发育，在生产上有一定的应用。

第五节 食用菌对环境条件的要求

适宜的环境条件是食用菌旺盛生长的保证，不同食用菌、同种食用菌的不同生长阶段对外界环境的需求都不同。因此，学习掌握影响食用菌生长发育的环境因素对食用菌栽培意义重大。

一 温度

温度是影响食用菌生长发育的重要环境因素之一，不同的食用菌因其野生环境不同而有其不同的温度适应范围，并都有其最适生长温度、最低生长温度和最高生长温度（表1-4）。

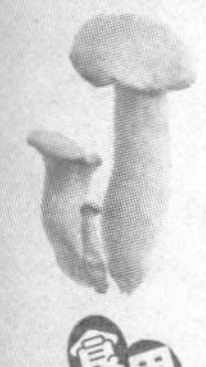

表 1-4　几种常见食用菌对温度的要求

种类 \ 项目	菌丝体生长温度/℃		子实体分化与发育最适温度/℃	
	范围	最适	分化	发育
双孢蘑菇	6～33	24	8～18	13～16
香菇	3～33	25	7～21	12～18
草菇	12～45	35	22～35	30～32
木耳	4～39	30	15～37	24～27
侧耳	10～35	24～27	7～22	13～17
银耳	12～36	25	18～26	20～24
猴头	12～33	21～24	12～24	15～22
金针菇	7～30	23	5～19	8～14
大肥菇	6～33	30	20～25	18～22
口蘑	2～30	20	20～30	15～17
松口蘑	10～30	22～24	14～20	15～16
光帽鳞伞	5～33	20～25	5～15	7～10

1. 食用菌对环境温度的需求规律

一般而言，菌丝体生长的温度范围大于子实体分化的温度范围，子实体分化的温度范围大于子实体发育的温度范围，孢子产生的适温低于孢子萌发的适温。

（1）孢子萌发对温度的要求　各种食用菌的孢子均在一定温度条件下才能萌发（表 1-5）。多数食用菌担孢子萌发的适温为 20～30℃，在适温范围内，随着温度的升高，孢子的萌发率也升高，而一旦超出适温范围，萌发率则下降。低温状态下，孢子一般呈休眠状态，而极端高温下，孢子则会死亡。

表 1-5　几种食用菌孢子产生、萌发的温度

种类 \ 项目	孢子产生的适温/℃	孢子萌发的适温/℃
双孢蘑菇	12～18	18～25
草菇	20～30	35～39

（续）

种类＼项目	孢子产生的适温/℃	孢子萌发的适温/℃
香菇	8～16	22～26
侧耳	12～30	24～28
木耳	22～32	22～32
银耳	24～28	24～28
金针菇	0～15	15～24
茯苓	24～26.5	28

（2）菌丝体生长对温度的要求 多数食用菌菌丝体生长的温度范围是5～33℃。除草菇外，大多数食用菌菌丝体生长的最适温度一般为20～30℃。

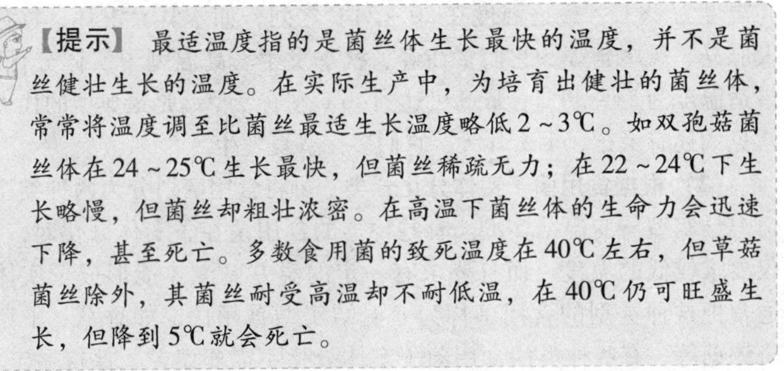

【提示】 最适温度指的是菌丝体生长最快的温度，并不是菌丝健壮生长的温度。在实际生产中，为培育出健壮的菌丝体，常常将温度调至比菌丝最适生长温度略低2～3℃。如双孢菇菌丝体在24～25℃生长最快，但菌丝稀疏无力；在22～24℃下生长略慢，但菌丝却粗壮浓密。在高温下菌丝体的生命力会迅速下降，甚至死亡。多数食用菌的致死温度在40℃左右，但草菇菌丝除外，其菌丝耐受高温却不耐低温，在40℃仍可旺盛生长，但降到5℃就会死亡。

（3）子实体分化与发育对温度的要求 子实体发育的温度略高于子实体分化的温度。食用菌子实体分化形成后，便进入子实体发育阶段，在这一阶段，若温度过高，则子实体生长快，但组织疏松，干物质较少，盖小，柄细长，易开伞，产量与品质均下降。如果温度过低，则生长过于缓慢，周期拉长，总产量也会降低。

【注意】 子实体生长于空气中，所以受空气温度的影响很大。因此子实体发育的温度主要是指气温，而菌丝体生长的温度和子实体分化的温度则是指料温。所以在实际生产中，既要注重料温，也要注重气温。除此之外，还需根据温度选择不同类型食用菌的栽培季节，一般在较高温度的季节播种培养，促进菌丝的快速生长。当菌丝长满培养料后，适当降低温度，给菌丝以低温刺激，解除高温对子实体分化的抑制作用；在子实体生长发育阶段，温度又可比子实体分化时的温度略高一些。

2. 食用菌的温度类型

（1）根据子实体形成分类 可将食用菌划分为3种温度类型：低温型、中温型、高温型。低温型子实体分化的最高温度为24℃，最适温度为13～18℃，如金针菇、香菇、双孢蘑菇、猴头、滑菇、平菇等，它们多发生在秋末、冬季与春季。中温型子实体分化的最高温度为28℃，最适温度在20～24℃之间，如木耳、银耳、竹荪、大肥菇、凤尾菇等，它们多在春、秋季发生。高温型子实体分化的最适温度为24～30℃，最高可达到40℃左右，草菇是最典型的代表，常见的还有灵芝、毛木耳等，它们多在盛夏发生。

（2）根据食用菌子实体分化分类 可将食用菌划分为两种类型：恒温结实型与变温结实型。有些种类的食用菌在子实体分化时，不仅要求较低的温度，而且要求有一定的温差刺激才能形成子实体，通常把这种类型的食用菌称为变温结实型食用菌，如香菇、平菇、杏鲍菇等。有些种类的食用菌子实体分化不需要温差，保持一定的恒温就能形成子实体，该类食用菌则称为恒温结实型食用菌，如双孢蘑菇、草菇、金针菇、黑木耳、银耳、猴头、灵芝等。

二 空气

一般而言，食用菌都是好氧性的，但在不同的种类间及不同的发育阶段对氧的需求量是不同的。

1. 空气对菌丝体生长的影响

一般而言，食用菌菌丝体耐缺氧、耐高二氧化碳（CO_2）的能力比子实体强，在通气良好的培养料中均能良好生长。但如果培养料过于紧实，水分含量过高，其生长速度会显著降低。

【提示】 在生产实践中，配料时准确控制培养料的含水量和培养料的松紧度，可以保持菌丝周围的氧气（O_2）含量，播种后加强菇房的通风换气、及时排除废气、补充氧气是保证菌丝旺盛生长的关键所在。

2. 空气对子实体生长发育的影响

空气对食用菌子实体生长发育的影响，一方面表现为子实体分化阶段的“趋氧性”。袋栽食用菌时，如香菇、木耳、平菇等，在袋上开口，菌丝就很容易从接触空气的开口部位生长出子实体。另一方面表现为子实体生长发育阶段对二氧化碳的“敏感性”。出菇阶段由于呼吸作用逐渐加强，需氧量和二氧化碳排放量不断增加，累积到一定浓度的二氧化碳会使菌盖发育受阻，菌柄徒长，造成畸形菇。若不及时通风换气，子实体就会逐渐发黄，萎缩死亡。如灵芝子实体在0.1%的二氧化碳环境中，一般不形成菌盖，只是菌柄分化成鹿角状；当二氧化碳含量达到1%时，子实体就难以分化，由于较高浓度的二氧化碳易导致子实体畸形，致使菌柄徒长；在生产上为了获取菌柄细长、菌盖小的优质金针菇，在子实体生长阶段常控制通气量，使子实体在较高浓度的二氧化碳环境中发育。

【注意】 通风换气是贯穿于食用菌整个生长发育过程中的重要环节，适当地通风换气还能抑制病虫害的发生，且有利于调节空气湿度。通风效果以嗅不到异味、不闷气、感觉不到风的存在并不引起温湿度大幅度变动为宜。

三 水分

水分不仅是食用菌的重要组成成分，而且也是菌丝吸收、输送养分的介质；在新陈代谢中也离不开水。

1. 食用菌的含水量及其影响因素

食用菌菌丝中的含水量一般为70%～80%，子实体的含水量可

达到80%~90%，有时甚至更高。食用菌的水分主要来自于培养基质和周围环境，影响食用菌含水量的外界因素主要包括培养料含水量、空气相对湿度、通风状况等，其中大部分来自于培养料。培养料的含水量是影响出菇的重要因子；空气相对湿度对食用菌生长发育也有重要作用，其直接影响培养料水分的蒸发和子实体表面的水分蒸发。

2. 食用菌对环境水分的要求

（1）菌丝体生长阶段 一般食用菌菌丝体生长阶段要求培养料的含水量为60%~65%，适合于段木栽培的食用菌要求段木的含水量约为40%。若含水量不适宜，均会对菌丝生长产生不良的影响，最终导致减产或栽培失败。若培养料的含水量为45%~50%，则菌丝生长快，但多稀疏无力、不浓密；若培养料含水量为70%左右，则菌丝生长缓慢，对杂菌的抑制力弱，培养料会变酸发出臭味，菌丝停止生长。大多数食用菌在菌丝生长阶段要求的空气相对湿度为60%~70%（表1-6），这样的空气环境既有利于菌丝的生长，又不利于杂菌的滋生。

表1-6 食用菌不同生长发育阶段对水分的要求

种类	培养料含水量（%）	空气相对湿度（%）	
		菌丝发育时期	子实体发育时期
黑木耳	60~65	70~80	85~95
双孢蘑菇	60~68	70~80	80~90
香菇	60~70（木屑） 38~42（段木）	60~70	80~90
草菇	60~70	70~80	85~95
平菇	60~65	60~70	85~95
金针菇	60~65	80	85~90
滑菇	60~70	65~70	85~95
银耳	60~65	70~80	85~95

（2）子实体生长阶段 培养料含水量与菌丝体生长阶段基本一

致，但该阶段对空气湿度的要求则高得多，一般为85% ~90%。空气湿度低会使培养料表面大量失水，阻碍子实体的分化，严重影响食用菌的品质和产量。但菇房的空气湿度也不宜超过95%，若空气相对湿度过高，不仅容易引起杂菌污染，还不利于菇体的蒸腾作用，导致菇体发育不良或停止生长。

食用菌子实体生长发育虽然都喜欢潮湿环境，但根据湿度的需求量，可以将食用菌分为喜湿性食用菌和厌湿性食用菌两大类。喜湿性菌类对高湿有较强的适应性，如银耳、黑木耳、平菇等。厌湿性菌类对高湿环境耐受力差，如双孢蘑菇、香菇、金针菇等。

四 酸碱度

大多数菌类都适宜在偏酸的环境中生长。适合菌丝生长的酸碱度（pH）一般在3 ~8之间，以5 ~6为宜。不同类型的食用菌最适pH存在差异，一般木生型菌类生长适宜的pH为4 ~6，而粪草型菌类生长适宜的pH为6 ~8。不同种类的食用菌对环境pH的要求也不同。其中猴头菌最喜酸，其菌丝在pH为2 ~4的条件下仍能生长；草菇、双孢蘑菇则喜碱，最适pH为7.5，在pH为8的条件下仍能生长良好。

【注意】 菌丝生长的最适pH并不是配制培养基时所需配制的pH，这主要是因为培养基在灭菌过程中以及菌丝生长代谢过程中会积累酸性物质，如乙酸、柠檬酸、草酸等，这些有机酸的积累会导致培养基pH的下降。因此，在配制培养基时应将pH适当调高，生产中常向培养料中加入一定量的新鲜石灰粉，将pH调至8 ~9；后期管理中，也常用1% ~2%的石灰水喷洒菌床，以防pH下降。

五 光照

食用菌体内无叶绿素，不能进行光合作用，食用菌在菌丝生长阶段不需要光线，但大部分食用菌在子实体分化和发育阶段都需要一定的散射光。

1. 光照对菌丝体生长的影响

大多数食用菌的菌丝体在完全黑暗的条件下，生长发育良好。

光线对食用菌菌丝生长起抑制作用，光照越强，菌丝生长越缓慢，如灵芝菌丝在马铃薯葡萄糖培养基上，30℃光照下培养，不如黑暗条件下培养长得快，在3000lx时每天的生长速度不到黑暗时的一半。日光中的紫外线有杀菌作用，可以直接杀死菌丝。光照使水分蒸发快，空气相对湿度降低，对食用菌生长是不利的。

2. 光照对子实体生长发育的影响

大多数食用菌在子实体生长发育阶段需要一定的散射光。光照对子实体生长发育的影响主要体现在以下几个方面：

(1) 光照对子实体分化的诱导作用 在子实体分化时期，不同的食用菌对光照的要求是不同的，大部分食用菌子实体发育都需要一定的散射光，如香菇、滑菇、草菇等在完全黑暗条件下不能形成子实体；平菇、金针菇在无光条件下虽能形成子实体，但只长菌柄，不长菌盖，菇体畸形，也不产生孢子。

(2) 光照对子实体发育的影响 光照对食用菌子实体发育的影响主要体现在子实体形态建成和子实体色泽两个方面。

1）子实体形态建成。光能抑制某些食用菌菌柄的伸长，在完全黑暗或光线微弱的条件下，灵芝的子实体变成菌柄瘦长、菌盖细小的畸形菇。只有光照强度达到1000lx以上时，灵芝的子实体才能生长正常。食用菌的子实体还具有正向光性。栽培环境中若改变光源的方向，也会使子实体畸形，故光源应设置在有利于菌柄直立生长的位置。

2）子实体色泽。光线能促进子实体色素的形成和转化，因此光照还能影响子实体的色泽。一般来说，光照能加深子实体的色泽，如平菇室外栽培颜色较深，室内栽培颜色较浅；草菇在光照不足时呈灰白色，黑木耳色泽在光照不足时也变浅，黑木耳只有在250～1000lx光照强度下才出现正常的黑褐色。

六 生物

食用菌不论是在自然界，还是人工栽培条件下，无时无刻不与周围的生物发生关系、相互影响，有的对食用菌生长发育有利，有的则有害。这些与食用菌发生相互影响的生物即为食用菌生长发育的生物因子，包括微生物、植物、动物。所以，从事食用菌生产，一定要重视这些生物因素，研究它们之间的相互关系，发展其有益的方面，避免或控制其不利的方面。

1. 食用菌与微生物的关系

（1）对食用菌有益的微生物 有益微生物对食用菌生长发育的促进作用主要表现在两个方面，即为食用菌提供营养物质，帮助食用菌生长发育。

1）为食用菌提供营养物质。在微生物中如假单孢菌、嗜热性放线菌、嗜热真菌等，能分解纤维素、半纤维素、木质素，使结构复杂物质变为简单物质，易于被食用菌吸收利用。这些微生物死亡后，体内的蛋白质、糖类也是食用菌良好的营养物质。此外，嗜热放线菌、腐质酶都可以产生生物素、硫胺素、泛酸和烟酸等维生素，这些维生素物质都是食用菌生长发育不可或缺的。

2）帮助食用菌生长发育。银耳的芽孢子缺少分解纤维素、半纤维素的酶，不能分解纤维素和半纤维素，因此不能单独在木屑上生长。有一种香灰菌的分解纤维素、半纤维素能力很强，其形成的养分可供银耳利用。如果没有香灰菌，银耳就生长不好，所以制备银耳菌种时要混上香灰菌菌丝，将二者结合接种效果更好。某些食用菌的孢子在人工培养基上不能萌发，必须在有其他微生物存在时才能萌发，如红蜡蘑、大马勃的孢子在有红酵母的培养基上萌发。

（2）对食用菌有害的微生物 对食用菌有害的微生物种类繁多，有细菌、放线菌、酵母菌、丝状真菌和病毒等。有害微生物可对食用菌产生多种危害，但最主要的是寄生性危害和竞争性危害。寄生性危害指微生物可直接从食用菌菌丝体或子实体内吸取养分，导致食用菌生理代谢失调而死亡，造成严重的减产甚至绝收。竞争性危害指微生物与食用菌争夺培养料中的养分、水分和生长空间，并改变培养料的pH，使食用菌生存环境改变，造成减产。

2. 食用菌与植物的关系

食用菌本身无法合成有机物，必须以腐生、共生或寄生的方式从植物中获取养分，但这种“获利”的关系并不是单向的。有些食用菌能与植物共生，形成菌根，彼此受益。菌根真菌能分泌乙酸等刺激物质刺激植物生根，并帮助植物吸收无机盐，而植物光合作用

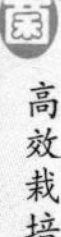

合成有机物供给食用菌，如松乳菇与松树、红菇与红栎、口蘑与黑栎共生形成菌根。

森林是野生食用菌的大本营，不仅为食用菌生长提供营养基础，而且创造了其适宜的生态环境。植物叶片表面的蒸腾作用调节了林地的温度和湿度，繁茂的枝叶遮挡了大量直射光，形成了阴郁且具有一定散射光的环境，这些都是适宜食用菌生长发育的条件。若森林的自然生态遭到破坏，许多珍贵的食用菌也会消失。

3. 食用菌与动物的关系

动物对食用菌的生长发育也有一定的影响。有的动物对食用菌是有益的，它们可为食用菌提供营养，也可作为食用菌孢子的传播媒介，如白蚁对鸡枞菌的形成有利，鸡枞长在蚁窝上，以蚁粪为营养；鸡枞菌丝帮白蚁分解木质素、产生抗生素、有时可充当其食物。如果白蚁搬家了，此处再也不长鸡枞菌了。有些动物对食用菌孢子传播也是有益的。如竹荪的孢子就是靠蝇类传播的，著名的块菌子囊果生于地下，它的孢子只能通过野猪挖掘采食后才能传播（猪粪传播）。草原上的一些食用菌的孢子经过牛、羊的消化道后，反而更容易萌发，有利于食用菌的繁殖。

对食用菌有害的动物能吞食菌丝，或咬食子实体，对食用菌造成直接危害；咬食后的伤口，易被微生物侵染带来病害，这是间接危害，如菇蚊、菇蝇、跳虫、线虫等。家鼠、田鼠也会啃食培养料，毁坏菌床，破坏生产。

第二章
食用菌菌种制作

第一节　食用菌菌种概述

一　菌种的概念

《食用菌菌种管理办法》已于2006年3月16日经农业部第八次常务会议审议通过，自2006年6月1日起施行。食用菌菌种原意是指孢子（相当于植物的种子），但在实际生产中，常将经过人工培养的纯菌丝体连同培养基质一同叫作菌种。所以，食用菌菌种就定义为经人工培养用于繁殖的菌丝体或孢子。

二　菌种分级

我国食用菌菌种按照生产过程可分为母种（一级种）、原种（二级种）和栽培种（三级种）3级。

（1）母种　经各种方法选育得到的，具有结实性的菌丝体纯培养物及其继代培养物，以玻璃试管为培养容器和使用单位，也称一级种、斜面菌种或试管菌种。根据不同的使用目的，可将母种分为保藏母种、扩繁母种和生产母种等。

除单孢子分离外，一般获得的母种纯菌丝具有结实性。由于获得的母种数量有限，常将菌丝再次转接到新的斜面培养基上，可获得更多的母种，称为再生母种。一支母种可转成10多支再生母种。

（2）原种　用母种在谷物、木屑、粪草等天然固体培养基上扩大繁殖而成的菌丝体纯培养物，也叫二级种。原种常以透明的玻璃

瓶（650～750mL）或塑料菌种瓶（850mL）或聚丙烯塑料袋（15cm×28cm）为培养容器和使用单位，原种用来繁育栽培种或直接用于栽培。

（3）栽培种 用原种在天然固体培养基上扩大繁殖而成的、可直接作为栽培基质种源的菌种，也叫三级种。栽培种常以透明的玻璃瓶、塑料瓶或塑料袋为培养容器和使用单位。栽培种只能用于生产栽培，不可再次扩大繁殖成菌种。

三 菌种类型

1. 固体菌种

生长在固体培养基上的食用菌菌种称为固体菌种，食用菌的固体菌种主要有以下几种类型：PDA 试管菌种、谷粒菌种、棉籽壳菌种、木块菌种、木屑菌种、复合料菌种和颗粒菌种，各类型都有各自的优缺点。

（1）PDA 试管菌种 它是指将经孢子分离法或组织分离法得到的纯培养物，移接到试管斜面培养基上培养而得到的纯菌丝菌种。

（2）谷粒菌种 它是指用小麦、玉米、高粱或谷子等作物籽实做培养基生产的食用菌菌种，目前双孢蘑菇生产中使用的几乎全是谷粒菌种。

【注意】 谷粒菌种的优点是菌丝生长健壮、生命力强、发菌快，在基质中扩展迅速；缺点是存放时间不宜太长，否则易老化。

（3）棉籽壳菌种 棉籽壳营养丰富，颗粒分散，所制菌种的抗污染性、抗高温性好，因而日益受到菇农欢迎。

（4）木屑菌种 它是指利用阔叶树木屑作为培养基制作的食用菌菌种，具有生产工艺简单、成本低廉、原材料来源广泛和包装运输方便等优点。

（5）复合料菌种 它是指利用两种或两种以上主要原料作为培养基制作的食用菌菌种，一般常用木屑、棉籽壳、玉米芯等原料按照一定比例进行混合，复合料菌种的优点是营养丰富、全面，菌丝生长情况好，接种后适应性好。

2. 液体菌种

液体菌种是用液体培养基，在生物发酵罐中，通过深层培养（液体发酵）技术生产的液体形态的食用菌菌种。液体指的是培养基的物理状态，液体深层培养就是发酵工程技术。当前，已经有相当数量的食用菌生产企业（含工厂化生产企业）采用液体菌种生产食用菌栽培袋，取得了良好的经济效益和生态效益。

第二节 菌种制作的设施、设备

一 配料加工、分装设备

1. 原材料加工设备

（1）秸秆粉碎机 用于农作物秸秆的切断（如玉米秸秆、玉米芯、棉柴），以便进一步粉碎或直接使用的机械。

（2）木屑机 将阔叶树或硬杂木的枝丫切成片，然后经过粉碎机粉碎，作为食用菌的生产原料（图2-1、图2-2）。

图2-1 切片机

图2-2 粉碎机

2. 配料分装设备

（1）拌料机 拌料机用来替代人工拌料的机械，是把主料和辅料加适量水进行搅拌，使之均匀混合的机械（图2-3）。

（2）装瓶装袋机 家庭生产采用小型立式装袋机或小型卧式多功能装袋机；工厂化生产可以采用大型立式冲压式装袋设备。

1）小型装袋机。小型装袋机主要是把拌好的培养料填装到一定规格的塑料袋内，一般每小时可以装250~300袋（图2-4）。其优点是装袋紧实，中间通气孔打到袋底；装袋质量好，速度快。缺点是只能装一种规格的塑料袋。

扫码看实作

图2-3　拌料机

图2-4　小型装袋机

2）小型多功能装袋机。小型多功能装袋机主要是把拌好的培养料填装到各种规格的塑料袋内，一般每小时可装200袋（图2-5）。其优点是各种食用菌栽培都可以使用，料筒和搅龙可以根据菌袋规格进行更换；缺点是装袋质量和速度受操作人员熟练程度影响较大，一般栽培食用菌种类较多时可以选用。

3）大型冲压式装袋机。大型冲压式装袋机与小型装袋机的原理基本相同（图2-6），但是需要与拌料机、传送装置一起使用，而且是连续作业，一般每小时可以装1200袋，多用于大型菌种厂或食用菌的工厂化生产。

扫码看实作

图2-5　小型多功能装袋机

图2-6　大型冲压式装袋机

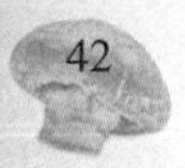

二 灭菌设备

1. 高压灭菌设备

高压灭菌锅炉产生的饱和蒸汽压力大、温度高，能够在较短时间内杀灭杂菌，是因为高温（121℃）、高压使微生物因蛋白质变性失活而达到彻底灭菌的目的。

高压灭菌设备按照样式大小分为手提式高压灭菌器（图2-7）、立式压力蒸汽灭菌器（图2-8）、卧式高压蒸汽灭菌器（图2-9）、灭菌柜（图2-10）等。

扫码看实作

图2-7　手提高压蒸汽灭菌器

图2-8　立式压力蒸汽灭菌器

图2-9　卧式高压蒸汽灭菌器

图2-10　灭菌柜

【注意】 菌种生产一般采用高压灭菌。

2. 常压灭菌设备

常压灭菌通过锅炉产生强穿透力的热活蒸汽的持续释放，使内部培养基保持持续高温（100℃）来达到灭菌目的。常压灭菌灶的建造根据各地习惯而异，一般包括蒸汽发生装置（图2-11）和灭菌池（图2-12）两部分组成。

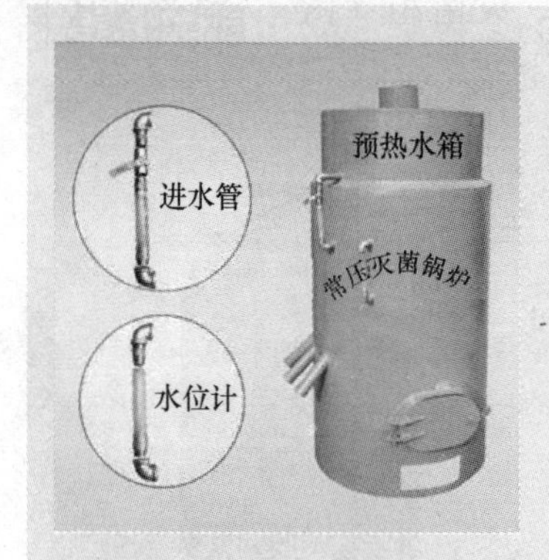

图2-11 蒸汽发生装置示意图

图2-12 灭菌池

3. 周转筐

食用菌生产过程中，为搬运方便和减少料袋扎袋或变形，目前大多采用周转筐进行装盛。周转筐（图2-13）一般用钢筋或高压聚丙烯制成，周转筐应光滑，防止扎袋。其规格根据生产需要确定。

图2-13 周转筐

三 接种设备

接种设备有接种帐、接种箱、超净工作台、接种机、简易蒸汽接种设备、离子风机以及接种工具等。

1. 简易接种帐

简易接种帐是采用塑料薄膜制作而成的，可以设在大棚内或房间内，规格分为大、小两种，小型的规格为2m×3m，较大的规格为(3～4) m×4m，接种帐高度为2～2.2m，过高不利于消毒和灭菌。接种帐可随空间条件而设置，可随时打开和收起，一般采用高锰酸钾和甲醛熏蒸消毒（图2-14）。

2. 接种箱

接种箱用木板和玻璃制成，接种箱的前后装有两扇能开启的玻璃窗，下方开两个圆洞，洞口装有袖套，箱内顶部装日光灯和30W紫外线灯各一盏，有的还装有臭氧发生装置（图2-15）。接种箱的容积一般以能放下80～150个菌袋为宜，适合于一家一户小规模生产使用，也适合小型菌种厂制种使用。

图2-14　接种帐

图2-15　接种箱

3. 超净工作台

超净工作台的原理是在特定的空间内，室内空气经预过滤器初滤，由小型离心风机压入静压箱，再经空气高效过滤器二级过滤，从空气高效过滤器出风面吹出的洁净气流具有一定的和均匀的断面风速，可以排除工作区原来的空气，将尘埃颗粒和生物颗粒带走，以形成无菌的高洁净的工作环境（图2-16）。从气流流向分为垂直流超净工作台和水平流超净工作台两种；超净工作台从操作人员数上分为单人工作台（单面、双面）和双人工作台（单面、双面）两种。

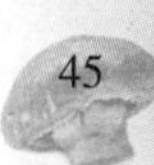

4. 接种机

扫码看实作

接种机也分许多种，简单的离子风式的接种机（图2-17），可以摆放在桌面上，可以将前方25cm左右的面积都可以达到无菌状态，方便接种等操作。还有适合工厂化接种的百级净化接种机，其接种空间达到百级净化，实现接种无污染，保证接种率。

图2-16　超净工作台

图2-17　离子风机

5. 简易接种室

接种室又称无菌室，是分离和移接菌种的小房间，实际上是扩大的接种箱。

【提示】

① 接种室应分里外两间，里间为接种间，面积一般为5～6m^2，外间为缓冲间，面积一般为2～3m^2。两间门不宜对开，出入口要求装上推拉门。高度均为2～2.5m。接种室不宜过大，否则不易保持无菌状态。

② 房间里的地板、墙壁、天花板要平整、光滑，以便擦洗消毒。

③ 门窗要紧密，关闭后与外界空气隔绝。

④ 房间最好设有工作台，以便放置酒精灯、常用接种工具等。

⑤ 工作台上方和缓冲间天花板上安装能任意升降的紫外线杀菌灯和日光灯。

6. 接种车间

接种车间是扩大的接种室，室内一般放置多个接种箱或超净工作台，一般在食用菌工厂化生产企业中较为常见（图 2-18）。

7. 接种工具

接种工具主要是用于菌种分离和菌种移接的专用工具，包括接种铲、接种针、接种环、接种钩、接种勺、接种刀、接种棒、镊子及液体菌种用的接种枪等（图 2-19）。

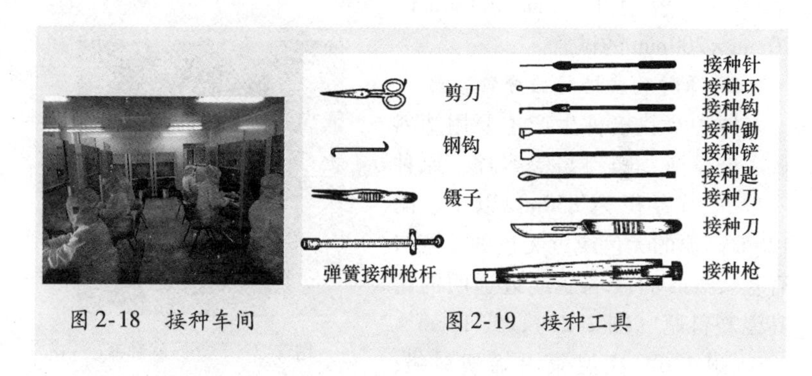

图 2-18　接种车间　　图 2-19　接种工具

四 培养设备

培养设备主要是指食用菌接种后用于培养菌丝体的设备，主要包括恒温培养箱、培养架和培养室等，液体菌种还需要摇床和发酵罐等设备。

1. 恒温培养箱

恒温培养箱是主要用来培养试管斜面母种和原种的专用电器设备。

图 2-20　培养架

2. 培养室及培养架

一般栽培和制种规模比较大时采用培养室和培养架（图 2-20）培养菌种。培养室面积一般为 20 ~ 50m^2，采用温度控制仪或空调等控制温度，同时安装换气扇，以保持培养室内的空气清新。培养室内一般设置培养架，架宽 45cm 左

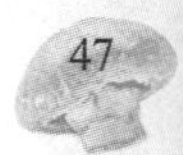

右，上下层之间距离 55cm 左右，培养架一般设 4～6 层，架与架之间距离为 60cm。

五 培养料的分装容器

1. 母种培养基的分装容器

母种培养基的分装主要用玻璃试管、漏斗、玻璃分液漏筒、烧杯、玻璃棒等。试管规格以外径（mm）×长度(mm）表示，在食用菌生产中一般使用 18mm × 180mm、20mm × 200mm 的试管。

2. 原种及栽培种的分装容器

原种及栽培种生产主要用塑料瓶、玻璃瓶、塑料袋等容器。原种一般采用容积为 850mL 以下、耐126℃高温的无色或近无色的、瓶口直径≤4cm 的玻璃瓶或近透明的耐高温塑料瓶（图 2-21），或 15cm × 28cm 耐 126℃ 高温聚丙烯塑料袋；栽培种除可使用同原种一样的容器外，还可使用≤17cm × 35cm、耐126℃高温符合 GB 9688 卫生规定的聚丙烯塑料袋。

图 2-21　塑料菌种瓶

六 封口材料

食用菌生产封口材料一般有套环（图 2-22）、无棉盖体（图 2-23）、棉花、扎口绳等。

图 2-22　套环

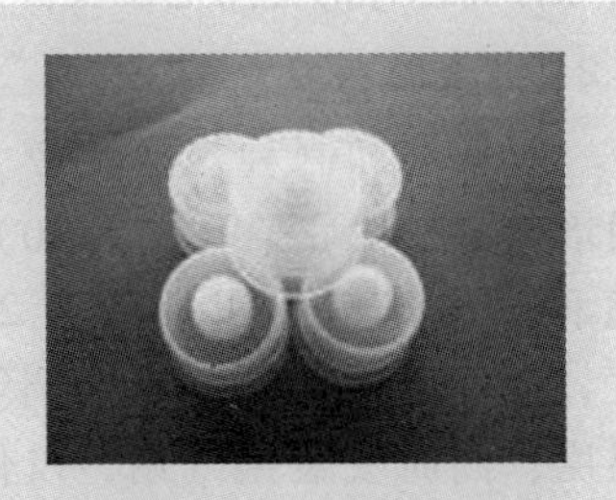

图 2-23　无棉盖体

七 生产环境调控设备

食用菌生产环境调控设备有制冷压缩机、制冷机组、冷风机、空调机、加湿器等设备。

八 菌种保藏设备

菌种保藏设备有低温冰箱、超低温冰箱和液氮冰箱，生产上一般采用低温冰箱保藏，其他两种设备一般用于科研院所菌种的长期保藏。

九 液体菌种生产设备

1. 液体菌种培养器

液体菌种培养器主要由罐体、空气过滤器、电子控制柜等几部分组成（图 2-24、图 2-25）。罐体部分包括各种阀门、压力表、安全阀、加热棒、视镜等；空气过滤器由空气压缩机、滤壳、滤芯、压力表等组成；电子控制柜主要是电路控制系统，该系统采用微型计算机控制灭菌时间、灭菌温度、培养状态及培养时间。

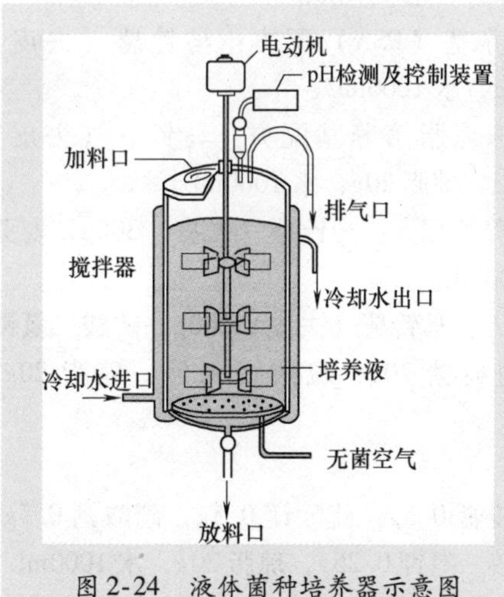

图 2-24 液体菌种培养器示意图

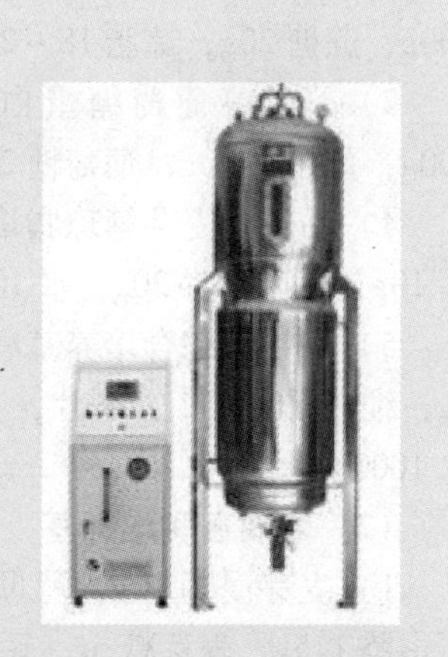

图 2-25 液体菌种培养器

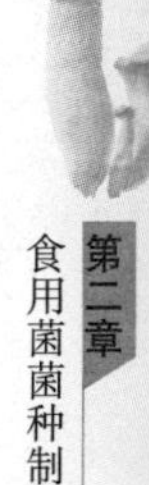

2. 摇床

在食用菌生产中，也可使用摇床生产少量液体菌种（图2-26）。

液体菌种是采用生物培养（发酵）设备，通过液体深层培养（液体发酵）的方式生产食用菌菌球，作为食用菌栽培的种子。液体菌种是用液体培养基在发酵罐中通过深层培养技术生产的液体食用菌菌种，具有试管、谷粒、木屑、棉籽壳、枝条等固体菌种不可比拟的物理性状和优势。

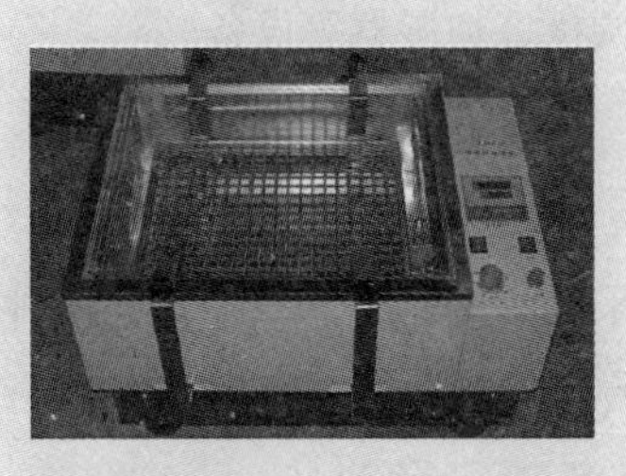
图2-26　摇床

第三节　固体菌种制作

一　母种生产

1. 常用的斜面母种培养基配方

(1) 食用菌常用培养基

1）马铃薯葡萄糖琼脂培养基（PDA）配方：马铃薯（去皮）200g，葡萄糖20g，琼脂18～20g，水1000mL。

2）马铃薯蔗糖琼脂培养基（PSA）配方：马铃薯（去皮）200g，蔗糖20g，琼脂18～20g，水1000mL。

3）马铃薯葡萄糖蛋白胨琼脂培养基配方：马铃薯（去皮）200g，蛋白胨10g，葡萄糖20g，琼脂20g，水1000mL。

4）马铃薯麦芽糖琼脂培养基配方：马铃薯（去皮）300g，麦芽糖10g，琼脂18～20g，水1000mL。

5）马铃薯综合培养基配方：马铃薯（去皮）200g，磷酸二氢钾3g，维生素 B_1 2～4片，葡萄糖20g，硫酸镁1.5g，琼脂20g，水1000mL。

(2) 木腐菌种培养基

1）麦芽浸膏10g，酵母浸膏0.5g，硫酸镁0.5g，硝酸钙0.5g，蛋白胨1.5g，麦芽糖5g，磷酸二氢钾0.25g，琼脂20g，水1000mL。

2）麦芽浸膏10g，硫酸铁0.1g，硫酸镁0.1g，琼脂20g，磷酸铵1g，硝酸铵1g，硫酸锰0.05g，水1000mL。

3）酵母浸膏15g，磷酸二氢钾1g，硫酸钠2g，蔗糖10～40g，麦芽浸膏10g，氯化钾0.5g，硫酸镁0.05g，硫酸铁0.01g，琼脂15～25g，水1000mL。

4）酵母浸膏2g，蛋白胨10g，硫酸镁0.5g，葡萄糖20g，磷酸二氢钾lg，琼脂20g，水1000mL。

（3）保藏菌种培养基

1）玉米粉酵母膏葡萄糖琼脂培养基配方：玉米粉50g，葡萄糖10g，酵母膏10g，琼脂15g，水1000mL。

2）玉米粉琼脂培养基配方：玉米粉30g，琼脂20g，水1000mL。

3）蛋白胨酵母膏葡萄糖培养基配方：蛋白胨10g，葡萄糖1g，酵母膏5g，琼脂20g，水1000mL。

4）完全培养基配方：硫酸镁0.5g，磷酸氢二钾1g，葡萄糖20g，磷酸二氢钾0.5g，蛋白胨2g，琼脂15g，水1000mL。

2. 母种培养基的配制

（1）材料准备 选取无芽、无变色的马铃薯，洗净去皮，称取200g，切成1cm左右的小块。同时准确称取好其他材料。酵母粉用少量温水溶化。

（2）热浸提 将切好的马铃薯小块放入1000mL水中，煮沸后用文火保持30min。

（3）过滤 煮沸30min后用4层纱布过滤。

（4）琼脂溶化 若使用琼脂粉应事先溶于少量温水中，然后倒入培养基浸出液中溶化。若使用琼脂条可先剪成2cm长的小段，用清水漂洗2次后除去杂质。煮琼脂时要多搅拌，直至完全溶化。

（5）定容 琼脂完全溶化后，将各种材料全部加入液体中，不足时加水定容至1000mL，搅拌均匀。

（6）调节pH 定容后，用pH试纸测定培养基的pH。当pH偏高时，可用柠檬酸或醋酸下调；当pH偏低时，可用氢氧化钠、碳酸钠或石灰水调高。

（7）分装 选用洁净、完整、无损的玻璃试管，调节好pH后进

行分装。分装装置可用带铁环和漏斗的分装架或灌肠桶。分装时，试管要垂直于桌面。

【注意】 不要使培养基残留在近试管口的壁上，以免日后污染，一般培养基装量为试管长度的1/5～1/4。

分装完毕后，塞上棉塞，棉塞选用干净的梳棉制作，不能使用脱脂棉。棉塞长度为3～3.5cm，塞入管内1.5～2cm，外露部分1.5cm左右，松紧要适度，以手提外露棉塞试管不脱落为度。然后将7支捆成一捆，用双层牛皮纸将试管口一端包好扎紧。

（8）灭菌 灭菌前，先检查锅内水分是否足量，如果水分不足，要先加足水分，然后将分装包扎好的试管直立放入灭菌锅套桶中，盖上锅盖，对角拧紧螺栓，关闭放气阀，开始加热。严格按照灭菌锅使用说明进行操作，在0.11～0.12MPa压力下保持30min。

（9）摆斜面 待压力自然降压至0MPa时，打开锅盖，一般情况下，高温季节打开锅盖后自然降温30～40min，低温季节自然降温20min后再摆放斜面。如果立即摆放斜面，由于温差过大，试管内易产生过多的冷凝水。斜面长度以斜面顶端距离棉塞40～50mm为标准。

【注意】 斜面摆放好后，在培养基凝固前，不宜再行摆动。为防止斜面凝固过快，在斜面上方试管壁形成冷凝水，一般在摆好的试管上覆盖一层棉被，低温季节这项工作尤其重要。

（10）无菌检查 灭菌后的斜面培养基应进行无菌检查。母种培养基随机抽取3%～5%的试管，置于28℃恒温培养箱中48h后检查，无任何微生物长出的为灭菌合格，即可使用。

3. 母种接种

（1）接种前准备

1）接种前，工作人员穿好工作服，戴好口罩、工作帽，必须彻底清理打扫接种室（箱），经喷雾及熏蒸消毒，使其成为无菌状态。

2）清洗干净接种工具，一般为金属的针、刀、耙、铲、钩。

3）用肥皂水洗手，擦干后再用70%～75%酒精棉球擦拭双手、菌种试管及一切接种用具。

4）可事先在试管上贴上标签，注明菌名、接种日期等。

5）将接种所需物品移入超净工作台（接种箱），按工作顺序放好，检查是否齐全，并用5%石炭酸溶液重点在工作台上方附近的地面上喷雾消毒，打开紫外线灯照射灭菌30min。

（2）接种

1）关闭紫外灯（若需开日光灯，需间隔20min以上），用75%酒精棉球擦拭双手和母种外壁，并点燃酒精灯，因为火焰周围10cm的区域为无菌区，在无菌区接种可以避免杂菌污染。

2）将菌种和斜面培养基的两支试管用大拇指和其他四指握在左手中，使中指位于两试管之间的部分，斜面向上并使它处于水平位置，先将棉塞用右手拧转松动，以利于接种时拔出。

3）右手拿接种钩，在火焰上方将工具灼烧灭菌，凡在接种时可进入试管部分，都用火焰灼烧灭菌，操作时要使试管口靠近酒精灯火焰。

4）用右手小拇指、无名指、中指同时拔掉两支试管的棉塞，并用手指夹紧，用火焰灼烧管口，灼烧时应不断转动试管口，以杀灭试管口可能沾染上的杂菌。

5）将烧过并经冷却后的接种钩伸入菌种管内，去除上部老化、干瘪的菌丝块，然后取0.5cm×0.5cm大小的菌块，迅速将接种钩抽出试管，注意不要使接种钩碰到管壁。

扫码看实作

6）在火焰旁迅速将接种钩伸进待接种试管，将挑取的菌块放在斜面培养基的中央。注意不要

把培养基划破，也不要使菌种沾在管壁上。

7）抽出接种钩，灼烧管口和棉塞，并在火焰旁将棉塞塞上。每接3～5支试管，要将接种钩在火焰上再灼烧灭菌，以防大面积污染。

4. 培养

(1) 恒温培养 接种完毕，将接好的试管菌种放入22～24℃恒温培养箱中培养。

(2) 污染检查 在菌种培养过程中，接种后2天内要检查接种后杂菌污染情况，在试管斜面培养基上发现如果有绿色、黄色、黑色等，不是白色、生长整齐一致的斑点或块状杂菌，应立即剔除。以后每2天检查1次。挑选出菌丝生长致密、洁白、健壮，无任何杂菌感染的试管菌种，放于2～4℃的冰箱中保存。

二 原种、栽培种生产

1. 常见培养基及制作

(1) 以棉籽壳为主料培养基

1）棉籽壳培养基配方：

① 棉籽壳99%，石膏1%，含水量60%±2%。

② 棉籽壳84%～89%，麦麸10%～15%，石膏1%，含水量60%±2%。

③ 棉籽壳54%～69%，玉米芯20%～30%，麦麸10%～15%，石膏1%，含水量60%±2%。

④ 棉籽壳54%～69%，阔叶木屑20%～30%，麦麸10%～15%，石膏1%，含水量60%±2%。

2）棉籽壳培养基制作：先按配方的比例计算出需要的原料的量，称取原料。将糖溶于适量水中加入，再加入适量的水。适宜含水量的简便检验方法是用手抓一把加水拌匀后的培养料紧握，当指缝间有水但不滴下时，料内的含水量为适度。

(2) 以木屑为主料培养基

1）木屑培养基配方：

① 阔叶树木屑78%，麸皮或米糠20%，蔗糖1%，石膏1%，

含水量58% ±2%。

② 阔叶树木屑63%，棉籽壳15%，麸皮20%，糖1%，石膏1%，含水量58% ±2%。

③ 阔叶树木屑63%，玉米芯粉15%，麸皮20%，糖1%，石膏1%，含水量58% ±2%。

2）木屑培养基制作：方法同棉籽壳培养基。

（3）谷粒培养基

1）谷粒培养基配方：小麦93%，杂木屑5%，石灰或石膏粉2%。

2）谷粒培养基制作：小麦过筛，除去杂物，再放入石灰水中浸泡，使其吸足水分，捞出后放入锅中用水煮至麦粒无白心为止（吸足水分）。趁热摊开，凉至麦粒表面无水膜（用手抓麦粒不黏手），加入石膏拌匀，然后装瓶、灭菌。

（4）木块木条培养基

1）木块木条培养基配方：

① 木条培养基：木条85%，木屑培养基15%。常用于塑料袋制栽培种，故通常称为木签菌种。

② 楔形和圆柱形木块培养基：木块84%，阔叶树木屑13%，麸皮或米糠2.8%，白糖0.1%，石膏粉0.1%。

③ 枝条培养基：枝条80%，麸皮或米糠19.9%，石膏粉0.1%。

2）木块木条培养基制作：

① 木条培养基制作：先将木条在0.1%多菌灵液中浸0.5h，捞起稍沥水后即放入木屑培养基中翻拌，使其均匀地粘上一些木屑培养基即可装瓶。装瓶时尖头要朝下，最后在上面铺约1.5cm厚的木屑培养基即可。

② 楔形和圆柱形木块培养基制作：先将木块浸泡12h，将木屑按常规木屑培养料的制作方法调配好，然后将木块倒入木屑培养基中拌匀、装瓶，最后再在木块面上盖一薄层木屑培养基按平即可。

③ 枝条培养基制作：选1～2年生、粗8～12mm的板栗、麻栎和梧桐等适生树种的枝条，先劈成两半，再剪成约35mm长、一头尖

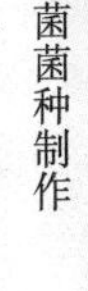

一头平的小段，投入40～50℃的营养液中浸1h，捞出沥去多余水分，与麸皮或米糠混匀，再用滤出的营养液调节含水量后加入石膏粉拌匀，即可装瓶、灭菌。其中营养液配方为：蔗糖1%，磷酸二氢钾0.1%，硫酸镁0.1%，混匀后溶于水即可。

2. 培养基灭菌

（1）高压灭菌 木屑培养基和草料培养基在0.12MPa条件下灭菌1.5h或0.14～0.15MPa下1h；谷粒培养基、粪草培养基和种木培养基在0.14～0.15MPa条件下灭菌2.5h。装容量较大时，灭菌时间要适当延长。

【注意】 灭菌完毕后，应自然降压至0MPa，不应强制降压。

（2）常压灭菌 常压灭菌是采用常压灭菌锅进行蒸汽灭菌的方法。锅内的水保持沸腾状态时的蒸汽温度一般可达100～108℃，灭菌时间以袋内温度达到100℃以上开始计时。常压灭菌要在3h之内使灭菌室温度达到100℃，在100℃下保持10～12h，然后停火闷锅8～10h后出锅。母种培养基、原种培养基、谷粒培养基、粪草培养基和种木培养基，应高压灭菌，不应常压灭菌。常压灭菌操作要点如下。

1）迅速装料，及时进灶。如果不能及时装料和进灶灭菌，料中存在的酵母菌、细菌、真菌等竞争性杂菌遇适宜条件迅速增殖，尤其是在高温季节，如果装料时间过长，酵母菌、细菌等将基质分解，容易引起培养料的酸败，使灭菌不彻底。

2）菌种袋应分层放置。菌种袋堆叠过高，不仅难以透气，而且受热后的塑料袋相互挤压会粘连在一起，形成蒸汽无法穿透的“死角”。为了使锅内蒸汽充分流畅，菌种袋常采用顺码式堆放，每放4层，放置一层架隔开或直接放入周转筐中灭菌。

3）加足水量，旺火升温，高温足。在常压灭菌过程中，如果锅内很长时间达不到100℃，培养基的温度处于耐高温微生物的适温范围内，这些微生物就会在此时间内迅速增殖，严重的造成培养料酸败。因此，在常压灭菌中，用旺火攻头，使灭菌灶内温度在3h内达到100℃，是取得彻底灭菌效果的因素之一。

【提示】 蒸汽的热量首先被灶顶及四壁吸收，然后逐渐向中、下部传导，被料袋吸收。在一般火势下，要经过4～6h才能透入料袋中心，使袋中温度接近100℃。所以整个灭菌过程中要始终保持旺火加热，最好在4～6h内要上大气。其间注意补水，防止烧干锅，但不可加冷水，一次补水不宜过多，应少量多次加，一般每小时加水1次，不可停火。

4）灭菌时间达到后，停止加热，利用余热再封闭8～10h。待料温降至50～60℃时，趁热将其移入冷却室内冷却。

【注意】 采用棉塞封口的要趁热在灭菌锅内烘干棉塞，待棉塞干后趁热出锅，不可强行开锅冷却，以免因迅速冷却使冷空气进入菌种袋内而污染杂菌。趁热出锅，放置在冷却室或接种室内，冷却至28℃左右接种。

3. 接种

（1）接种场所

1）接种车间。一般是在食用菌工厂化生产的接种室配备菇房空间电场空气净化与消毒机，配合超净工作台进行接种。

2）接种室。一般接种室的面积以6m² 为宜，长3m、宽2m、高2～3m。室内墙壁及地面要平整、光滑，接种室门通常采用左右移动的拉门，以减少空气振动。接种室的窗户要采用双层玻璃窗内设黑色布帘，使得门窗关闭后能与外界空气隔绝，便于消毒。有条件的可安装空气过滤器。

【提示】 接种室应设在灭菌室和菌种培养室之间，以便培养基灭菌后可迅速移入接种室，接种后即可移入培养室，避免在长距离搬运过程中造成人力和时间的浪费，并招致污染。

3）塑料接种帐。用木条或铁丝做成框并用铁丝固定，再将薄膜焊成蚊帐状，然后罩在框架上，地面用木条压住薄膜，即可代替接种室使用。接种帐的容量大小，可根据生产需要而定。一般每次接种500～2000瓶（袋）。

4）接种箱。

（2）消毒灭菌 把菌种瓶（袋）、灭菌后的培养基及接种工具放入接种室，然后进行消毒。先用3%的煤酚皂液或5%石炭酸水溶液喷雾消毒或使用气雾消毒剂熏蒸消毒30min，使空气中微生物沉降，然后打开紫外线灯照射30min后接种。操作者进入接种室时，要穿工作服、鞋套、戴上帽子和口罩，操作前双手要用75%酒精棉球擦洗消毒，动作要轻缓，尽量减少空气流动。

（3）接种

1）原种接种。

① 接种前准备。先准备好清洁无菌的接种室及待接种的母种菌种、原种培养基和接种工具等，接种人员要穿上工作服，在试管母种接入原种瓶时，瓶装培养基温度要降到28℃左右方可接种。

② 点燃酒精灯，各种接种工具先经火焰灼烧灭菌。

③ 在酒精灯上方10cm无菌区轻轻拔下棉塞，立即将试管口倾斜，用酒精灯火焰封锁，防止杂菌侵入管内，用消毒过的接种钩伸入菌种试管，在试管壁上稍停留片刻使之冷却，以免烫死菌种，按无菌操作要求将试管斜面菌种横向切割6～8块。

④ 在酒精灯上方无菌区内，将待接菌瓶的封口打开，用接种钩取分割好的菌块，轻轻放入原种瓶内，立即封好口，一般每支母种可接5～6瓶原种。

2）栽培种接种。

① 接种前检查原种棉塞和瓶口的菌膜上是否染有杂菌，发现污染杂菌的应弃之不用。

② 打开原种封口，灼烧瓶口和接种工具，剥去原种表面的菌皮和老化菌种。

③ 如果双人接种，一人负责拿菌种瓶，用接种钩接种，另一人负责打开栽培种的瓶口或袋口。

④ 接种的菌种不可扒得太碎，最好呈蚕豆粒或核桃粒状，以利于发菌。

⑤ 接种后迅速封好瓶口。一瓶谷粒种接种不应超过 50 瓶（袋），木屑种、草料种不应超过 35 瓶（袋）。

⑥ 接种结束后应及时将台面、地面收拾干净，并用 5% 石炭酸水溶液喷雾消毒，关闭室门。

4. 培养

（1）培养室消毒 接种后的菌瓶（袋）在进入培养室前，培养室要进行消毒灭菌。

（2）菌种培养 原种和栽培种在培养初期，要将温度控制在 25～28℃之间。在培养中后期，将温度调低 2～3℃，因为菌丝生长旺盛时，新陈代谢放出热量，瓶（袋）内温度要比室温高出 2～3℃，如果温度过高会导致菌丝生长纤弱、老化。在菌种培养 25～30 天后，要采取降温措施，减缓菌丝的生长速度，从而使菌丝整齐、健壮。一般 30～40 天菌丝可吃透培养料，然后把温度稍微降低一些，缓冲培养 7～10 天，使菌种进一步成熟。

（3）污染检查 接种后 7～10 天内每隔 2～3 天要逐瓶检查一次，发现杂菌的应立即挑出，拿出培养室，妥善处理，以防引起大面积污染。

【提示】 如果在培养料深部出现杂菌菌落，说明灭菌不彻底；而在培养料表面出现杂菌，说明在接种过程中某一环节没有达到无菌操作要求。

第四节 液体菌种的生产

近年来，采用深层培养工艺制备食用菌液体菌种用于生产成为研发热点，涌现出了许多液体发酵设备、生产厂家，液体菌种已在平菇、真姬菇、双孢蘑菇、毛木耳、香菇、黑木耳、金针菇、灰树花等食用菌生产中采用。液体菌种对于降低生产成本、缩短生产周期、提高菌种质量具有显著效果。目前，日本、韩国在食用菌工厂

化生产中已普遍采用液体菌种（图2-27）。

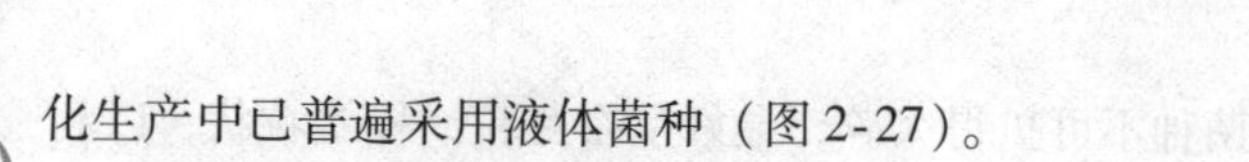

一 液体菌种的特点

1. 优点

(1) 制种速度快，可缩短栽培周期 在液体培养罐内的菌丝体细胞始终处于最适温度、氧气、碳氮比、酸碱度等条件下，菌丝分裂迅速，菌体细胞是以几何数字的倍数加速增殖，在短时间内就能获得大量菌球（即菌丝体），一般5~6天完成一个培养周期。使用液体菌种接种到培养基上，菌种均匀分布在培养基中，发菌速度大大加快，并且出菇集中，减少潮次，周期缩短，栽培的用工、能耗、场地等成本都大大降低。

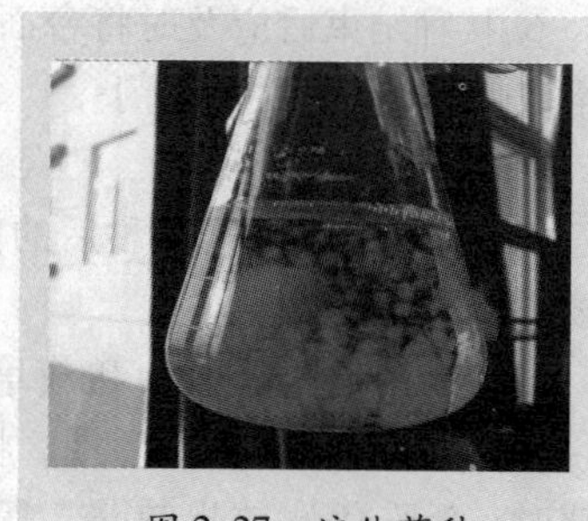

图2-27 液体菌种

(2) 菌龄一致、活力强 液体菌种在培养罐中营养充足、环境没有波动，生长代谢的废气能及时排除，始终能使菌体处于旺盛生长状态，因此菌丝活力强，菌球菌龄一致。

(3) 减少接种后杂菌污染 由于液体具有流动性，接入后易分散，萌发点多，萌发快，在适宜条件下，接种后3天左右菌丝就会布满接种面，使栽培污染得到有效控制。

(4) 液体菌种成本低 一般每罐菌种成本10元左右，接种4000~5000袋，每袋菌种成本不超过0.3分钱。

2. 缺点

(1) 储存时间短 一般条件下，液体菌种制成后即应投入栽培生产，不宜存放，即使在2~4℃条件下，储存时间也不要超过一周。

(2) 适用对象窄 液体菌种适应于连续生产，尤其适应于规模化、工厂化生产；我国的食用菌生产多为散户栽培，其投资水平、技术水平等条件的先天不足，决定了固体菌种在我国适应广，液体菌种的适应范围窄。

(3) 设施、技术要求高 液体菌种需要专门的液体菌种培养器，并且对操作技术要求极高，一旦污染，则整批全部污染，必须放罐、排空后进行清洗、空罐灭菌，然后方可进行下一批生产。

(4) 应用范围窄 由于其液体中速效营养成分较高，生料或发酵料中病原较多，故播后极易污染杂菌，所以，液体菌种只适于熟料栽培。

二 液体菌种生产的要点

1. 液体菌种生产环境

(1) 生产场所 液体菌种生产场所应距工矿业的“三废”及微生物、烟尘和粉尘等污染源500m以上。交通方便，水源和电源充足，有硬质路面、排水良好的道路。

(2) 液体菌种生产车间 地面应能防水、防腐蚀、防渗漏、防滑、易清洗，应有1.0%~1.5%的排水坡度和良好的排水系统，排水沟必须是圆弧式的明沟。墙壁和天花板应能防潮、防霉、防水、易清洗。

(3) 液体菌种接种间 应设置缓冲间，设置与职工人数相适应的更衣室。车间入口处设置洗手、消毒和干手设施。接种车间设封闭式废物桶，安装排气管道或者排风设备，门窗应设置防蚊蝇纱网。

2. 生产设施设备

(1) 生产设施 配料间、发菌间、冷却间、接种间、培养室、检测室规模要配套，布局合理，要有调温设施。

(2) 生产设备 液体菌种培养器（图2-28、图2-29）、液体菌种接种器、高压蒸汽灭菌锅、蒸汽锅炉、超净工作台、接种箱、恒温摇床、恒温培养箱、冰箱、显微镜、磁力搅拌机、磅秤、天平、酸度计等。

其中液体菌种培养器、高压灭菌锅和蒸汽锅炉应使用经政府有关部门检验合格，符合国家压力容器标准的产品。

3. 液体培养基制作

(1) 罐体夹层加水 首先对液体菌种培养器夹层加水，方法是用硅胶软管连接水管和罐体下部的加水口，同时打开夹层放水阀进行加水，水量加至放水阀开始出水即可。

(2) 液体培养基配方 液体菌种培养基配方（120L）：玉米粉

0.75kg，豆粉0.5kg，均过80目筛。首先用温水把玉米粉、豆粉搅拌均匀，不能有结块，通过吸管或漏斗加入罐体，液体量以占罐体容量的80%为宜。然后加入20mL消泡剂，最后拧紧接种口螺丝。

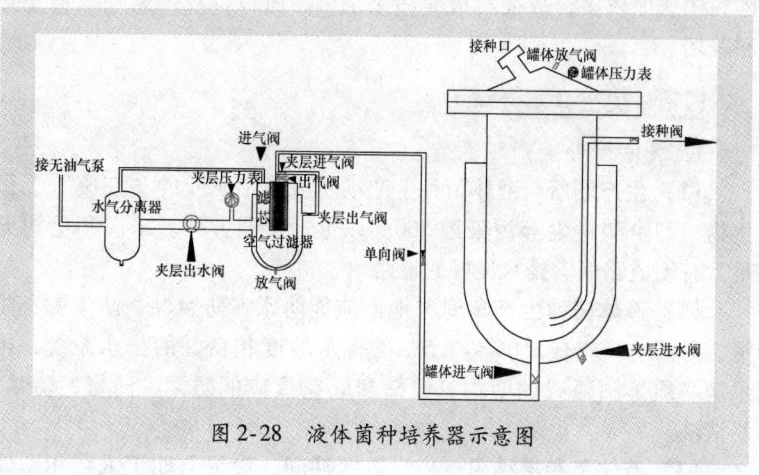

图2-28　液体菌种培养器示意图

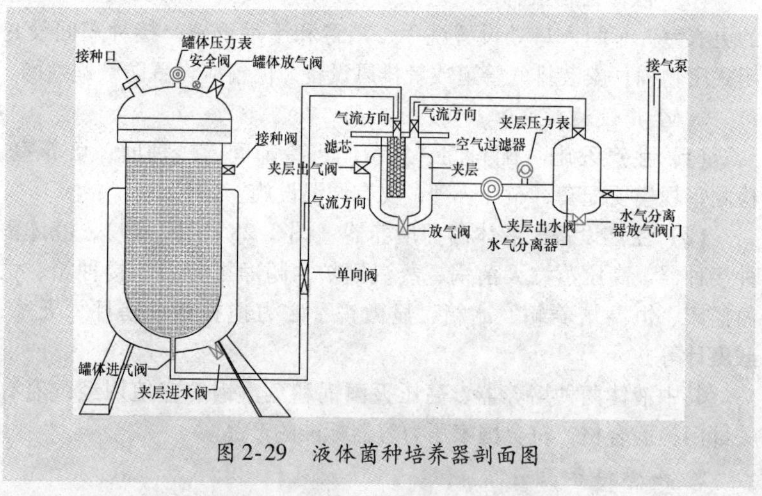

图2-29　液体菌种培养器剖面图

（3）液体培养基灭菌　调整控温箱温度至125℃，打开罐体加热棒开始对罐体进行加热，在100℃之前一直开启罐体夹层出水阀，以放掉夹层里的虚压和多余的水。

1）液体培养基气动搅拌：温度在70℃以下时打开空气压缩机，通过其储气罐和空气过滤器对罐体培养基进行气动搅拌，防止液体结块。

开气泵搅拌的步骤为：打开空气过滤器上方的进气阀、出气阀和下方的出气阀，开气泵电源后，关闭空气过滤器下方的出气阀，打开罐体最下方的罐体进气阀和最上方的罐体放气阀。

2）关闭气泵：当罐体内培养基达70℃时，关闭气泵。方法是先关闭罐底进气阀、开空气过滤器下方的放气阀、关闭气泵电源。把主管接到之前一直关闭的空气过滤器出气阀，此时将空气过滤器放气阀、进气阀、出气阀全关闭。空气过滤器内可加入少量水，水位在滤芯以下，并关闭罐体放气阀。

3）灭菌：当夹层出水阀出热蒸汽3～5min后关闭。当夹层压力表达0.05 MPa时，打开空气过滤器夹层出气阀，再打开罐体进气阀，然后小开罐体放气阀。当主管烫手后，关闭罐体放气阀。当罐体压力表达到0.15 MPa开始计时，保持30～40min，保持压力期间可以温调压。

4）降温：调温至25℃，关闭加热棒、罐底进气阀、空气过滤器夹层出气阀。用燃烧的酒精棉球烧空气过滤器出气阀40～50s，在此期间可小开5～6s空气过滤器出气阀，放蒸汽。在酒精棉球火焰的保护下把主管接回空气过滤器出气阀（图2-30）。

5）放夹层热水：打开空气过滤器出气阀和空气过滤器进气阀，小开罐体放气阀，通过夹层进水阀把夹层热水放掉，直至夹层压力表压力为0MPa。

（4）冷却　打开夹层出水阀，夹层进水阀通过硅胶软管接入水管，进行冷却。当罐体压力表压力降至0.05MPa时，打开气泵以防止罐体在冷却过程中产生负压造成污染，并使下部冷水向上冷却较快。

开气泵顺序依次为：打开空气过滤器下部放气阀，开空气过滤器上方出气阀，开气泵、关空气过滤器放气阀、开罐体进气阀，通过罐体放气阀调节罐体压力在0MPa以上直至罐体温度降至28℃以下，等待接种。

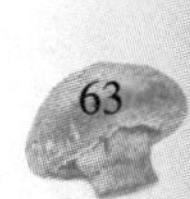

4. 接种

（1）固体专用种 液体菌种的固体专用种培养基配方一般为（120L）：过40目筛的木屑500g、麸皮100g、石膏10g，料水比1∶1.2。原料混合均匀后装入500mL三角瓶内，高压灭菌后接入母种，洁净环境培养至菌丝长满培养基（图2-31）。

图2-30 主管接空气过滤器出气阀

图2-31 固体专用种

（2）制备无菌水 1000mL的三角瓶加入500～600mL的自来水，用手提式高压灭菌锅在121℃、0.12MPa条件下保持30min即可制备无菌水。冷却后等待把固体专用种接入。

（3）固体专用种并瓶

1）接种用具：酒精灯、75%酒精、尖嘴镊子、接种工具、棉球。

2）消毒：旋转固体专用种的三角瓶壁用酒精灯火焰均匀地进行消毒后，连同接种工具、无菌水放入接种箱或超净工作台中进行消毒。

3）接种：消毒20min后进行接种。用75%酒精棉球擦手，用酒精灯火焰对接种工具进行灼烧灭菌。用灭菌后的接种工具在酒精灯火焰保护下去掉三角瓶固体专用种的表层部分。把菌种中下部分搅碎后在酒精灯火焰保护下分3～4次加入无菌水中（图2-32），然后用手腕摇动三角瓶使菌种和无菌水充分接触，静置10min后接入罐体。

（4）菌种接入罐体

1）制作火焰圈：用带有手柄的内径略大于接种口的铁丝圈缠绕纱布，蘸上95%酒精。

2）接种：打开罐体放气阀使压力降至0MPa，把火焰圈套在接种口上，点燃火焰圈后关闭放气阀。打开接种口，然后快、稳、轻地接入菌种，然后拧紧接种口的螺丝（图2-33）。

图2-32　固体专用种并瓶

图2-33　菌种接入罐体

5. 液体菌种培养

通过气泵充气和调整放气阀调节罐体压力表压力在0.02～0.03MPa、温度控制在24～26℃等条件下进行液体菌种培养。液体菌种在上述条件下培养5～6天可达到培养指标（图2-34）。

6. 液体菌种检测

接种后第四天进行检测，首先用酒精火焰球灼烧取样阀30～40s后，弃掉最初流出的少量液体菌种，然后用酒精火焰封口直接放入经灭菌的三角瓶中，塞紧棉塞，取样后用酒精火焰把取样阀烧干，以免杂菌进入造成污染。

图2-34　培养中的液体菌种

将样品带入接种箱分别接入到试管斜面或培养皿的培养基上，放入28℃恒温培养2～5天，采用显微镜和感官观察菌丝生长状况和

有无杂菌污染。若无细菌、真菌等杂菌菌落生长，则表明该样品无杂菌污染。

【窍门】>>>>

由于有的单位条件有限，可采取感官检验——“看、旋、嗅”的步骤进行检测。

1）“看”：将样品静置桌面上观察，一看菌液颜色和透明度，正常发酵的料液清澈透明，染菌的料液则浑浊不透明；二看菌丝形态和大小，正常的菌丝体大小一致，菌丝粗壮，线条分明，而染菌后，菌丝纤细，轮廓不清；三看 pH 指示剂是否变色，在培养液中加入甲基红或复合指示剂，经 3 ~ 5 天颜色改变，说明培养液 pH 到 4.0 左右，为发酵终点，如 24h 内即变色，说明因杂菌快速生长而使培养液酸度剧变；四看有无酵母线，如果在培养液与空气交界处有灰条状附着物，说明为酵母菌污染所致，此称为酵母线。

2）“旋”：手提样品瓶轻轻旋转一下，观其菌丝体的特点。菌丝的悬浮力好，放置 5min 后不沉淀，说明菌丝活力好。若迅速漂浮或沉淀，说明菌丝已老化或死亡。再观若其菌丝形态、大小不一，毛刺明显，表明供氧不足。如果菌球缩小且光滑，或菌丝纤细并有自溶现象，说明污染了杂菌。

3）“嗅”：在旋转样品后，打开瓶盖嗅气味，培养好的优质液体菌种均有芳香气味，而染杂菌的培养液则散发出酸、甜、霉、臭等各种气味。污染杂菌的主要原因是菌种不纯、培养料灭菌不彻底、并瓶与接种操作不规范。

7. 优质液体菌种指标

（1）感官指标 感官指标见表 2-1。

表 2-1 液体菌种感官指标

项　目	感官指标
菌液色泽	球状菌丝体呈白色，菌液呈棕色
菌液形态	菌液稍黏稠，有大量片状或球状菌丝体悬浮、分布均匀、不上浮、不下沉、不迅速分层，菌球间液体不浑浊

（续）

项　目	感官指标
菌液气味	具液体培养时特有的香气，无异味，如酸、臭味等，培养器排气口气味正常，无明显改变

（2）理化指标　理化指标见表2-2。

表2-2　液体菌种理化指标

项　目	理化指标
pH	5.5～6.0
菌丝湿重/(g/L)	≥80
显微镜下菌丝形态和杂菌鉴别	可见液体培养的特有菌丝形态，球状和丛状菌丝体大量分布，菌丝粗壮，菌丝内原生质分布均匀、染色剂着色深。无其他真菌菌丝、酵母和细菌菌体
留存样品无菌检查	有食用菌菌丝生长，划痕处无其他真菌、酵母菌、细菌菌落生长

三　放罐接种

1. 液体菌种接种器消毒

液体接种器需经高压灭菌后使用。

2. 接种

将待接种的栽培袋（瓶）通过输送带输入至无菌接种区。在接种区用接种器将液体菌种注入，每个接种点15～30mL。

扫码看实作

四　储藏

在培养器内通入无菌空气，保持罐压0.02～0.04MPa，液温

6～10℃可保存3天，11～15℃可保存2天。

五 液体菌种应用前景

液体菌种接入固体培养基时，具有流动性、易分散、萌发快、发菌点多等特点，较好地解决了接种过程中萌发慢、易污染的问题，菌种可进行工厂化生产。液体菌种不分级别，可以作为母种生产原种，还可以作为栽培种直接用于栽培生产。

液体菌种应用于食用菌的生产，对于食用菌行业从传统生产上的烦琐复杂、周期长、成本高、凭经验、拼劳力、手工作坊式向自动化、标准化、规模化生产，以及对整个食用菌产业升级具有重大意义。

第五节 菌种生产中的注意事项及常见问题

一 母种制作、使用中的异常情况及原因分析

1. 母种培养基凝固不良

若母种制作过程中培养基灭菌后凝固不良，甚至不凝固。可以按照以下步骤分析原因：

1）先检查培养基组分中琼脂的用量和质量。

2）如果琼脂没有问题，再用pH试纸检测培养基的酸碱度，看培养基是否过酸，一般pH低于4.8时会凝固不良；当需要较酸的培养基时，可以适当增加琼脂的用量。

3）灭菌时间过长，一般在0.15MPa条件下超过1h后易凝固不良。

【提示】如果以上都正常，还要考虑称量工具是否准确，有些小市场买的称量工具不是很准确。建议到正规厂家或专业商店购买称量工具。

2. 母种不萌发

若母种接种后，接种物一直不萌发，其原因有以下几种：

1）菌种在0℃甚至以下保藏，菌丝已冻死或失去活力。检测菌种活力的具体方法是：如果原来的母种试管内还留有菌丝，再转接几支试管，培养观察，最好使用和上次不同时间制作的培养基。如

果还是不萌发，表明母种已经丧失活力。如果第二次接种物成活了，表明第一次使用的培养基有问题。

2）菌龄过老，生命力衰弱。

3）接种操作时，母种块被接种铲、酒精灯火焰烫死。

4）母种块没有贴紧原种培养基，菌丝萌发后缺乏营养死亡。

5）接种块太薄太小干燥而死。

6）母种培养基过干，菌丝无法活化，菌丝无法吃料生长。

3. 发菌不良

母种发菌不良的表现多种多样，常见的有生长缓慢、生长过快但菌丝稀疏、生长不均匀、菌丝不饱满、色泽灰暗等。

母种发菌不良的主要原因：培养基是否干缩，菌丝是否老化，品种是否退化等；培养温度是否适宜；棉塞是否过紧；空气中是否有有毒气体。培养基不适、菌种过老、品种退化、培养温度过高或过低、棉塞过紧透气不良、接种箱中或培养环境中残留甲醛过多都会造成菌种生长缓慢，菌丝稀疏纤弱等发菌不良现象。

4. 杂菌污染

在正常情况下，母种杂菌污染的概率在2%以下。但有时会造成大量杂菌污染的情况，其原因如下：

1）培养基灭菌不彻底：灭菌不彻底的原因除灭菌的各个环节不规范外，还包括高压灭菌锅不合格的原因。

2）接种时感染杂菌：其原因有接种箱或超净工作台灭菌不彻底（含气雾消毒剂不合格、紫外线灯老化）；接种时操作不规范等原因。

3）菌种自身带有杂菌：启用保藏的一级种，应认真检查是否有污染现象。如果斜面上呈现明显的黑色、绿色、黄色等菌落，则说明已遭真菌污染；将斜面放在向光处，从培养基背面观察，如果在气生菌丝下面有黄褐色圆点或不规则斑块，说明已遭细菌污染，被污染的菌种绝不能用于扩大生产。

5. 母种制作及使用过程中应注意的事项

1）培养基的使用：制成的母种培养基，在使用前应做无菌检查，一般将其置于24℃左右恒温箱内培养48h，证明无菌后方可使用。制备好的培养基，应及时用完，不宜久存，以免降低其营养价

值或其成分发生变化。

2）出菇鉴定：投入生产的母种，不论是自己分离的菌种或由外地引入的菌种，均应做出菇鉴定，全面考核其生产性状、遗传性状和经济性状后，方能用于生产。若母种选择不慎，将会对生产造成不可估量的损失。

3）母种保藏：已经选定的优良母种，在保藏过程中要避免过多转管。转管时所造成的机械损伤，以及培养条件变化所造成的不良影响，均会削弱菌丝生命力，甚至导致遗传性状的变化，使出菇率降低，甚至造成菌丝的“不孕性”而丧失形成子实体的能力。因此引进或育成的菌种在第一次转管时，可较多数量扩转，并以不同方法保藏，用时从中取一管大量繁殖作为生产母种用。一般认为保藏的母种经3～4次代转，就必须用分离方法进行复壮。

4）建立菌种档案：母种制备过程中，一定要严格遵守无菌操作规程，并标好标签，注明菌种名称（或编号）、接种日期和转管次数，尤其在同一时间接种不同的菌种时，要严防混杂。母种保藏应指定专人负责，并建立“菌种档案”，详细记载菌种名称、菌株代号、菌种来源、转管时间和次数，以及在生产上的使用情况。

5）防止误用菌种：从冰箱取出保藏的母种，要认真检查贴在试管上的标签或标记，切勿使用没有标记或判断不准的菌种，以防误用菌种而造成更大的损失。

6）母种选择：保藏的母种菌龄不一致，要选菌龄较小的母种接种；切勿使用培养基已经干缩或开始干缩的母种，否则会影响菌种成活或导致生产性状的退化。

7）菌种扩大：保藏时间较长的菌种，菌龄较老的菌种或对其存活有怀疑时，可以先接若干管，在新斜面上长满后，用经过活化的斜面再进行扩大培养。

8）防止污染：保藏母种在接种前，应认真地检查是否有污染现象。若斜面上有明显绿、黄、黑色菌落，说明已遭受真菌污染；管口内的棉塞，由于吸潮生霉，只要有轻微振动，分生孢子很容易溅落到已经长好的斜面上，在低温保藏条件下受到抑制，很难发现；将斜面放在向光处，从培养基背面观察，在气生菌丝下面有黄褐色圆形或不定形斑块，是混有细菌的表现。已经污染的母种不能用于扩大培养。

9）活化培养：在冰箱中长期保藏的菌种，自冰箱取出后，应放在恒温箱中活化培养，并逐步提高培养温度，活化培养时间一般为2～3天。如果在冰箱中保存时间超过3个月，最好转管培养一次再用，以提高接种成功率和萌发速度。

【注意】保藏的菌种，不论任何情况下都不可全部用完，以免菌种失传，对生产造成损失。

10）菌种保存：认真安排好菌种生产计划，菌丝在斜面上长满后立即用于原种生产，能加快菌种定植速度。如果不能及时使用，应在斜面长满后，及时用玻璃纸或硫酸纸包好，置于低温避光处保存。

二 原种、栽培种制作和使用中的异常情况及原因分析

1. 接种物萌发不正常

原种、栽培种接种物萌发不正常的主要表现有两种情况：一是不萌发或萌发缓慢；二是萌发出的菌丝纤细无力，扩展缓慢。其发生原因的分析思路：培养温度→培养基含水量→培养基原料质量→灭菌过程及效果→母种。对于接种物不萌发，或萌发缓慢，或扩展缓慢来说，这几个方面的因素必有其一，甚至可能是多因子共同影响。

（1）培养温度过高 培养温度过高会造成接种物不萌发、萌发迟缓、生长迟缓。

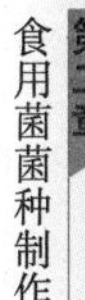

（2）含水量过低 尽管拌料时加水量充足，但由于拌料不均匀，造成培养基含水量的差异。含水量过低的菌种瓶（袋）接种物常干枯而死。

（3）培养基原料霉变 正处霉变期的原料中含有大量有害物质，这些物质耐热性极强，在高温下不易分解变性，甚至在高压高温灭菌后仍保留其毒性，接种后，菌种不萌发。具体确定方法是将培养基和接种块取出，分别置于PDA培养基斜面上，于适宜温度下培养，

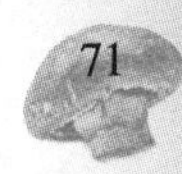

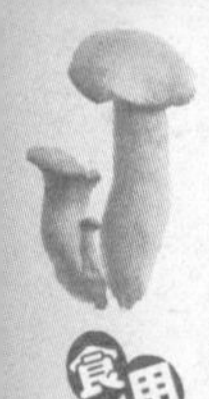

若不见任何杂菌长出，而接种块则萌发、生长，即可确定为这一因素。

（4）灭菌不彻底 培养基内留有大量细菌，而不是真菌。多数情况下无肉眼可见的菌落，有时在含水量过大的瓶（袋）壁上，在培养基的颗粒间可见到灰白色的菌膜。多数食用菌在有细菌存在的基质中不能萌发和正常生长。具体检查方法是在无菌条件下取出菌种和培养料，接种于 PDA 培养基斜面上，于适温条件下培养，经 24 ~ 28h 后检查，在接种物和培养料周围都有细菌菌落长出。

（5）母种菌龄过长 菌种生产者应使用菌龄适当的母种，多种食用菌母种使用最佳菌龄都在长满斜面后 1 ~ 5 天，栽培种生产使用原种的最佳菌龄在长满瓶（袋）14 天之内。在计划周密的情况下，母种和原种生产、原种和栽培种的生产紧密衔接是完全可行的。若母种长满斜面后一周内不能使用，要及早置于 4 ~ 6℃下保存。

2. 发菌不良

原种、栽培种的发菌不良有生长缓慢，生长过快但菌丝纤细稀疏，生长不均匀，菌丝不饱满，色泽灰暗等。造成发菌不良的原因主要有以下几个方面：

（1）培养基酸碱度不适 用于制作原种、栽培种的培养料若 pH 过高或过低，可将发菌不良的菌种瓶（袋）的培养基挖出，用 pH 试纸测试。

（2）原料中混有有害物质 多数食用菌原种、栽培种培养基原料主料是阔叶木屑、棉籽壳、玉米粉、豆秸粉等，但若混有如松、杉、柏、樟、桉等树种的木屑或原料有过霉变，都会影响菌种的发菌。

（3）灭菌不彻底 培养基中有肉眼看不见的细菌，会严重影响食用菌菌种菌丝的生长。有的食用菌虽然培养料中残存有细菌，但仍能生长。如平菇菌种外观异常，表现为菌丝纤细稀疏、干瘪不饱满、色泽灰暗，长满基质后菌丝逐渐变得浓密，如果不慎将后期菌丝变浓密的菌种用来扩大栽培种将导致大批量的污染发生。

（4）水分含量不当 培养料水分含量过多或过少都会导致发菌不良，特别是含水量过大时，培养料氧气含量显著减少，将严重影响菌种的生长。在这种情况下，往往长至瓶（袋）中下部后，菌丝生长变缓，甚至不再生长。

（5）培养室环境不适 培养室温度、空气相对湿度过高，培养密度大的情况下，环境的空气流通交换不够，影响菌种氧气的供给，导致菌种缺氧，生长受阻。这种情况下，菌种外观色泽灰暗、干瘪无力。

3. 杂菌污染

在正常情况下，原种、栽培种或栽培袋的污染率在5%以下，各个环节和操作规范者，常只有1%~2%。如果超出这一范围，则应该认真查找原因并采取相应措施予以控制。

（1）灭菌不彻底 灭菌不彻底导致污染发生的特点是污染率高、发生早，污染出现的部位不规则，培养物的上、中、下各部均出现杂菌。这种污染常在培养3~5天后即可出现。影响灭菌效果的因素主要有以下几个：

1）培养基的原料性质：常用的培养基灭菌时间关系是木屑 < 草料 < 木塞 < 粪草 < 谷粒。从培养基原料的营养成分上说，糖、脂肪和蛋白质含量越高，传热性越差，其对微生物有一定的保护作用，灭菌时间相对要长。因此添加麦麸、米糠较多的培养基所需灭菌时间长。从培养基的自然微生物基数上看，微生物基数越高，灭菌需时越长，因此培养基加水配备均匀后，要及时灭菌，以免其中的微生物大量繁殖影响灭菌效果。

2）培养基的含水量和均匀度：水的热传导性能较木屑、粪草、谷粒等的固体培养基要强得多，如果培养基配制时预湿均匀，吸透水，含水量适宜，灭菌过程中达到灭菌温度需时短，灭菌就容易彻底。相反，若培养基中夹杂有未浸入水分的“干料”，俗称“夹生”，蒸汽就不易穿透干燥处，达不到彻底灭菌的效果。

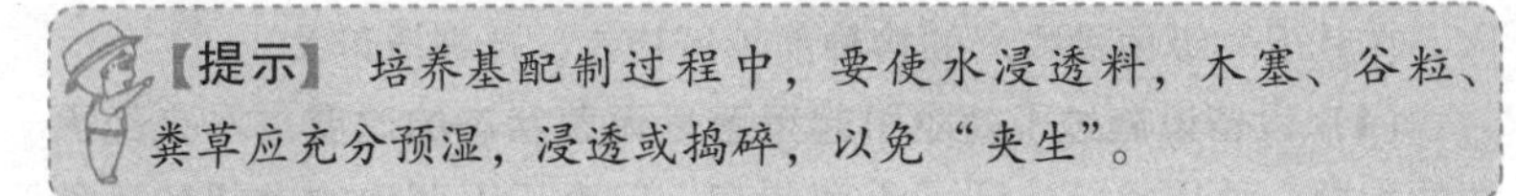
【提示】 培养基配制过程中，要使水浸透料，木塞、谷粒、粪草应充分预湿，浸透或捣碎，以免“夹生”。

3）容器：玻璃瓶较塑料袋热传导慢，在使用相同培养基、相同灭菌方法时，瓶装培养基灭菌时间要较塑料袋装培养基稍长。

4）灭菌方法：相比较而言，高压灭菌可用于各种培养基的灭菌，关键是把冷空气排净；常压灭菌砌灶锅小、水少、蒸汽不足、火力不足、一次灭菌过多，是常压灭菌不彻底的主要原因，并且对于灭菌难度较大的粪草种和谷粒种达不到完全灭菌效果。

5）灭菌容量：以蒸汽锅炉送入蒸汽的高压灭菌锅，注意锅炉汽化量要与锅体容积相匹配，自带蒸汽发生器高压灭菌锅，以每次容量200～500瓶（750mL）为宜。常压灭菌灶以每次容量不超过1000瓶（750mL）为宜，这样，可使培养基升温快而均匀，培养基中自然微生物繁殖时间短，灭菌效果更好。灭菌时间应随容量的增大而延长。

6）堆放方式：锅内被灭菌物品的堆放形式对灭菌效果影响显著，如以塑料袋为容器时，受热后变软，如果装料不紧，叠压堆放，极易把升温前留有的间隙充满，不利于蒸汽的流通和升温，影响灭菌效果。塑料袋摆放时，应以叠放3～4层为度，不可无限叠压，锅大时要使用搁板或铁筐。

（2）封盖不严 主要出现在用罐头瓶作为容器的菌种中，用塑料袋作为容器的折角处也有发生。聚丙烯塑料经高温灭菌后比较脆，搬运过程中遇到摩擦，紧贴瓶口处或有折角处极易磨破，形成肉眼不易看到的沙眼，造成局部污染。

（3）接种物带杂菌 如果接种物本身就已被污染，扩大到新的培养基上必然出现成批量的污染，如一支污染过的母种造成扩接的4～6瓶原种全部污染，一瓶污染过的原种造成扩大的30～50瓶栽培种的污染。这种污染的特点是杂菌从菌种块上长出，污染的杂菌种类比较一致，且出现早，接种3～5天内就可用肉眼鉴别。

这类污染只有通过种源的质量保证才能控制，这就要求作为种源使用的母种和原种在生长过程中就要跟踪检查，及时剔除污染个体，在其下一级菌种生产的接种前再行检查，严把质量关。

（4）设备设施过于简陋引起灭菌后无菌状态的改变 本来经灭菌的种瓶、种袋已经达到了无菌状态，但由于灭菌后的冷却和接种环境达不到高度洁净无菌，特别是简易菌种场和自制菌种的菇农，达不到流水线作业、专场专用，生产设备和生产环节分散，又往往

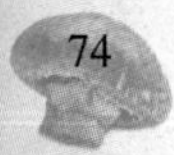

忽略场地的环境卫生，忽视冷却场地的洁净度，使本已无菌的种瓶、种袋在冷却过程中被污染。

在冷却过程中，随着温度的降低，瓶内、袋内气压降低，冷却室如果灰尘过多，杂菌孢子基数过大，杂菌孢子就很自然地落到了种瓶或种袋的表面，而且随其内外气压的动态平衡向瓶内、袋内移动，当棉塞受潮后就更容易先在棉塞上定植，接种操作时碰触沉落进入瓶内或袋内。瓶、袋外附有较多的灰尘和杂菌孢子时，成为接种操作污染的污染源。因此，提倡专业生产、规模生产和规范生产。

(5) 接种操作污染 接种操作造成的污染特点是分散出现在接种口处，比接种物带菌和灭菌不彻底造成的污染发生稍晚，一般接种后7天左右出现。接种操作的污染源主要是接种室空气和种瓶、种袋冷却中附在表面的杂菌，有的接种操作人员自身洁净度不良，也是很重要的污染源，如违反接种操作规程、没有使用专用的工作服、工作服表面附着尘土和杂菌孢子，或不戴口罩和工作帽，手臂消毒不良等都是接种操作的污染原因。要避免或减少接种操作的污染需格外注意以下几个技术环节：

1）不使棉塞打湿：灭菌摆放时，切勿使棉塞贴触锅壁。当棉塞向上摆放时，要用牛皮纸包扎。灭菌结束时，要自然冷却，不可强制冷却。当冷却至一定程度后再小开锅门，让锅内的余热把棉塞上的水汽蒸发掉。不可一次打开锅门，这样棉塞极易潮湿。

2）洁净冷却：规范化的菌种场，冷却室是高度无菌的，空气中不能有可见的尘土，灭菌后的种瓶、种袋不能直接放在有尘土的地面上冷却。最好在冷却场所地面上铺一层灭过菌的麻袋、布垫或用高锰酸钾、石灰水浸泡过的塑料薄膜。冷却室使用前可用紫外线灯和喷雾相结合的方法进行空气消毒。

3）接种室和接种箱使用前必须严格消毒：接种室墙壁要光滑、地面要洁净、封闭要严密，接种前一天将被接种物、菌种、工具等经处理后放入，先用来苏儿喷雾，再进行气雾消毒；接种箱要达到密闭条件，处理干净后，将被接种物、菌种、工具等经处理后放入，接种前30～50min用气雾消毒、臭氧发生器消毒等方法进行消毒。

4）操作人员须在缓冲间穿戴专用衣帽：接种人员的专用衣帽要

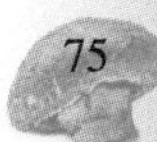

定期洗涤，不可置于接种室之外，要保持高度清洁。接种人员进入接种室前要认真洗手，操作前用消毒剂对双手进行消毒。

5）接种过程要严格无菌操作：尽量少走动、少搬动，不说话，尽量小动作、快动作，以减少空气振动和流动，减少污染。

6）在火焰上方接种：实际上无菌室内绝对无菌的区域只有酒精灯火焰周围很小的范围内。因此，接种操作，包括开盖、取种、接种、盖盖，都应在这个绝对无菌的小区域完成，不可偏离。接种人员要密切配合。

7）拔出棉塞使缓劲：拔棉塞时，不可用力直线上拔，而应旋转式缓劲拔出，以避免造成瓶内负压，使外界空气突然进入而带入杂菌。

8）湿塞换干塞：灭菌前，可将一些备用棉塞用塑料袋包好，放入灭菌锅同菌袋（瓶）一同灭菌，当接种发现菌种瓶棉塞被蒸汽打湿时，换上这些新棉塞。

9）接种前做好一切准备工作：接种一旦开始，就要批量批次完成，中途不能间断，一气呵成。

10）少量多次：每次接种室消毒处理后接种量不宜过大，接种室以一次200瓶以内、接种箱以一次100瓶以内效果为佳。

11）未经灭菌的物品切勿进入无菌的瓶内或袋内：接种操作时，接种钩、镊子等工具一旦触碰了非无菌物品，如试管外壁、种瓶外壁、操作台面等，不可再直接用来取种、接种，须重新进行火焰灼烧灭菌。掉在地上的棉塞、瓶盖切忌使用。

（6）培养环境不洁及高湿 培养环境不洁及高湿引起污染的特点是，接种后污染率很低，随着培养时间的延长，污染率逐渐增高。这种污染较大量发生在接种10天以后，甚至培养基表面都已长满菌丝后贴瓶壁处陆续出现污染菌落。这种污染多发生在湿度高、灰尘多、洁净度不高的培养室。

4. 原种、栽培种制作的注意事项

（1）培养基含水量 食用菌菌丝体的生长发育与培养基含水量有关，只有含水量适宜，菌丝生长才能旺盛健壮。通常要求培养基含水量在60%~65%之间，即手紧握培养料，以手指缝中有水外渗

往下滴 1 ~2 滴为宜，没有水渗为过干，有水滴连续淌下为过湿，过干或过湿均对菌丝生长不利。

（2）培养基的 pH 一般食用菌正常生长发育需要一定范围的 pH，木腐菌要求偏酸性，即 pH 为 4 ~6，粪草菌要求中性或偏碱性，即 pH 为 7.0 ~7.2。由于灭菌常使培养基的 pH 下降 0.2 ~0.4，因此，灭菌前的 pH 应比指定的略高些。培养料的酸碱度不合要求，可用 1% 过磷酸钙澄清液或 1% 石灰水上清液进行调节。

（3）装瓶（袋）的要求 培养料装得过松，虽然菌丝蔓延快，但多细长无力、稀疏、长势衰弱；装得过紧，培养基通气不良，菌丝发育困难。一般说，原种的培养料要紧一些、浅一些，略占瓶深 3/4 即可；栽培种的培养料要松一些、深一些，可装至瓶颈以下。

【提示】 装瓶后，插入捣木（或接种棒），直达瓶底或培养料的 4/5 处。打孔具有增加瓶内氧气、利于菌丝沿着洞穴向下蔓延和便于固定菌种块等作用。

（4）装好的培养基应及时灭菌 培养基装完瓶（袋）后应立即灭菌，特别是在高温季节更应如此。严禁培养基放置过夜，以免由于微生物的作用而导致培养基酸败，危害菌丝生长。

（5）严格检查所使用菌种的纯度和生命力 检查菌种内或棉塞上有无杂菌侵入所形成的拮抗线、湿斑，有明显杂菌侵染或有怀疑的菌种、培养基开始干缩或在瓶壁上有大量黄褐色分泌物的菌种、培养基内菌丝生长稀疏的菌种、没有标签的可疑菌种，均不能用于菌种生产。

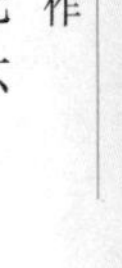

（6）菌种长满菌瓶后，应及时使用 一般来说，二级种满瓶后 7 ~8 天，最适于扩转三级种，三级种满瓶（袋）7 ~15 天时最适于接种。如果不及时使用，应将其放在凉爽、干燥、清洁的室内避光保藏。在 10℃以下低温保藏时，二级种不能超过 3 个月，三级种不能超过 2 个月。在室温下要缩短保藏时间。

5. 菌种杂菌污染的综合控制

1）从有信誉的科研、专业机构引进优良、可靠的母种，做到种源清楚、性状明确、种质优良，最好先做出菇试验，做到使用一代、

试验一代、储存一代。

2）按照菌种生产各环节的要求，合理、科学地规划和设计厂区布局，配置专业设施、设备，提高专业化、标准化、规范化生产水平。

3）严格按照菌种生产的技术规程进行选料、配料、分装、灭菌、冷却、接种、培养和质量检测。

4）严格挑选用于扩大生产的菌种，任何疑点都不可姑息，以确保接种物的纯度。

5）提高从业人员专业素质，规范操作；生产场地要定期清洁、消毒，保持大环境的清洁状态。

6）专业菌种场要建立技术管理规章制度，确保技术的准确到位，保证生产。

第三章 木腐型食用菌高效栽培

第一节　平菇高效栽培技术

平菇属伞菌目（Agaricates）、口蘑科（Tvicholomataceae）、侧耳属（Pleurotus），平菇是我国品种最多、温度适应范围最广、栽培面积最大的食用菌种类。

平菇营养丰富，肉质肥嫩，味道鲜美，其蛋白质在干菇中含量为30.5%，粗脂肪为3.7%，纤维素为5.2%，还含有一种酸性多糖。长期食用平菇对癌细胞有明显抑制作用，并具有降血压、降胆固醇的功能。平菇还含有预防脑血管障碍的微量牛磺酸，有促进消化作用的菌糖、甘露糖和多种酶类，对预防糖尿病、肥胖症、心血管疾病有明显效果。

一　平菇生物学特性

1. 生态习性

平菇适应性很强，在我国分布极为广泛，多在深秋至早春甚至初夏簇生于阔叶树木的枯木或朽桩上，或簇生于活树的枯死部分。

2. 形态特征

平菇由菌丝体（营养器官）和子实体（生殖器官）两部分组成。

(1) 菌丝体　菌丝体呈白色、绒毛状、多分枝，有横隔，是平菇的营养器官，分单核菌丝（初生菌丝）和双核菌丝（次生菌丝）

两类。单核菌丝较纤细，双核菌丝具锁状联合。在 PDA 培养基上，双核菌丝初为匍匐生长，后气生菌丝旺盛，爬壁力强。双核菌丝生长速度快，正常温度下 7 天左右可长满试管斜面，有时会产生黄色色素。

(2) 子实体 子实体是平菇的繁殖器官，即可食用部分。其形态因品种不同而各有特色，但子实体结构则由菇柄、菇盖组成（图 3-1）。平菇的菇柄为白色肉质、中实、圆形、长短不一，下部生长于基质上，常单生、丛生、叠生呈覆瓦状，其上部与菇盖相连，起输送营养、支撑菇盖生长发育的功能。

图 3-1 平菇子实体

菇盖扇形，侧生或偏生于菇柄上，直径 4 ~ 6cm，最大的可达 30cm。颜色有白色、灰色、棕色、红色和黑色，其深浅则与发育程度、光照强弱及气温高低相关。

3. 平菇的生长发育期

平菇的生长发育分为菌丝体生长和子实体生长两大阶段。

(1) 菌丝体生长阶段 又叫营养阶段，此期菌丝体生长好坏，直接决定着栽培的成功与否。所以接种后的管理非常重要，此阶段又分为 4 个时期。

1）萌发期：接种后，在适宜的温度下，经 2 ~ 3 天，接种块发白，长出白色绒毛时，即为萌发期。此期要保持 25 ~ 30℃，以促进萌发。如果温度过低，则萌发慢，易被杂菌污染；若温度过高，达 40℃以上时，菌种不萌发，而且易被烧死。

2）定植扩展期：菌丝萌发后，以接种点为中心，向四周辐射状生长，一般需 5 ~ 7 天，向培养料料深处生长慢，在基质表面生长快。

3）延伸伸长期：当菌丝定植后，在适宜条件下，菌丝逐渐生长，直到培养料内部全部长满菌丝。此时期菌丝生长速度与温度成正相关，此时期以 22 ~ 24℃ 发菌为宜。若温度低，菌丝体生长慢，但粗壮有力；若温度高，菌丝体生长加快。在超过适宜温度时，菌丝体生长快，但稀疏而细弱无力。

4）菌丝体成熟期：当菌丝体延伸到全部培养料后，菌丝体继续生长，密度增大，颜色变白，当菌丝占满培养料空隙后（称回丝期），菌丝体生长阶段完成。以后菌丝开始扭结，呈现出针尖大的白点，菌丝进入生理转化的成熟期。此期应增加光照、通气及变温刺激。

（2）子实体生长阶段 平菇子实体发育过程中，有着明显的形态变化，此阶段可分为 6 个时期。

1）原基期：主要特征是菌丝形成白色的菌丝团。当菌丝体完成其营养生长后，培养基表面的菌丝开始扭结形成白色、粒状菌丝团（图 3-2）。此时菌丝达到成熟期，标志进入子实体生长阶段。

2）桑葚期：主要特征是菌丝团出现很多凸起物，色泽鲜美，有些品种发亮，形如桑葚，故称桑葚期（图 3-3）。

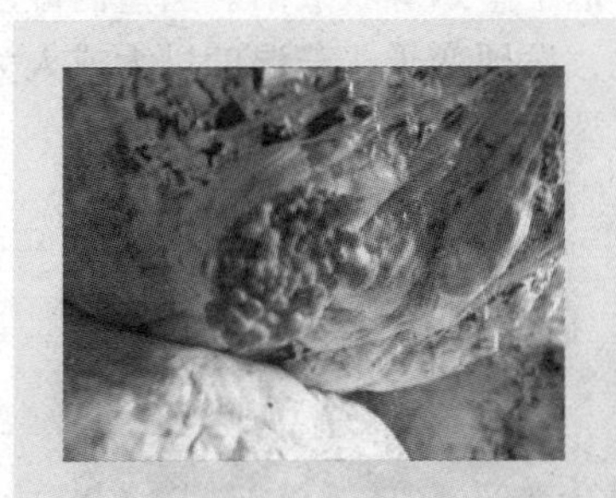

图 3-2 平菇原基期

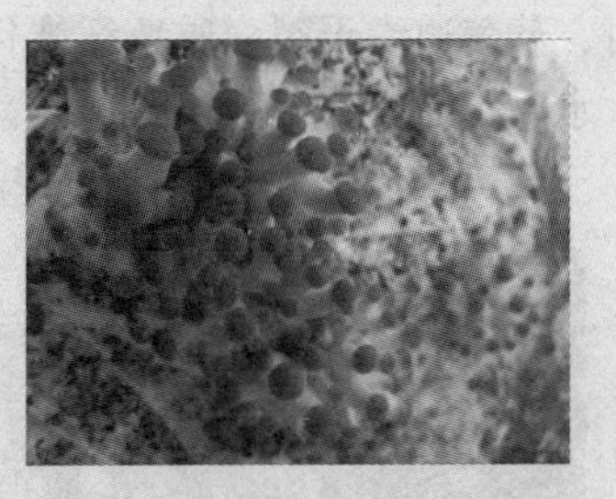

图 3-3 平菇桑葚期

3）珊瑚期：主要特征是子实体明显分化为菇柄和菇盖。桑葚期的粒状凸起物伸长，如倒立火柴棍一样，下边白色圆柱状的为柄，上面呈深色、圆形球状的为初生菇盖（图 3-4）。此期为子实体分化阶段，主要是菇柄生长，形似珊瑚，故称珊瑚期。

4）成型期：主要特征是菇盖生长快，偏生于菇柄上，形似半圆扇子，颜色由深开始变浅（图 3-5）。表现为菇柄生长慢，菇盖生长速度快，对环境条件要求严格。此期为生理转化期，死菇现象比较多，应加强温度、湿度、通气管理。

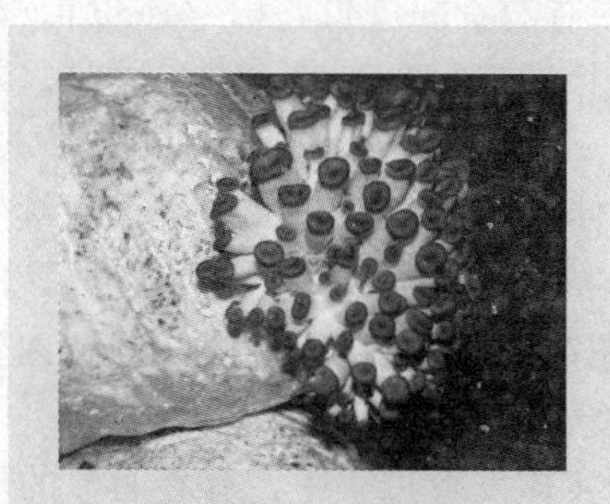

图 3-4　平菇珊瑚期

图 3-5　平菇成型期

5）初熟期：主要特征是菇盖下凹处有白色绒毛出现，少量孢子散落。此期组织较密，肉质细嫩，重量最大，是采收最佳时期（图 3-6）。

6）成熟期：主要特征是菇盖展开，光泽减少，大量散发孢子，组织疏松，肉质粗硬，重量减轻，孢子呈烟雾状放射。当室内湿度小时，菇盖边缘干裂，质地纤维化，发硬变干。若湿度过大或人为喷大水时，易烂菇发臭（图 3-7）。

图 3-6　平菇初熟期

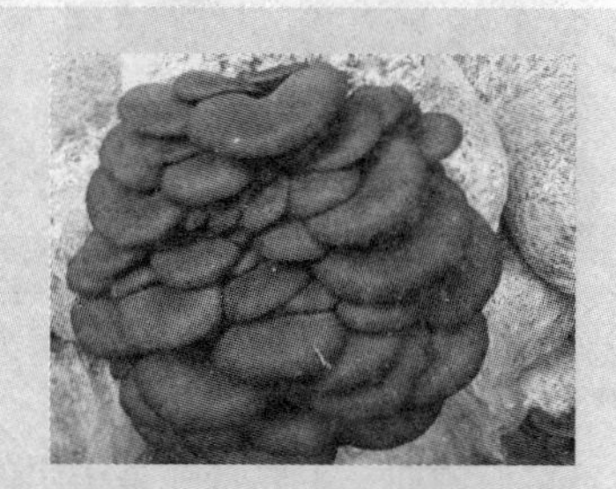

图 3-7　平菇成熟期

4. 平菇生长发育的条件

（1）营养条件　平菇属木腐菌类，可利用的营养很多，木质类的植物残体和纤维质的植物残体都能利用。人工栽培时，依次以废棉、棉籽壳、玉米芯、棉秆、大豆秸产量较高，其他农林废物也可利用，如阔叶杂木屑（苹果枝、桑树枝、杨树枝等）、木糖醇渣、蔗

渣等。一般以棉籽壳、玉米芯、木屑为主。

（2）环境条件

1）温度。平菇属广温变温型食用菌。按照平菇子实体出菇时对温度的要求，可划分为耐高温品种、耐低温品种、中温及广温型品种。不管哪个类型品种，都有自己孢子萌发、菌丝生长、子实体形成的温度范围和最适温度。但就一般而言，平菇生长发育对温度的要求范围较广。

① 孢子对温度的要求。平菇孢子可在 5～32℃下形成。以 13～20℃为最佳形成温度，这也是子实体生长的温度。孢子萌发温度则以 24～28℃最适宜，与菌丝生长温度近似。

② 菌丝体对温度的要求。菌丝体生长的温度范围为 5～37℃，在这个温度下菌丝生长得非常好，菌丝粗壮，生长速度快。当温度偏低时，菌丝生长缓慢，但粗壮有力，吃料整齐，菌丝洁白。菌丝对低温的抵抗力很强，在温度升高时，菌丝生长速度随温度的增加而加快，但生长细弱。当温度达到 38℃以上时，菌丝停止生长，若时间延长，菌丝死亡。

【注意】 平菇的发菌极为重要，室温一般不能超过 30℃，袋内温度要比空气温度高 3～5℃，低温发菌成功率高，产量稳定。

③ 子实体对温度的要求。平菇品种较多，不同品种的平菇子实体可在 3～35℃温度范围内生长，栽培者可根据实际出菇季节选择不同温型的品种。

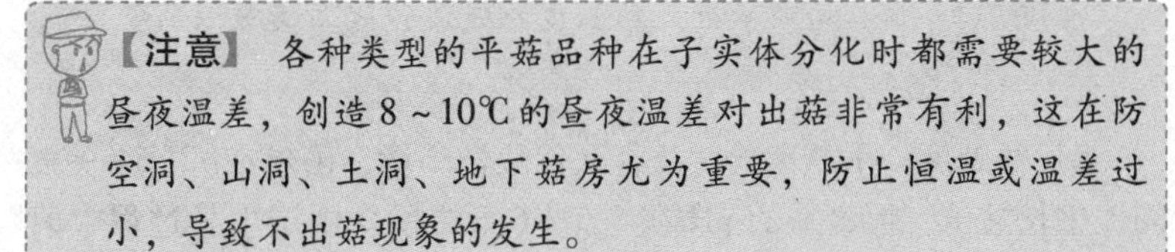

【注意】 各种类型的平菇品种在子实体分化时都需要较大的昼夜温差，创造 8～10℃的昼夜温差对出菇非常有利，这在防空洞、山洞、土洞、地下菇房尤为重要，防止恒温或温差过小，导致不出菇现象的发生。

2）水分和湿度。平菇是喜湿性菌类，有水分刺激，菌丝才能扭结现蕾，此时要求培养料含水量为 60%～65%。若水分含量少，对

产量的影响较大；若水分过多，培养料通气性差，易引起杂菌和虫害的发生。菌丝体生长阶段要求空气相对湿度在70%以下，而子实体发育阶段则要求不低于85%，以90%最好，在子实体发育过程中，随着菇体增大，对相对湿度要求越来越大。当空气湿度小时，菌丝体失水停止生长，严重时表皮菌丝干缩。

【提示】 空气相对湿度大小直接决定着平菇子实体的重量，湿度大，肉质嫩而细，光泽好；湿度小，肉质纤维化，发硬。空气相对湿度要连续保持，严防干干湿湿及干热风。在一定温度下，保湿是获得高产的重要环节之一。

3）空气。在平菇栽培中，菌丝体生长阶段比较能忍耐二氧化碳。当菌丝生长成熟，即由营养生长转为生殖生长时，一定浓度的二氧化碳能促进子实体分化，但浓度过大时，子实体原基不断增大，易形成菜花形畸形菇。当子实体形成后，呼吸作用旺盛，需氧量增加，此时通气不好，子实体只长柄，不长菇盖，形成菊花瓣状畸形菇。

4）光照。包括平菇在内的几乎所有的食用菌菌丝生长阶段不需要光线，发菌阶段应处于完全黑暗的环境下。冬季如果利用太阳能增温加快发菌速度，必须在菌袋上方加不透明覆盖物或遮阳网。平菇子实体发育阶段需要一定的散射光，尤其在菌丝由生长期转化为繁殖期，即菌丝扭结现蕾时，需要散射光，以利刺激出菇。在暗光下，易出现菜花状畸形菇、大脚菇。

【提示】 出菇场所散射光的强度以能流利地阅读报纸为宜。

5）酸碱度。平菇菌丝生长喜欢偏酸性环境，菌丝在pH 5～9之间能生长繁殖，但最适的pH在5.5～6.5之间。由于生长过程中菌丝的代谢作用，培养料的pH会逐渐下降，同时为了预防杂菌污染，在用生料栽培平菇时，pH要调到8～9；采用发酵料栽培时，pH调到8.5～9.5，发酵后pH为6.5～7。生料发菌过程中，培养料pH的变化受室温、气温及料内温度的影响较大。

【注意】 夏季高温时，料要偏碱些，而低温时以中性为佳，一般防酸不防碱。

二 平菇种类

1. 按色泽划分

不同地区人们对平菇色泽的喜好不同，因此栽培者选择品种时常把子实体色泽放在第一位。按子实体的色泽，平菇可分为以下几种：

（1）黑色品种 黑色品种多是低温种和广温种，属于糙皮侧耳（*P. ostreatus*）和美味侧耳（*P. sapidus*）（彩图7）。

（2）灰色品种 这类色泽的品种多是中低温种，最适宜的出菇温度略高于深色品种，多属于美味侧耳种。色泽也随温度的升高而变浅，随光线的增强而加深（彩图8）。

（3）白色品种 白色品种多为中广温品种，属于佛罗里达侧耳种（*P. florida*）（彩图9）。

（4）黄色品种 黄色平菇又称金顶侧耳（*P. citrinopileatus*）、榆黄蘑、金顶菇（彩图10）。

（5）红色品种 又名红侧耳、桃红平菇（*P. diamor*），既可做美味佳肴，又可做盆景观赏（彩图11）。

【提示】 黑色平菇、灰色平菇色泽的深浅程度随温度的变化而有变化，一般温度越低色泽越深，温度越高色泽越浅。另外，若光照不足，色泽也变浅。

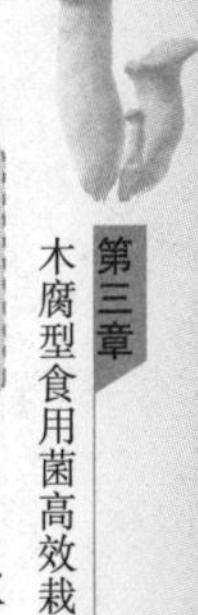

2. 按出菇温度划分

（1）低温型 出菇温度低，在3～15℃形成子实体，一般在秋冬季栽培。

（2）中温型 出菇温度在10～20℃，一般在春、秋季节栽培。

（3）高温型 出菇温度在20～30℃，一般在夏季、早秋季节栽培（图3-8）。

图 3-8　高温平菇——鲍鱼菇

(4) 广温型　出菇温度在4～30℃，一般在春、夏、秋季进行栽培。

三　平菇高效栽培技术要点

1. 平菇栽培原料

平菇菌丝的生命力很强，生长速度也很快，人工栽培简单粗放、用料广泛，棉籽壳、木屑、稻草、花生壳（秸）、玉米芯（秸）、麦秸、豆秸，甚至野草……几乎所有农作物副产品均可利用；近年来，对酒糟、醋糟、糠醛渣、甘蔗渣、糖醇渣等食品加工废料的利用进展也很快。总之，不同地区应根据当地资源的实际情况，因地制宜，就地取材，降低成本，提高效益。

【提示】　平菇生料栽培一般选择棉籽壳、废棉为主要原料；采用玉米芯为主要原料时，要粉碎成花生粒大小，并采用发酵方式栽培，以改善其理化性质并让原料吸足水分；以木屑为栽培原料和其他栽培原料陈旧或有污染时要进行熟料栽培，以便平菇菌丝充分利用木屑养分；稻草、玉米秸、麦秸、豆秸、野草等栽培原料一般不采用袋栽，原因主要是其容重太小，同样设施和劳动力的条件下，投料量太小，总产量太低，要采用这类原料时，可用畦式栽培或垛式栽培。

2. 栽培配方

(1) 以棉籽壳为主料　棉籽壳是目前生料栽培的最佳原料，单以100%的棉籽壳栽培，生物转化率可达100%~150%，如果能覆土将会提高产量，增产效果更佳。常用配方如下：

配方一：棉籽壳92%，豆饼1%，麸皮5%，过磷酸钙1%，石膏1%。

配方二：棉籽壳90%，麸皮5%，草木灰3%，过磷酸钙1%，石膏1%。

配方三：棉籽壳45%，玉米芯45%，过磷酸钙1%，米糠7%，石膏2%。

（2）以玉米芯为主料 常用配方如下：

配方一：玉米芯55%，豆秸粉40%，过磷酸钙3%，石膏2%。

配方二：玉米芯70%，棉籽壳25%，过磷酸钙3%，石膏2%。

（3）以木屑为主料 配方为杂木屑（阔叶）70%，麦麸27%，过磷酸钙1%，石膏1%，蔗糖1%。

以上配方含水量均为60%~65%，pH用生石灰调至8.5~9。

【提示】 在实际栽培中，提倡将多种原料混合使用，以弥补各种原料的缺点，例如：棉籽壳能改善玉米芯颗粒间空隙过大的缺点，提高每袋的装料量和产量；玉米芯能改善木屑粒径太小，装袋后袋内通气不畅、发菌不良的缺点；木屑能改善棉籽壳、玉米芯栽培后劲不足的缺点。

平菇栽培料的配方，各地要因地制宜，尽可能采取本地原料，以降低生产成本。高温期平菇栽培配方要减少配方中麦麸、玉米面、米糠等的用量，尿素能不用尽量不用；石灰的用量要适当增加，以提高培养料的pH；培养料的含水量一般要偏少些。

3. 栽培季节

平菇具有不同的温型，适宜一年四季栽培，但以中低温品种的栽培为主。根据平菇的市场需求一般以秋、冬季生产为主，春季平菇一般随着气温的逐步升高和其他蔬菜的大量上市价格较低，夏季和早秋栽培高温品种并辅以遮阳网、风机降温措施，可获得较高的经济效益。

4. 拌料

按照选定的栽培配方，准确称取各种原料，将麸皮、石膏粉、石灰粉依次撒在主料堆上混拌均匀（主料需提前预湿），接着加入所

需的水，使含水量达60%左右。检测含水量方法：手掌用力握料，指缝间有水但不滴下，掌中料能成团，为合适的含水量；若水珠成串滴下，表明太湿。一般宁干勿湿。含水量太大不仅会导致发菌慢，而且易污染杂菌。

【注意】 拌料力求“三均匀”，即主料与辅料混合均匀、水分均匀、酸碱度均匀。否则，麦麸多的部位易感染杂菌，麦麸少的部位菌丝生长弱；水分多的部位通气不良易感染杂菌，水分少的部位菌丝生长弱；酸碱度大的部位菌丝生长弱，酸碱度小的部位易感染杂菌。

5. 培养料配制

栽培平菇的原料有不处理直接装袋（生料栽培）、发酵（发酵料栽培）、热蒸汽蒸熟（熟料栽培）三种处理方式。

（1）生料栽培

1）生料栽培的优缺点。生料栽培是指培养料不经过灭菌、也不经过发酵处理，在自然条件下，直接拌料播种的一种栽培方法，在我国北方尤其是秋冬季节使用非常普遍。其原料要求新鲜、无霉变，栽培前最好曝晒2~3天。拌料时加水量适当少些，pH适当提高。

平菇生料栽培的优点是原料不需要任何处理，操作简单易行，缺点是菌种用量大（尤其是高温季节用量在15%左右）、菌丝生长速度慢、易污染。

【提示】 夏季采用生料栽培时最好采用折径口小的菌袋，以防高温烧菌。采用生料栽培的菌袋菇潮不明显。

2）塑料袋的选择。平菇生料栽培一般选用聚乙烯塑料袋，塑料袋规格各地不同，一般为（25~30）cm×（45~50）cm，厚度一般以0.03~0.04cm为宜，在高温期一般用（18~20）cm×（40~45）cm×0.015cm的菌袋栽培，防止高温期“烧菌”。

3）装袋播种。平菇生料栽培常用的装袋播种方法是“四层菌种三层料”，即先装一层菌种，再装入拌好的培养料，用手按实，在

1/3处撒一层菌种（边缘多，中间少），然后再装入培养料，在2/3处撒一层菌种（边缘多，中间少），然后再装入培养料，离袋口3cm左右最后撒入一层菌种后，用绳扎紧。装袋后用细铁丝在每层菌种上打6~8个微孔（图3-9），进行微孔发菌。

装好的菌袋还可用木棒中央打孔发菌法，将装袋播种后的菌袋用直径3cm左右的木棒在料中央打一个孔，贯穿两头，进行发菌（图3-10）。

图3-9　微孔发菌

图3-10　木棒打孔

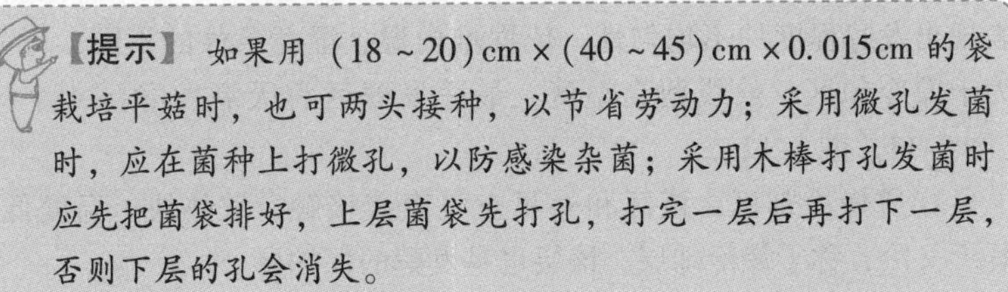

【提示】 如果用（18~20）cm×（40~45）cm×0.015cm的袋栽培平菇时，也可两头接种，以节省劳动力；采用微孔发菌时，应在菌种上打微孔，以防感染杂菌；采用木棒打孔发菌时应先把菌袋排好，上层菌袋先打孔，打完一层后再打下一层，否则下层的孔会消失。

薄的塑料袋壁可紧贴料面，不致“遍身出菇”，易于管理。秋季及早春栽培时用较窄的塑料袋，冬季气温低时用较宽的塑料袋。

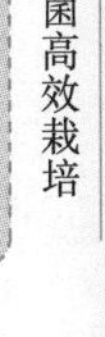

（2）发酵料栽培 发酵料栽培就是将培养料堆制发酵后进行开放式接种的一种栽培方法。平菇培养料堆制发酵是提高栽培成功率和生产效率的一项重要措施，更是高温季节栽培平菇的一个非常好的方法。

1）发酵机理。

① 发酵的微生物学过程。培养料堆制发酵过程要经历3个阶段：升温阶段、高温阶段和降温阶段。

a. 升温阶段。培养料建堆初期，微生物旺盛繁殖，分解有机质，释放出热量，不断提高料堆温度，即升温阶段。在升温阶段，料堆中的微生物以中温好气性的种类为主，主要有芽孢细菌、蜡叶芽枝霉、出芽短梗霉、曲霉属、青霉属、藻状菌等参与发酵。由于中温微生物的作用，料温升高，几天之内即达50℃以上，即进入高温阶段。

b. 高温阶段。堆制材料中的有机复杂物质，如纤维素、半纤维素、木质素等进行强烈分解，主要是嗜热真菌（如腐殖霉属、棘霉属和子囊菌纲的高温毛壳真菌）、嗜热放线菌（如高温放线菌、高温单孢菌）、嗜热细菌（如胶黏杆菌、枯草杆菌）等嗜热微生物的活动，使堆温维持在60～70℃的高温状态，从而杀灭病菌、害虫，软化堆料，提高持水能力。

c. 降温阶段。当高温持续几天之后，料堆内严重缺氧，营养状况急剧下降，微生物生命活动强度减弱，产热量减少，温度开始下降，进入降温阶段，此时要及时进行翻堆，再进行第二次发热、升温，再翻堆。经过3～5次的翻堆，培养料经微生物的不断作用，其物理和营养性状更适合食用菌菌丝体的生长发育需求。

② 料堆发酵温度的分布和气体交换。发酵过程中，受条件限制，表现出发酵程度的不均匀性。依据堆内温、湿度条件的不同，可分为干燥冷却区、放线菌高温区、最适发酵区和厌氧发酵区4个区（图3-11、图3-12）。

a. 干燥冷却区。该区和外界空气直接接触，散热快，温度低，既干又冷，称干燥冷却层。该层也是发酵的保护层。

b. 放线菌高温区。堆内温度较高，可达50～60℃，是高温层。该层的显著特征是可以看到放线菌白色的斑点，也称放线菌活动区。该层的厚薄是堆肥含水量多少的指示，水过多则白斑少或不易发现；

水不足，则白斑多，层厚，堆中心温度高，甚至烧堆，即出现“白化”现象，也不利于发酵。

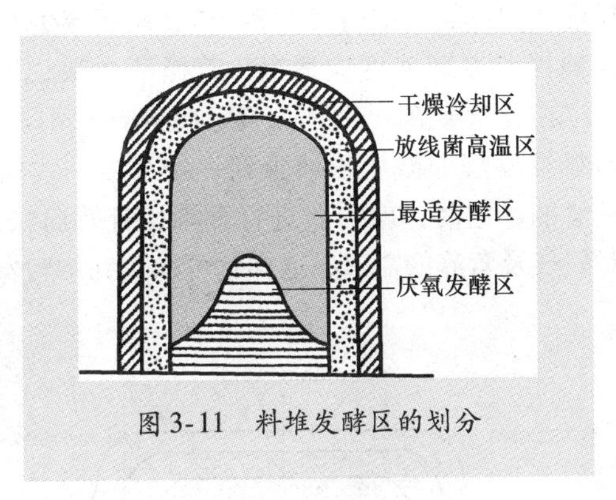

图 3-11　料堆发酵区的划分

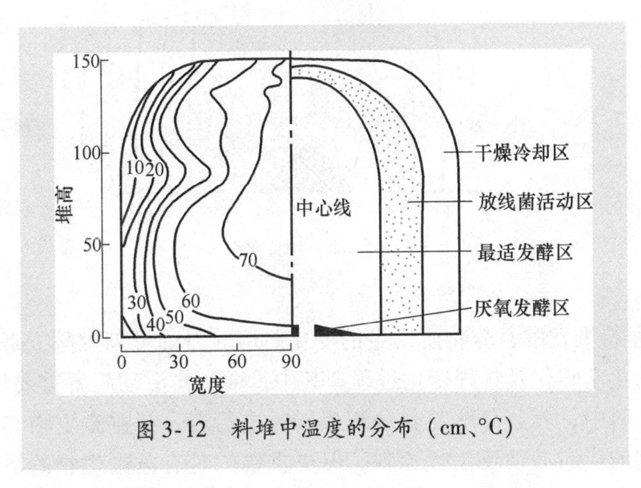

图 3-12　料堆中温度的分布（cm、°C）

c. 最适发酵区。该区是发酵最好的区域，堆温可达 70℃。该区营养料适合食用菌的生长，该区发酵层范围越大越好。

d. 厌氧发酵区。该区是堆料的最内区，该区缺氧，呈过湿状态，称厌氧发酵区。该区往往水分大，温度低，料发黏，甚至发臭、变黑，是堆料中最不理想的区。若长时间覆盖薄膜会使该区明显扩大。

料堆发酵是好气性发酵，一般料堆内含的总氧量在建堆后数小

时内就被微生物呼吸耗尽，之后主要是靠料堆的“烟窗”效应来满足微生物对氧气的需要，即料堆中心热气上升，从堆顶散出，迫使新鲜空气从料堆周围进入料堆内（图3-13），从而产生堆内气流的循环现象。但这种气流循环速度应适当，若循环太快说明料堆太干、太松，易发生“白化”现象；循环太慢，氧气补充不及时而发生厌氧发酵。但当料堆发酵即微生物繁殖到一定程度时，仅靠“烟窗”效应供氧是不够的，这时，就需要进行翻堆，有效而快速地满足这些高温菌群对氧气及营养的需求，这样就可以达到均匀发酵的目的。

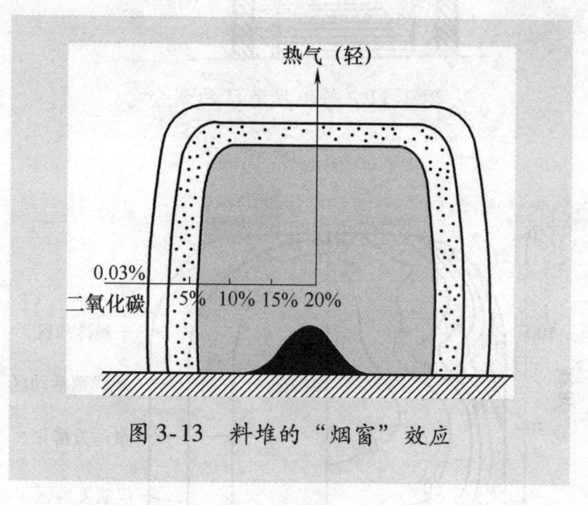

图3-13　料堆的“烟窗”效应

③ 料堆发酵营养物质发生的变化。培养料的堆制发酵，是非常复杂的化学转化及物理变化过程。其中，微生物活动起着重要作用，在培养料中，养分分解与养分积累同时进行着，有益微生物和有害微生物的代谢活动要消耗原料，但更重要的是有益微生物的活动把复杂物质分解为食用菌更易吸收的简单物质，同时菌体又合成了只有食用菌菌丝体才易分解的多糖和菌体蛋白质。培养料通过发酵后，使过多的游离氨、硫化氢等有毒物质得到消除，料变得具有特殊料香味，其透气性、吸水性和保温性等理化性状均得到一定改善。此外，堆制发酵过程中产生的高温，杀死了有害生物，减轻了病虫害对平菇生长的威胁和危害。可见，培养料堆制发酵是平菇栽培中重要的技术环节，它直接关系到平菇生产的丰歉成败。

【提示】 在发酵中，首先要对发酵原料进行选择，碳氮源要有科学的配比，要特别注意考虑碳氮比的平衡。其次要控制发酵条件，促进有益微生物的大量繁殖，抑制有害微生物的活动，达到增加有效养分、减少消耗的目的。培养料发酵既不能“夹生”，也不能堆制过熟（养分过度消耗和培养料腐熟成粉状，失去弹性，物理性状恶化）。

2）场地选择。建堆场地多在室外，最好选紧靠菇棚的水泥地面。冬天要选择在向阳避风地方，夏天宜选择在阴凉地方。场地要求有一定坡度，以利排水，且要求环境清洁、取水方便、水源洁净。

3）发酵方法。以棉籽壳为例论述发酵方法。

原料最好选用新鲜、无霉变的，将拌好的料堆成底宽 2m、高 1m，长度不限的长形堆。每堆投料冬季不少于 500kg，夏季不少于 300kg，用料过少，料温升不高，达不到发酵的目的。起堆要松，要将培养料抖松后上堆，表面稍压平后，在料堆上每隔 0.5m 从上到下打直径 5 ~ 10cm 左右的透气孔（图 3-14），均匀分布，以改善料堆的透气性。待距料面 10cm 处料温上升至 60℃以上，保持 24h 后，进行第一次翻堆，翻堆时要把表层及边缘料翻到中间，中间料翻到表面，稍压平，插入温度计，当 10cm 处料温再升到 60℃以上时，保持 24h 翻堆。如此进行 3 ~ 5 次翻堆，即可进行装袋接种。

图 3-14　培养料发酵

4）优质发酵料的标准。发酵好的培养料松散而有弹性，略带褐

色，无异味，不发黏，质感好，遍布适量的白色放线菌菌丝，pH 为 7～8，含水量为 65% 左右。

5）发酵注意事项。

① 建堆体积要适宜。料体积过大，虽然保温保湿效果好、升温快，但边缘料不能充分发酵；料体积过小，则不易升温，腐熟效果较差。

② 料堆温度达到 60℃时开始计时，保持 24h 后进行翻堆，以杀死有害的真菌、细菌、害虫的卵和幼虫等。

③ 翻堆要均匀。在发酵过程中，堆内温度分布规律：表层受外界影响温度波动大、偏低，这层很薄；中部很厚的一层温度很高，发酵速度快；下部透气不良，温度低，发酵差。所以，在翻堆时一定要做到上下内外均匀。

④ 根据堆内温度分布规律，每次投料量大时，在发酵后期，可结合翻堆取出中部发酵好的料进行栽培，表层和下部的料翻匀后继续起堆发酵，此法称为“扒皮抽中发酵法”。

⑤ 播种前发现料堆水分严重损失时，可用 pH 为 7～8 的石灰水加以调节，一定不要添加生水，以免滋生杂菌，导致接种后培养料发黏发臭。

⑥ 水分和通气是相互矛盾的两个因素，只有在含水量适中的条件下，才能使料堆保持良好通气状况，进行正常发酵。在预定时间（24～48h）若堆温能正常上升到 60℃以上，开堆可见适量白色嗜热放线菌菌丝，表示料堆含水量适中、发酵正常。如果建堆后堆温迟迟不能上升到 60℃，说明发酵不正常；可能是培养料加水过多，或堆料过紧、过实，或因未打气孔或通气孔太少等原因，造成料堆通气不良，不利于放线菌生长繁殖，使培养料不能发酵升温；在此情况下应及时翻堆，将培养料摊开晾晒，或添加干料至含水量适宜，再将料抖松后重新建堆发酵。如果料堆升温正常，但开堆时培养料有“白化”现象，说明培养料含水量过少，可在第一次翻堆时适当添加水分（用 80℃以上的热水更好），拌匀后重新建堆。

⑦ 发酵终止时间应根据料堆 60～70℃持续时间和料堆发酵均匀度而定。第一次翻堆可在 60℃以上保持 24h 后翻堆；以后每次翻堆，一定要在堆温达到 65℃左右，保持 24h 才能进行。一般经过 3～5 次翻堆，可以终止发酵。如果 60℃以上持续时间不足、堆料发酵不均

匀，则中温性杂菌可能大量增殖；发酵时间过长，会使料堆中有机质大量分解，损失养分，影响平菇产量。

⑧ 发酵期间雨天料堆要覆盖塑料薄膜，防止雨淋，晴天掀掉薄膜。

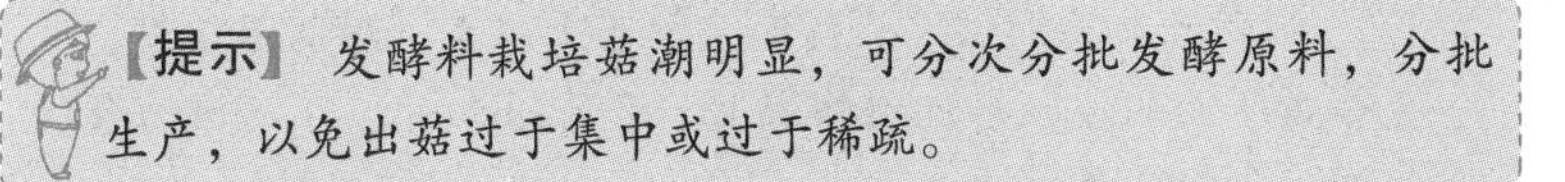

【提示】 发酵料栽培菇潮明显，可分次分批发酵原料，分批生产，以免出菇过于集中或过于稀疏。

6）装袋播种。同生料栽培。

（3）熟料栽培 熟料栽培平菇一般在高温季节或者采用特殊原料（如木屑、酒糟、木糖醇渣、食品工业废渣、污染料、菌糠等）时采用，菌袋进行高压（常压）灭菌后接种、发菌。

1）装袋。高压灭菌一般用17cm×33cm×0.05cm的高压聚丙烯塑料袋（一般用作菌种），常压灭菌一般用（17～22）cm×（35～40）cm×0.04cm的低压聚乙烯塑料袋。把拌好的料装入塑料袋内，扎紧袋口后灭菌。

2）栽培袋灭菌。栽培袋可放入专用筐内，以免灭菌时栽培袋相互堆积，造成灭菌不彻底。然后要及时灭菌、不能放置过夜，灭菌可采用高压蒸汽灭菌或常压蒸汽灭菌。

图3-15 高压灭菌

① 高压蒸汽灭菌法。在126℃、压力1.0～1.4kgf/cm^2（1kgf/cm^2=0.0980665MPa）下保持2～2.5h（图3-15）。

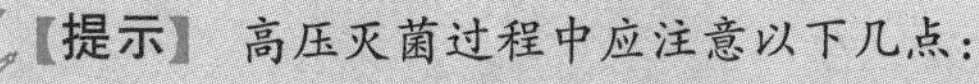

【提示】 高压灭菌过程中应注意以下几点：

① 灭菌锅内冷空气必须排尽。在开始加热灭菌时，先关闭排气阀，当压力升到0.5kgf/cm^{2}时，打开排气阀，排出冷空气，让压力降到0MPa，直至大量蒸汽排出时，再关闭排气阀进行升压到1.2kgf/cm^2，保持2h。

② 灭菌锅内栽培袋的摆放不要过于紧密，保证蒸汽通畅，防止形成温度“死角”，否则不能彻底灭菌。

③ 灭菌结束应自然冷却。当压力降至0.5kgf/cm^{2}左右时，再打开排气阀放气，以免在减压过程中，袋内外产生压力差，把塑料袋弄破。

④ 防止棉塞打湿。灭菌时，棉塞上应盖上耐高温塑料，以免锅盖下面的冷凝水流到棉塞上。灭菌结束时，让锅内的余温烘烤一段时间再取出来。

② 常压蒸汽灭菌。

a. 常压灭菌锅的类型。常压灭菌锅的类型较多，比较常见的有4种类型：简易常压蒸汽灭菌锅、圆形蒸汽灭菌灶、常压蒸汽灭菌箱、产气灭菌分离式灭菌灶。

［简易常压蒸汽灭菌锅］ 用1口直径85cm的铁锅和砖、水泥搭建一个灶台，在灶台上方的房梁上顶部安放一个铁挂钩，并且用大棚塑料膜制作一个周长3m的塑料桶，上头用绳子系好吊在铁挂钩上，下部将锅上部的灭菌物罩住并且压在灶台上即可（图3-16）。这种类型的灭菌锅比较简单、成本低，但灭菌数量较少，适合初学者和小规模食用菌栽培户采用。

［圆形蒸汽灭菌灶］ 采用直径110cm的铁锅和砖、水泥搭建灶台，在灶台上用砖和水泥砌成120～130cm的正方形灭菌室，高130～150cm，上部用水泥封顶，在灭菌室下部预留一个加水口，并且安放一个铁管，在一侧留一个规格为宽65cm、高85cm的进出料口，并且用木枋做木门封进出料口；也可以用铁板焊制一个圆形的铁桶，直径130cm，高130～150cm，在铁桶下部焊一个铁管做加水口，用塑料膜封锅口。这种类型的灭菌锅优点是出料方便，不易感染杂菌，适合1万～2万袋栽培规模户

图3-16 简易常压蒸汽灭菌锅

使用。

［常压蒸汽灭菌箱］ 一般采用铁板和角铁焊制而成，规格为长235cm、宽136cm、高172cm的长方形铁箱，顶部呈圆拱形，防止冷凝水打湿棉塞，距离底部20～25cm高放置一个用钢筋焊制的帘子。如果为了节省燃料也可以在帘子下焊接4排直径10cm的铁管，管口一头在底部前端燃料燃烧处，作为进烟口；门在一头，规格为90cm×70cm，底高20cm，在门一头下侧安一个排水管，中间安一个放气阀，顶部安一个测温管。一般采用周转筐装出锅，可以防止菌袋扎破，并且节省劳动力成本，一般采用2套周转筐即可，一次可以灭菌1300袋左右。

［产气灭菌分离式灭菌灶］ 其结构分为蒸汽发生器（图3-17）和蒸汽灭菌池（图3-18）两部分。蒸汽发生器是用1个或2个并列卧放的柴油桶制作而成，先在油桶上方开2个直径3.5cm的孔洞，一个焊接一根塑料软管作为热蒸汽的连接管道，另一个焊接一根距离桶底10cm的铁管作为加水管，然后用砖砌成一个简易炉灶。蒸汽发生器也可直接采用灭菌炉（图3-19）。蒸汽灭菌池可以在栽培场地中间建造，先向地下挖30cm深泥池，然后用砖和水泥砌成一个2m×5m的长方形水泥池，在池底留一个排水口，能够使灭菌后的冷凝水排出；在距池底20cm高处固定一个用钢筋焊接的帘子，灭菌时将栽培袋或周转筐放在帘子上方，高度可根据灭菌数量和炉灶承受能力确定。然后用苫布和大棚塑料膜将灭菌物盖严压好，并且将蒸汽软管通入灭菌池即可。

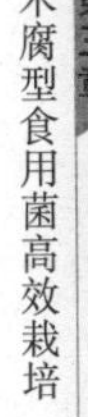

图3-17 蒸汽发生器

图3-18 蒸汽灭菌池

b. 常压锅灭菌过程。常压灭菌的原则是“攻头、保尾、控中间”，即在3～4h内使灭菌池中下部温度上升至100℃，然后维持8～10h，快结束时，大火猛攻一阵，再闷5～6h出锅。把灭菌后的栽培袋搬到冷却室内或接种室内，晾干料袋表面的水分，待袋内温度下降到30℃时接种。

图3-19　灭菌炉

c. 灭菌效果的检查方法。灭菌彻底的培养基应呈现暗红色或茶褐色，有特殊的清香味；颜色变成深褐色。

【提示】　常压灭菌的注意事项：

① 要防止烧干锅。在灭菌前锅内要加足水，在灭菌过程中，如果锅内水量不足，要及时从注水口注水。加水必须加热水，保证原锅的温度；最好搭一个连体灶，谨防烧干锅。

② 防止中途降温。中途不得停火，如果锅内就达不到100℃，在规定的时间内就达不到灭菌的目的。

③ 栽培袋堆放不要过密，可呈“井”字形排放，以利于热蒸汽的流通。

④ 灭菌时间不要延长，以免营养流失。

3）接种。待袋料内温度降至30℃时方可接种。接种前先按常规消毒方法将接种间灭菌成为无菌室。接种时先用75%的酒精擦洗双手、接种工具及菌种袋，用石炭酸重新喷雾消毒1次，有条件的可在酒精灯火焰上方接种，无条件的则尽量2人接种，1人打开袋口，1人迅速挖出菌种，接入袋内，即刻扎紧袋口，再接另一头。菌种块的大小一般以枣核大小为宜。同时接种量尽量大些，以使菌种布满两端料面，杜绝杂菌侵染机会。

扫码看实作

【注意】一般生料栽培的食用菌品种可以发酵料栽培，发酵料栽培的食用菌品种可以熟料栽培；反之，则不能。熟料栽培适合绝大多数食用菌的栽培，采用发酵料和熟料栽培方式的平菇菇潮明显。

6. 发菌

（1）发菌时期

1）萌发期。此期为 3 ~5 天，要保持最佳生长温度，以求迅速恢复生长。菌种在掏出掰碎时，受伤失水，若遇到高温（40℃以上）易被烧死，若遇低温则延迟生长。一般生料栽培可控制在 20℃左右，经3 ~4 天，接种点四周长出整齐而浓密的菌丝，即为萌发。此时管理以黑暗、保温为主。生料栽培最易出现毛霉，熟料栽培则易出现橘红色链孢霉。所以拌料、操作过程及室内消毒很重要。

2）定植扩展期。也叫封面生长期，此期需 10 天左右。当菌种萌发后，要求迅速生长占领料面，成为与杂菌竞争的优胜者，此阶段菌丝生长旺盛，代谢作用增强，分解基质产生二氧化碳多，需氧量大，管理以散热、通风为主。接种后 5 ~7 天要倒袋，床栽要揭膜，同时检查污染情况，要及时检查，及时处理。通风散热时间最好在无风晴天进行，可预防杂菌侵入，料温不高时可免此程序。此期料温一般比袋外高 3 ~5℃，所以袋表面温度不可超过 25℃，一般以 20℃左右为宜，以手摸有凉感为好，有热感则不好，烫手则表明发生了“烧菌”现象。

3）延伸伸长期。也叫安全生长期，菌丝长满料面后，向料内继续延伸生长，直到培养料内全部长满菌丝。温度较高，则菌丝生长速度快，菌丝细弱。为获得粗壮菌丝，此期要通风降温。接种后 15 ~20 天，料大量散热阶段已过，平菇菌丝生长旺盛，需氧量大，通风很重要，培养好的菌丝达到表面洁白浓密，整齐往前伸长，稀疏细弱的菌丝，虽能出菇但产量不高。

4）菌丝体成熟期。此期也叫回丝期，需 4 ~5 天。当菌丝长满全部培养料后，菌丝还要继续生长，表现为进一步浓白。尤其在延伸伸长期温度偏高，菌丝细弱时，更需要继续生长以便使其尽快成熟。回丝期结束后，菌丝停止生长并开始扭结形成原基。此期是菌

丝阶段向子实体阶段转化的关键时期，此期管理的重点：降低温度，增大温差；增加湿度，空气相对湿度达 85% 以上；增加光照，去掉遮阴物，用光抑制菌丝生长，促使菌丝扭结。以上 3 个条件如果能及时满足，则能缩短成熟期，否则会延长成熟和推迟出菇。

（2）发菌场地 菌袋移入发菌场地前，要对发菌场地进行处理，以防止杂菌污染、害虫危害。对于室外发菌场所（图 3-20），在整平地面后，撒施石灰粉或喷洒石灰浆进行杀菌驱虫；对于室内（大棚）发菌场所（图 3-21），则可采用气雾消毒剂、撒施石灰、喷施高效氯氰菊酯的方法杀菌、驱虫。

图 3-20 室外发菌

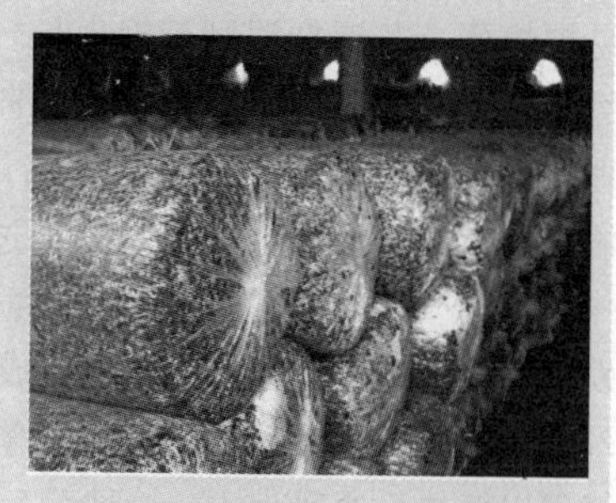

图 3-21 室内发菌

（3）发菌管理

1）温度管理。平菇发菌期适宜菌丝生长的料温为 26℃左右，最高不超过 32℃，最低不低于 15℃。若料温长时间高于 35℃，便会造成“烧菌”，即菌袋内菌丝因高温而被烧坏。

【窍门】>>>>

菌袋上下左右垛间应多放几支温度计，不仅要看房内或棚内温度，而且要看菌袋垛间温度。当气温高时应倒垛，降低菌袋层数。当气温超过 30℃时，菌袋最好贴地单层平铺散放，发菌场所要加强遮阴，加大通风散热的力度，必要时可在菇棚上泼洒凉水促使降温，将菌袋内部温度控制在 32℃以下，严防“烧菌”现象发生。

扫码看实作

若料温长时间低于15℃，则菌丝生长缓慢，会导致菌丝不能迅速长满菌袋，菌群优势弱，易受到杂菌的污染。这时可采用火炉升温，条件稍差时，可在棚内上方吊一层黑色塑料膜或遮阳网，天气晴好时，揭去草苫，使棚内升温，但又不形成阳光直射菌袋。

2）湿度管理。平菇发菌空气相对湿度要求在60%～70%，若湿度过低（如春季），易导致出菇慢、现蕾少，从而影响其产量，应适当加湿；初秋或夏季发菌，如果天气连续长时间阴雨，空气湿度居高不下，则应采取有力的降湿措施，方可保证发菌的顺利进行。

【窍门】>>>>

可在棚内放置生石灰，使之吸水，并趁天气晴好时及时给予通风，以降低棚内二氧化碳浓度。

3）光照管理。发菌期间应尽量避免光照，尤其不允许强光直射。长时间的光照刺激，可使得菌袋一旦完成发菌就会现蕾，根本无法控制出菇时间。正确的做法是自接种后就应进行避光，除进入观察、翻袋操作外，不得有光照进入菇棚。

4）通风管理。菌丝生长期间需要少量的氧气，少量通风即可满足，但应注意菇棚内外的温差，当温差过大时，应予考虑具体的通风时间。

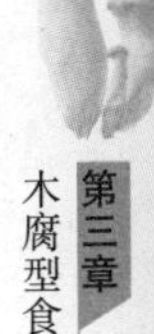

【提示】 如夏季发菌时，尽量晚间通风，低温季节则尽量安排中午时分通风等。

5）杂菌感染检查。平菇正常菌丝为白色，若有其他颜色物质均为杂菌。当杂菌很少时，可用注射器将75%的酒精注射在杂菌感染部位，且用手揉搓即可；当杂菌多时，需将菌袋搬离或灭菌或土埋，防止其孢子量大时感染其他菌袋。在条件适宜的情况下，经30～40天菌袋发满，再养菌7天后就可以出菇。

6）翻堆检查。结合环境调控，进行料袋翻堆和杂菌感染检查。翻堆检查时，将上下内外的料袋交换位置，使培养料发菌一致，便于管理。在保证不“烧菌”的情况下，开始7天不要翻堆，最好10

天后翻堆，之后一周翻一次。

【提示】 如果温度控制适宜也可不翻堆，因为玉米芯松散，翻堆易引起菌丝断裂。

（4）发菌期常见的问题及解决方法

1）菌丝不萌发。

[发生原因] 料变质，滋生大量杂菌；培养料含水量过高或过低；菌种老化，生命力很弱；环境温度过高或过低，加石灰过量，pH 偏高。

[解决办法] 使用新鲜无霉变的原料；使用适龄菌种（菌龄30～35天）；掌握适宜含水量，以手紧握料指缝间有水珠但不滴下为度；发菌期间棚温保持在20℃左右，料温25℃左右为宜，温度宁可稍低些，切勿过高，严防“烧菌”。

2）培养料酸臭。

[发生原因] 发菌期间遇高温未及时散热降温，细菌大量繁殖，使料发酵变酸，腐败变臭；料中水分过多，空气不足，厌氧发酵导致料腐烂发臭。

[解决办法] 将料倒出，摊开晾晒后添加适量新料再继续进行发酵，重新装袋接种；如果料已腐烂变黑，只能将其废弃用作肥料。

3）菌丝萎缩。

[发生原因] 料袋堆垛太高，发菌温度高未及时倒垛散热，料温升高达35℃以上烧坏菌丝；料袋大，装料多；发菌场地温度过高并且通风不良；料过湿并且装得太实，透气不好，菌丝缺氧也会出现菌丝萎缩现象。

[解决办法] 改善发菌场地环境，注意通风降温；料袋堆垛发菌，当气温高时，堆放2～4层，呈“井”字形交叉排放，便于散热；料袋发热期间及时倒垛散热；拌料时掌握好料水比，装袋时做到松紧适宜；装袋选用的薄膜筒宽度不应超过25cm，避免因装料过多使发酵热过高。

4）袋壁布满豆渣样菌苔。

[发生原因] 培养料含水量大，透气性差，引发酵母菌大量滋

生，在袋膜上大量聚积，料内出现发酵酸味。

［解决办法］ 用直径1cm削尖的圆木棍在料袋两头往中间扎孔2～3个，深5～8cm，以通气补氧。不久，袋内壁附着的酵母菌苔会逐渐自行消退，平菇菌丝就会继续生长。

5）杂菌污染。

［发生原因］ 培养料或菌种本身带杂菌；发菌场地卫生条件差或老菇房未做彻底消毒；菇棚高温高湿不通风。

［解决办法］ 选用新鲜、无霉变、经曝晒的培养料，发酵要彻底；避开高温期接种，加强通风，防止潮湿闷热；选用优质、抗逆、吃料快的菌种；当杂菌污染发现早，面积小时，可用pH为10以上的石灰水注入被污染的培养料，同时搬离发菌场，单独发菌管理。对污染严重的则清除出场，挖坑深埋处理。

6）发菌后期吃料缓慢，迟迟长不满袋。

［发生原因］ 袋两头扎口过紧，袋内空气不足，造成缺氧。

［解决办法］ 解绳松动料袋扎口或刺孔通气。

7）软袋。

［发生原因］ 菌种退化或老化，生命力减弱；高温伤害了菌种；添加氮源过多，料内细菌大量繁殖，抑制菌丝生长；培养料含水量大，氧气不足，影响菌丝向料内生长。

［解决办法］ 使用健壮、优质的菌种；适温接种，防高温伤菌；培养料添加的氮素营养要适量，切勿过量；发生软袋时，降低发菌温度，袋壁刺孔排湿透气，适当延长发菌时间，让菌丝往料内长足发透。

8）菌丝未满袋就出菇。

［发生原因］ 发菌场地光线过强，低温或昼夜温差过大刺激出菇。

［解决办法］ 注意避光和夜间保温，提高发菌温度，改善发菌环境。

7．出菇管理

（1）出菇方式 平菇袋式栽培一般有3种方式：立式栽培、泥墙式栽培和覆土栽培。

1）立式栽培。平菇立式袋栽是国内广泛采用的栽培方式（图3-22），该方式能根据不同的环境条件，采用不同的方式进行立式栽培，可充分利用有效空间和争取时间，提高单位时间单位面积的总产量。

2）泥墙式栽培。平菇泥墙式栽培是目前较受重视的栽培新技术，菇房、塑料大棚、室外简易菇棚、地沟菇房和林下空隙地均可用适当的方式进行墙式袋栽法。此法特点是菌墙由菌袋和肥土（或营养土）交叠堆成（图3-23），能方便地进行水分管理，扩大出菇空间，与常规栽培方法相比，产量可提高30%～100%。菇墙的建造及出菇管理如下：

图3-22　平菇立式栽培

图3-23　平菇泥墙式栽培

① 墙土选择与处理。墙土可选用菜园土，经打碎、过筛、喷湿，使含水量达18%。也可按下述方法制备营养土：选肥沃菜园土或池塘泥，按500kg培养料用$1m^3$营养土计算，备好泥土，另加石灰粉1%～2%，磷酸二氢钾（KH_2PO_4）0.5%，草木灰1%～2%，调整水分备用。

② 垒墙。先将出菇场地整平，将菌袋底部塑料袋剥去，露出尾端的菌块，以尾端向内，平行排列在土埂上。袋与袋之间留2～3cm空隙，每排完一层菌袋，铺盖一层肥土或营养土，厚2～4cm，在覆土上按培养料干重0.1%计，均匀地撒一层尿素。按上述方法，共垒8～10层。最上一层的顶部覆土层要厚，并在菌墙中心线上留一条浅沟，用于补充水分和施用营养液，以经常保持菌墙覆土呈湿润状态，用来平衡培养料内的水分和营养。

③ 出菇管理。菌墙垒成后，每3～5天补充一次水分，以保持覆土湿润而无积水为度，进行常规管理。经3～7天出现菇蕾，一般可采4～6潮菇。

【注意】 同一行菌墙一天内垒2～3层，第二天泥墙沉降后再垒，以防倒墙；泥墙过程中上下层菌袋的摆放呈“品”字形，以扩大出菇面积，保持垛形；出菇过程中保持泥墙湿润，防止裂缝，保持泥墙内水分均匀。

一般在垒墙3天后菌丝即可进入覆土层，在整个头潮菇生长过程中，菌袋与覆土中菌丝已网联成一个整体，有利于营养积累和代谢平衡。由于覆土经常保持湿润，缓解了保湿与通风的矛盾，喷水时也不会伤害菌丝，同时提高了培养料的持水能力，可延缓菌丝衰老。菌墙能扩大出菇空间，供氧充足，有利于子实体健壮生长；菌丝经覆土一直延续到地层，可获得营养补充。因此，可有效地控制平菇生理性病害，降低幼菇死亡率，且菇潮明显，出菇集中，商品菇比例大，能减少培养料的营养损耗，整体性好，菇丛肥大，菌丝活性增强，能延长出菇期。在上述因素的作用下，能达到明显增产的目的。

3）覆土栽培。平菇覆土栽培长出的菇体肥大、柄短、盖厚、色泽亮丽、口感与风味俱佳，产量较立式栽培提高50%以上，且利于稳产，是一种不需要再投资的增产措施（图3-24）。立式栽培2潮后失水较重的菌袋也可采用覆土栽培继续出菇。

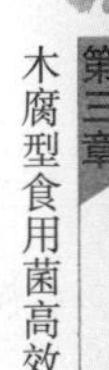

① 全覆土栽培。在栽培棚内，每隔50cm挖宽100～120cm、深40cm的畦沟，灌足底水，待水渗干后撒一层石灰粉，把菌袋全部脱去，卧排在畦内，菌袋间留2～3cm的缝隙，用营养土填实，上覆3cm左右的菜园土，然后往畦内灌水，等水渗下后用干土堵严土缝，防止缝间或底部出菇。全

图3-24 平菇覆土栽培

覆土栽培利于保湿，能及时补充菌袋的水分和养分，为菌袋的营养及生殖生长提供了一个有利的封闭小环境，但因在土层上面出菇，给采菇带来不便，喷水时极易溅到菇体上面。

② 半脱袋半覆土栽培。将菌袋一端保留 7～8cm 的塑料筒，其余部分脱去，保留塑料筒的一端朝上，袋间用营养土填实至高于留料筒部位，覆土的部分用于保水，采菇时这种方式较全覆土要干净些。双面立埋即将菌袋从中间断开，端面朝上排放在畦沟中，其他同上。

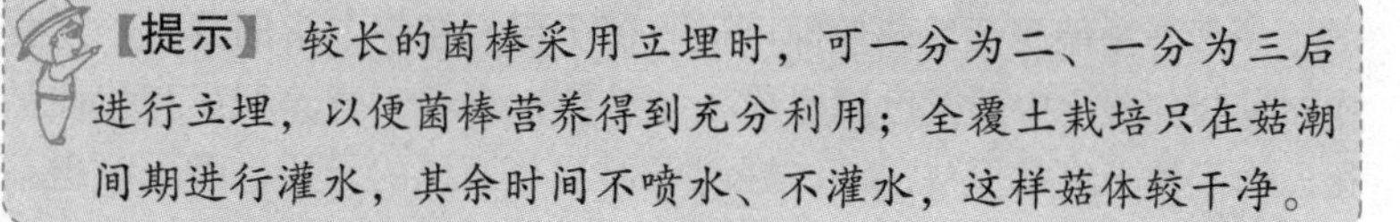

【提示】 较长的菌棒采用立埋时，可一分为二、一分为三后进行立埋，以便菌棒营养得到充分利用；全覆土栽培只在菇潮间期进行灌水，其余时间不喷水、不灌水，这样菇体较干净。

（2）出菇环境调控 菌丝长满袋后经过一段时间，袋内出现大量黄褐色水珠，这是出菇的前兆，这时即可适时转入出菇管理阶段。出菇管理阶段即子实体形成阶段，是获得高产的关键期，环境调控主要有一拉（温差）、三增（湿、光、气）、一防（不出菇或死菇）等要点。

1）拉大温差、刺激出菇。平菇是变温结实型品种，加大温差刺激有利于出菇。利用早晚气温低时加大通风量，降低温度，拉大昼夜温差至 8～10℃，以刺激出菇。低温季节，白天注意增温保湿，夜间加强通风降温；当气温高于 20℃时，可采用加强通风和进行喷水降温的方法，以拉大温差，刺激出菇。

2）加强湿度调节。出菇场所要经常喷水，使空气相对湿度保持在 85%～95%。料面出现菇蕾后，要特别注意喷水，向空间、地面喷雾增湿，切勿向菇蕾上直接喷水，只有当菇蕾分化出菌盖和菌柄时，方可在菇蕾上少喷、细喷、勤喷雾状水。

3）加强通风换气。出菇场所氧气不足，平菇菌柄变长、变粗，形成菜花状菇、大脚菇等畸形菇。低温季节通风时，一般在中午后进行，1 天 1 次，每次 30min 左右；当气温高时，通风换气多在早、晚进行，1 天 2～3 次，每次 20～30min，切忌高湿环境不透气。通风换气必须缓慢进行，避免让风直接吹到菇体上，以免菇体失水，边缘卷曲而外翻。

4）增强光照。散射光可诱导早出菇，多出菇；黑暗则不出菇；光照不足，出菇少，柄长，盖小，色浅，畸形。一般以保持菇棚内有“三分阳七分阴”的光照强度为宜，但不能有直射光，以免晒死菇体。

【窍门】>>>>

出菇棚内，应按菌袋的成熟度分开堆放，以便使出菇整齐一致，有利于同步管理。菌袋进入出菇管理时，先解开两头扎口（绞口、划口），不要撑口，以防料表面失水干燥，影响正常出菇；如果采用微孔发菌时，在菌丝长至菌袋的2/3以上时，可在袋的两头划口，以防止袋周身出菇。

（3）出菇管理

1）原基期。当菌丝开始扭结时，就要增光（三分阳七分阴）、增湿、降温至15℃左右，拉大温差，促使原基分化形成，顺利进入桑葚期。此期如果环境潮湿、温度低而缺光照，菌丝体扭结团可无休止增大，出现像菜花样畸形原基，对产量影响很大，预防措施为增光、通风。

2）桑葚期。当原基菌丝团表面出现小米粒大小的半球体，色增深时，即进入桑葚期。为使大部分原基能形成菇片，应采取保湿措施，向空中喷雾，要勤喷、少喷，不能把水直接喷向料面，主要是增加空气湿度。

3）珊瑚期。半球体菇蕾继续伸长，此时为菇柄形成时期，菇柄常视品种不同而不同，一般是丛生型长，覆瓦型短，但管理不善，会出现长柄、粗脚等畸形菇。此期管理主要是通风、增光、保湿。

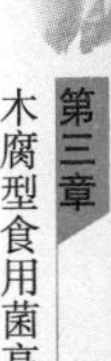

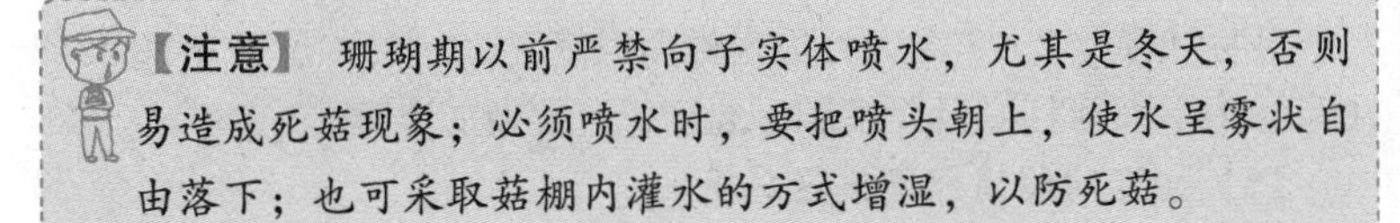

【注意】 珊瑚期以前严禁向子实体喷水，尤其是冬天，否则易造成死菇现象；必须喷水时，要把喷头朝上，使水呈雾状自由落下；也可采取菇棚内灌水的方式增湿，以防死菇。

4）成型期。主要是菇盖生长，此期是平菇子实体发育最旺盛的

时期，要求温度适宜，相对湿度连续保持在85%～90%，湿度不能忽高忽低。成型期如果出现菇片翻长、菇上长菇、菇片干黄、死菇、烂菇现象，多为空气过干、过湿或风吹造成，因此要因地制宜管理。

5）初熟期。一般从菇蕾出现到初熟期需5～8天，条件适宜的2～3天，此时菇体组织紧密，质地细嫩，菇片发亮，重量最大，蛋白质含量最高，是最佳采收时期。此期是平菇子实体需水量最大时期。

6）成熟期。商品菇一般在初熟期采收，如果采收不及时，就有大量孢子散发，进菇房前，要先打开门窗，再喷水排气，促使孢子随水降落或排出。

【注意】 采收前最好先用喷水带喷雾1～2min或采收时戴口罩，一旦发生由孢子引起的咳嗽、发热等过敏病症，可服用扑尔敏（氯苯那敏）、息斯敏（阿司咪唑）等药物治疗。

（4）采收及转潮 当菇盖充分展开，颜色由深逐渐变浅，下凹部分白色，毛状物开始出现，孢子尚未弹射时，即可采收。采收前一天可喷一次水，以提高菇房内的空气湿度，使菌盖保持新鲜、干净，不易开裂。但喷水量不宜过大，尤其是不能向已采下的子实体部位喷水或泡水，以防发生菇体腐烂现象。

采收时因平菇是丛生菇，要防止将培养料带起，采摘要转动或左右摇摆，即可采下。平菇质脆易断裂，采摘时要注意保护菇体完整，高温时，菌盖薄，边沿易上卷；低温时，菌盖厚，质更脆，采摘时，均要手捏菌柄转动后采下。

平菇菌盖质脆易裂，采收后要轻拿轻放，并尽量减少停放次数，采收下来的菇体要放入干净、光滑的容器内，以免造成菇体损伤。菇体表面最好盖一层湿布，以保持菇体的水分。

采收后，平菇处于转潮期，这时要清除残留的菇根、死菇、烂菇，并停止喷水2～3天，可适当提高温度至22～25℃，使菌丝休养生息，为下潮菇打好营养基础。温度过高要及时降温。

（5）出菇阶段常见问题及分析

1）不出菇原因。平菇栽培过程中，发菌成熟的菌袋（菇床）迟迟不出菇，或采过1～2潮菇的菌袋（菇床）不再正常出菇的现象较为常见，其原因有以下几种：

① 料温偏高。菌丝培养成熟的菌袋，若无较低温度的影响，其料温下降的速度很慢。若料温高于出菇温度范围，则原基不易发生，这种现象在秋栽的低温型品种中最为常见。

② 环境不适。菌袋所处环境温度，高于或低于所栽品种的出菇温度范围，都会产生不出菇或转潮后不再正常出菇的现象。前者春、夏、秋季均会发生，后者多出现在冬季低温季节。

③ 积温不足。在低温下栽培时，菌丝长期处于缓慢生长状态，虽然发菌时间较长，但由于有效积温不足，菌丝生理成熟度不够，而迟迟不能出菇。

④ 水分不足。发菌期由于通风次数过多，覆盖不严或土壤吸湿等，会造成培养料含水量下降，或菌袋表面失水偏干；此外，产菇期菇体大量消耗培养料的水分后，水分补充过少，也会造成不出菇或转潮后不能正常出菇的现象。

⑤ 菌丝徒长。培养料含水量过高，菌袋表面湿度饱和，干湿差变化小，会造成菌丝徒长，在菌袋表面形成厚厚的菌皮。

⑥ 病虫害影响。杂菌污染菌袋后，不但与平菇菌丝争夺养分，而且能分泌有害物质，抑制平菇菌丝的正常生长；害虫侵入菌袋后，则大量咬食平菇菌丝，并使平菇菌丝断裂失水死亡。病虫危害重的菌袋，平菇菌丝的正常生理代谢和物质转换受到破坏，进而造成不出菇。这种现象在整个产菇期内均可发生。

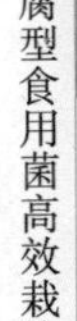

⑦ 通风不良。菇房通风不良、供氧差、袋内二氧化碳浓度过高、光线太弱，均不利于出菇，这种现象在地下菇场较为常见。

2）死菇原因及防治措施。

① 培养料含水量不适。平菇生长发育需水较多，对空气相对湿度要求也较高，不同季节、不同时期需水量不同。平菇子实体内水分大部分来自培养料，若培养料水分不足，营养供给发生困难，子实体生长不粗壮，菌片薄、弹性小，会使幼小菇蕾失水死亡。

a. 培养料含水量适当提高。由于冬季气温低，用于栽培平菇的培养料含水量可适当提高至65%，标准是用手抓紧拌料均匀后的培养料，以水能滴下但不成线为度。

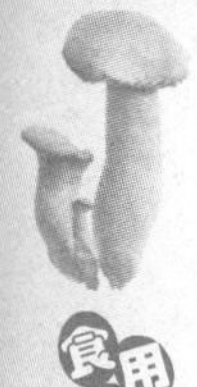

b. 采用适当的出菇方式。平菇在原基期和出菇期间应采用剪袋口或解口但不撑开的出菇方式，否则袋口因失水过多出菇过少或死菇。

② 用种不当。菌种过老或用种量过大，在菌丝尚未长满或长透培养料时在菌种部位会出现大量幼蕾，因培养料内菌丝尚未达到生理成熟，长成幼菇时得不到养分供应而萎缩死亡。

【提示】 栽培中尽量选用长满菌袋10天左右菌龄的菌种，此时菌种回丝期已过，生命力最为旺盛。冬季采用大袋栽培平菇的用种量一般为10%~12%（4层菌种3层料），采用中袋栽培两头接种时用种量一般为8%~10%；夏季菌种用量可加大至15%。

③ 非定点出菇。目前栽培平菇一般采用4层菌种3层料的大袋栽培（25cm×55cm），发菌一般采用在菌种层微孔发菌的方式。采用大袋栽培的原基分化期会在微孔处形成菇蕾，但大部分死亡，即使不死亡其商品性也很低。

【窍门】>>>>

① 选用两头打透眼的方式发菌。用25cm×55cm规格大袋栽培平菇时，装袋、播种、扎口后采用大拇指粗、顶端尖的木棍从袋的一头捅至另一头（避开扎口部位）进行发菌，出菇时菇蕾大都集中在透眼处并且菇柄短。也可采用两头接种的17cm×45cm规格的中袋栽培。

② 菌袋两端划口。采用大袋微气孔发菌时，在平菇菌丝封住菌袋两端并生长4~5cm时，可在菌袋两端的袋面上用小刀划几个小口，菌丝很快便会封住划口。这种做法一来可以促进菌丝的生长，二来出菇时会首先在划口处形成菇蕾（可不解口出菇），进而有效防止菌袋周身出菇。

④ 装袋不紧。冬季栽培平菇菇农一般采用生料或发酵料栽培，装袋不紧，加上翻堆检查对栽培袋的翻动，造成菌袋和培养料局部分离。在平菇子实体生长期分离的部位长出菇蕾，但由于

不是定点出菇部位，氧气不足，造成菇蕾死亡。

平菇装袋时要求培养料外紧内松，光滑、饱满、充实，不可出现褶皱或者疙瘩，否则发菌不良，出菇时也会在褶皱处出现菇蕾，消耗养分、感染杂菌。

⑤ 菇蕾过密。冷暖交替季节的温度很适合平菇子实体原基形成期的要求，温差长期适宜会形成过多的菇蕾，使培养料养分供应分散，不能集结利用。其症状为子实体紧密丛生，成堆集结，不能发育成商品菇。

因菇蕾过密而发生死菇的可采取以下措施防治：选用低温对子实体形成相对不敏感的品种；加强平菇生长期的温、湿度管理，防止温度周期性波动，尤其是秋、冬冷暖交替变化季节；发病初期提高管理温度，或打重水，控制病害发展。

⑥ 冬季喷水过勤、通气不良。冬季菇农在平菇出菇期喷水过勤并注重保持菇房温度，喷水后环境过于密闭，尤其是喷“关门水”导致菇蕾、幼菇长时间处于低温、高湿、高二氧化碳浓度的环境下，影响菇体的正常蒸腾作用，致使菇蕾、幼菇水肿死亡。其显著特点是先出现部分菇体畸形，进而发黄死亡。

【注意】 冬季由于气温低，菇体蒸腾作用小而需水少，可在出菇期采用隔行向地面灌水的方式增加空气湿度。必须喷水时，要在喷水后及时通风至菇体上的水膜消失。

⑦ 农药危害。原基发生前，菌袋或菇场内喷洒了平菇极为敏感的敌敌畏等农药，或菇场中含有浓度过高的农药气味，造成子实体死亡或呈不规则的团块组织。其症状是菌盖停止生长，边缘部分产生一条蓝中带黑色的边线，向上翻卷。

出菇期不允许使用农药，转潮期间可采用 1∶500 倍多菌灵进行杀菌，采用高效氯氰菊酯烟剂防治害虫。但要避免长菇环境残留农药气味，一般于用药后 16h 进行通风、降湿、干燥处理，以提高菌袋的透气性，延缓转潮菇的发生速度。

3）畸形菇。

① 花菜形畸形。在菇柄的顶部长出多个较小的菌柄，并可继续

分叉，无菌盖或者菌盖极小（图3-25）。此症状是由于二氧化碳浓度过高和光线太弱造成的。防治方法是子实体原基形成后，每天通风2次以上，改善光照条件。

② 粗柄状畸形。平菇菌柄粗长呈水肿状，菌盖畸形，很小或没有（图3-26）。这是平菇子实体分化期遇高温、光照偏强和二氧化碳浓度过高，物质代谢受干扰，引起菌柄疯长所致，应通风降温，改善光照条件。

图3-25 花菜形畸形

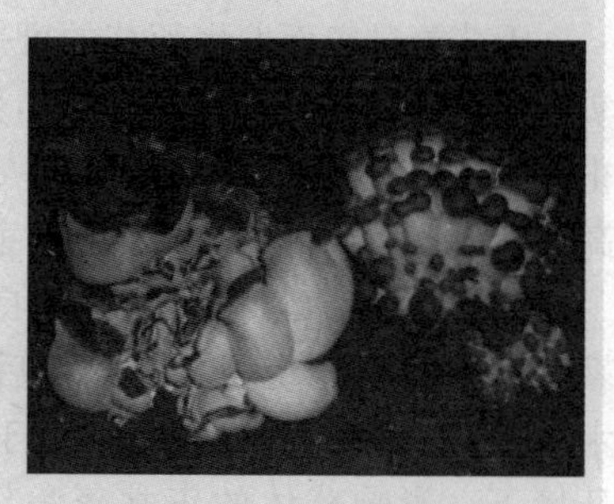

图3-26 粗柄状畸形

③ 高脚菇。菌盖小，分化较差，菇柄较长。发生的原因是在原基形成并分化期，由于菇房缺氧、光照不足，同时温度偏高，影响了菌盖的正常分化和发育。防治方法是加强通风，调节光照和温度。

④ 形状不规则。平菇原基形成后，不分化形成菌柄和菌盖，而长成不规则的菌块，后期菌盖扭曲开裂并露出菌肉。这是由敌敌畏、速灭杀丁等农药用量过多所致，应少用或不用农药。

⑤ 瘤盖菇。菌盖表现主要是边缘有许多颗粒状凸起、色浅、菇盖僵硬，生长迟缓。严重时菇盖分化较差，形状不规则。原因是菇体发育温度过低，持续时间较长，致使内外层细胞生长失调。防治方法是调节菇房温度，在平菇生长最低温界限以上，并有一定温差，促进菇体生长、发育、分化。

⑥ 萎缩菇。菇体初期正常，在膨大期即泛黄或呈干缩状，而停止生长，最后变软腐烂（图3-27）。干缩状是因为空气相对湿度较

小，通风过强，风直接吹在菇体上，使平菇失水而死亡；或者培养基营养失调，形成大量原基后，有部分迅速生长，其余由于营养供应不足而停止生长。

⑦ 蓝色菇。菌盖边缘产生蓝色的晕圈，有的菇体表面全部被蓝色覆盖（彩图12），其原因是菇房内采用煤灶加温，或者菇房紧靠厨房，由于煤炭燃烧时产生二氧化硫、一氧化碳等毒害气体，加上通风换气较差，造成菇体中毒，进而发生变色反应。冬季菇场增温措施宜采用太阳能、暖气、电热等方法，如果采用煤火、柴火等方法加温，应设置封闭式传热的烟火管道，防止二氧化硫等有毒气体进入菇房。

图3-27 萎缩菇

⑧ 水肿菇。平菇现蕾后菌柄变粗变长，菇盖小而软，逐渐发亮或发黄，最后水肿腐烂。发生原因是湿度过大或有较多的水直接喷在幼小菇体上，使菇组织吸水，影响呼吸及代谢。出菇期应加强通风，增加菇体温差刺激；菇蕾期尽量避免直接向菇体喷水，采取向地面和墙壁喷水的方式，以保持菇房空气湿度。

⑨ 光杆菇。平菇菌柄细长，菌盖极小或无菌盖，发生原因是由出菇期间低温引起的。平菇菌盖形成要求的温度较高，当菌柄在较低温度下伸长到一定高度时，气温仍在0℃左右，并维持较长时间不回升，菌柄表面有冰冻现象，虽不死亡，但菌盖不能分化。在子实体生长发育阶段，如果遇0℃左右气温，要采取增温保暖措施，提高菇房温度。

8. 平菇孢子过敏症

据调查，在我国北方长期栽培平菇的菇农在不同程度上患有支气管炎或咽炎，发生疲劳、头痛、咳嗽、胸闷气喘、多痰等现象，严重者会出现发热、喉部红肿甚至咯血等类似重感冒症状，还有反应迟钝、肢体和关节疼痛现象，如果不及时处理会加重病情。这种

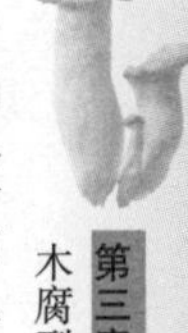

由平菇孢子引发的现象在医学上称为“超敏反应”，菇农称为“蘑菇病”。现将该病的防治方法介绍如下：

（1）适时采收 为使上市的鲜菇有较高的品质，要及时采收。当菌盖刚趋平展，颜色稍变浅，边缘初显波浪状，菌柄中实，手握有弹性，孢子刚进入弹射阶段，子实体八九成成熟时应及时采收，及时采收还有利于提高产量和促进转潮。

（2）加强通风换气 在采收前，先打开门窗通风换气10～20min，使菇房内大量孢子排出菇房。

（3）提高菇房湿度 出菇阶段要保持菇房内足够的湿度，既有利于平菇的生长，又能防止孢子的四处散发。采收前用喷雾器（喷水带）喷水降尘，可大大减少空气中孢子的悬浮量。

（4）戴防尘面具 采收前，可戴口罩进行操作。

（5）治蘑菇肺验方

【处方】 人参6g（或党参18g），麦冬、石膏、甘草各12g，阿胶、炙枇杷叶、杏仁、炒胡麻、桑叶各9g。

【用法】 每日1剂，水煎服，连服10天为一疗程。服2个疗程后观察疗效。

【疗效】 蘑菇肺患者有种植蘑菇职业史，当患者出现以咳嗽、气喘为主的临床症状时，体检听诊两肺底有少许湿啰音，X线主要表现为肺纹理粗乱增多，中下肺叶点状阴影，实验室检查排除了呼吸道其他疾患，即可诊断为蘑菇肺。

第二节 香菇高效栽培技术

香菇［*Ientinus edodes*（Berk.）Sing］属担子菌纲、伞菌目、口蘑科、香菇属，是一种大型的食用菌，原产于亚洲，在世界菇类产量中居第二位，仅次于双孢蘑菇。中国的浙江省龙泉市、景宁县、庆元县三地交界地带是世界上最早人工栽培香菇的发源地，其香菇人工栽培技术史称砍花法，据传最早发明这项技术的是南宋龙泉县龙溪乡龙岩村人（今浙江庆元人）吴三公（真名吴煜）。中国是世界上认识栽培香菇最早、产量最高、优质花菇最多、栽培形式多样、生产成本较低的国家，已有1000多年的历史，因此，又将其称为中国蘑菇。

一 香菇生物学特性

1. 生态习性

冬春季生于阔叶树倒木上，群生、散生或单生。

2. 形态特征

（1）菌丝体 菌丝洁白、舒展、均匀，生长边缘整齐，不易产生菌被。在高温条件下，培养基表面易出现分泌物，这些分泌物常由无色透明逐渐变为黄色至褐色，其色泽的深浅与品质有关。

【提示】 香菇菌种在有光和低温刺激下，常在表面或贴壁处有菌丝聚集的头状物出现，这是早熟品种和易出菇的标志。

（2）子实体 香菇子实体单生、丛生或群生，子实体中等大至稍大（彩图13）。菌盖直径5～12cm，有时可达20cm，幼时半球形，后呈扁平至稍扁平状，表面菱色、浅褐色、深褐色至深肉桂色，中部往往有深色鳞片，而边缘常有污白色毛状或絮状鳞片。菌肉白色，稍厚或厚，细密，具香味。幼时边缘内卷，有白色或黄白色的绒毛，随着生长而消失。菌盖下面有菌幕，后破裂，形成不完整的菌环。老熟后盖缘反卷，开裂。菌褶白色，密，弯生，不等长。菌柄常偏生，白色，弯曲，长3～8cm，粗0.5～1.5cm，菌环以下有纤毛状鳞片，纤维质，内部实心。菌环易消失，白色。孢子印白色。孢子光滑，无色，椭圆形至卵圆形，大小为（4.5～7）μm×（3～4）μm，双核菌丝有锁状联合。

3. 生长发育条件

（1）营养条件 香菇发育所需的营养物质可分为碳源、氮源、无机盐及生长素等物质。

1）碳源。香菇菌丝能利用广泛的碳源，包括木屑、棉籽壳、甘蔗渣、棉柴秆、玉米芯、野草（类芦、芦苇、芒萁、斑茅、五节芒等）等。

2）氮源。香菇菌丝能利用有机氮和铵态氮，不能利用硝态氮和亚硝态氮。在香菇菌丝营养生长阶段，碳源和氮源的比例以（25～40）∶1为好，高浓度的氮会抑制香菇原基分化；在生殖生长阶段，要

求较高的碳，最适合的碳氮比是73∶1。

3）矿质元素。除了镁、硫、磷、钾之外，铁、锌、锰同时存在能促进香菇菌丝的生长，并有相辅相成的效果。钙和硼能抑制香菇菌丝生长。

4）维生素类。香菇菌丝的生长必须吸收维生素 B_1，其他维生素则不需要。适合香菇生长的维生素 B_1 含量大约是每升培养基0.1mmol。在段木栽培中，香菇菌丝分泌多种酶类分解木质素、纤维素、淀粉等大分子，从菇木的韧皮部和木质部吸收碳源、氮源和矿质元素。

（2）环境条件

1）温度。

① 温度对孢子萌发的影响。香菇孢子萌发最适宜的温度是22～26℃，以24℃萌发最好，其中16℃经过24h，24℃经过16h就萌发。在干燥状态下70℃经过5h，80℃经过10min孢子就会死亡。在各种培养基上香菇孢子在15～30℃均可萌发，但在蒸馏水中只萌发不生长，在太阳下曝晒30min就被杀死。

② 温度对菌丝的影响。香菇菌丝发育温度范围在5～32℃之间，最适温度是24～27℃，在10℃以下32℃以上均生长不良，35℃以上停止生长，38℃以上死亡。

③ 温度对香菇原基分化和子实体质量的影响。香菇原基在8～21℃之间均可分化，但在10～12℃分化最好；子实体在5～24℃范围内发育，从原基长到子实体的温度以8～18℃为最适。低温条件下子实体生长慢，肉质厚，柄短，不易开伞，厚菇多，易产生优质花菇。当温度偏高时，香菇生长快，肉质疏松，柄长而细，易开伞，质量差。低温、恒温下易形成原基，子实体长势良好。

2）水分和相对湿度。在木屑培养基中菌丝的最适含水量是在60%～65%之间（因木屑结构质量不同而异）；子实体生长阶段的木屑含水量需要在50%～80%之间。菌丝生长阶段空气相对湿度一般为60%左右，而子实体生育阶段空气相对湿度为85%～90%。

3）空气。香菇是好气性菌类。菌丝生长阶段在较低的氧分压下也能较好地生长，但在通气较好的条件下菌丝生长加快；当子实体形成以后，呼吸作用旺盛，对氧的需求量急剧增加。因此，在菇场菇房及塑料棚、地下工程内栽培香菇时应调节空气使其顺畅流通。

4）光照。香菇在菌丝生长阶段完全不需要光线，菌丝在明亮的光线下会形成茶褐色的菌膜和瘤状凸起，随着光照的增加菌丝生长速度下降；相反在黑暗的条件下菌丝生长最快。在生殖生长阶段，香菇菌棒需要光线的刺激，在完全黑暗条件中香菇培养基表面不转色，不转色就形不成子实体。光照不足，出菇量和品质都受到不同程度的影响，子实体发育的最适光照强度为300～800lx，光照在1000～1300lx的强度下花菇发育良好，1500lx以上白色纹理增深，花菇生育的后期光照强度可增加到2000lx，干燥条件下裂纹更深更白。

5）酸碱度。适于香菇菌丝生长的培养液pH是5～6。pH为3.5～4.5适于香菇原基的形成和子实体的发育。在段木腐化过程中，菇木的pH不断下降，从而促进子实体的形成。

二 香菇高效栽培技术要点

1. 栽培原料选择

（1）主料

1）木屑类。以硬质阔叶木为主，可利用木材厂产生的锯末，也可利用树木枝条经过粉碎而成的木屑。收集木屑中常夹杂有松、杉、樟等木屑，应经过堆积发酵后再使用才能获得高产。木屑粉碎和收集的木屑均用孔径4mm筛网过筛，其中粗细程度以0.8mm以下颗粒占20%，0.8～1.69mm木屑颗粒占60%，1.70mm以上的木屑颗粒占20%为宜。

2）秸秆类。

① 棉柴秆。经晒干粉碎后备用。

② 甘蔗渣。要求新鲜，干燥后白色或黄白色，有糖的芳香味。凡是没有充分晒干、结块、发黑、有霉味的均不能用。带皮的粗渣要粉碎过筛。

【提示】 由于甘蔗渣中的木质素较低，以甘蔗渣为主料时可加入30%的木屑。

③ 玉米芯。脱去玉米粒的穗轴，也称玉米轴。使用前将玉米芯晒干，粉碎成大米粒大小的颗粒，不必粉碎成粉状，以免影响通气

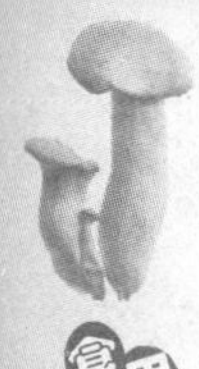

状况造成发菌不良。

④ 其他秸秆。木薯秆、大豆秸、葵花秆、高粱秸、小麦草、稻草均可使用，要求不霉烂，粉碎后使用。

3）野草类。现有30多种野草用于栽培香菇成功，如芒萁、类芦、斑茅、五节芒、芦苇等草本植物，经过晒干后粉碎作为栽培香菇的代用料，其产量和质量均与木屑培养相近。

（2）辅料

1）麸皮。即小麦加工而得，又称麦皮，含粗蛋白质11.4%，粗脂肪4.8%，粗纤维8.8%，钙0.15%，磷0.62%，每千克内含维生素$B_1$17.9mg。麸皮是目前香菇培养料中常用的配料，它对改变培养基中的碳氮比、促进原料的充分利用、提高单产起着重要作用，其用量占培养基的20%左右。麸皮要求新鲜时（加工后不超过3个月）使用，不霉变的麸皮香菇产量高。

2）米糠。米糠是稻糠的一种，去外包的砻糠后，稻谷在加工精制大米时剥落的糠皮，其中有外胚乳和糊粉层等混合物，米糠中含有粗蛋白质11.8%，粗脂肪14.5%，粗纤维7.2%，钙0.39%，磷0.03%，从营养成分来看，其蛋白质、脂肪含量均高于麸皮，在培养基中使用时可代替麸皮，要求新鲜不霉变不含砻糠，因砻糠营养成分低，当设计配方用麸皮20%时，可减去1/3的麸皮，用1/3的米糠代替，对香菇后期增产非常明显。

3）石膏。石膏即硫酸钙，在培养基中石膏用量为1%~2%，可调节pH，具有不使碱性偏高的作用，还可以给香菇提供钙、硫等元素，选用石膏时要求过100目筛。

（3）其他材料

1）栽培袋。目前栽培香菇以采用聚丙烯（PP）袋、低压聚乙烯（HDPE）袋为主要容器。

① 聚丙烯袋。透明度45%~55%，耐热160~170℃，抗拉强度300~385kgf/cm²，抗张模数1170~1600kgf/cm²，100μm厚度分别可透过二氧化碳2300cm³/(m·24h)，氢气（H_2）5600cm³/(m·24h)，氨气（NH_3）165cm³/(m·24h)，氧气590cm³/(m·24h)，其透明性高，抗热性强，强度与刚性好，优良的特性适合于原种、栽培种使

用，但在高温和低温下抗冲击性差，质地较脆，装料后形成袋与料不紧密，吻合性差，有一定空隙，要引起注意。

② 低压聚乙烯袋。半透明度，100μm 厚度时通气量分别是二氧化碳 2800cm³/（m · 24h），氢气 2000cm³/（m · 24h），氨气 200cm³/（m · 24h），氧气 730cm³/（m · 24h），外观呈白色蜡状，能耐 115～135℃高温，柔而韧，抗拉强度好，抗折率高，其抗拉强度为 217～1385kgf/cm²，抗张模数 4200～10500kgf/cm²，在栽培香菇时属常用的理想塑料袋。

2）栽培袋的规格及质量。

① 聚丙烯塑料袋其规格常用筒径平扁双层宽度为 12cm、15cm、17cm、25cm，厚度为 0.04cm、0.05cm，主要在气温 15℃以上时使用，用于原种、栽培种和小袋栽培。

② 低压聚乙烯塑料袋其规格常用有筒径平扁双层宽度为 15cm、17cm、25cm，厚度为 0.04mm、0.05mm、0.06mm，装袋灭菌 1.2kgf/cm² 保持 4h 不熔化变形。

以上两种塑料薄膜袋均要求厚薄均匀，筒径平扁、宽度大小一致，料面密度好，观察无针孔，无凹凸不平，装填培养料时不变形，耐拉强度高，在额定的温度下灭菌不变形。

3）覆盖膜。一般采用高压聚乙烯塑料薄膜，透明度 30%～60%，100μm 厚度透气性分别是二氧化碳 6800cm³/（m · 24h），氢气 5600cm³/（m · 24h），氨气 530cm³/（m · 24h），氧气 1700cm³/（m · 24h），呈半透明状，其规格有 3m、6m、8m 不等，厚度分别有 0.06cm、0.07cm、0.08cm。

4）胶布。又称橡皮膏，医院外科常用，用于香菇接种穴封口，保护菌种块，免于感染杂菌，避免水分散失，有利于菌丝在短期内生长定植。市售香菇专用胶布，宽度为 3.5cm × 3.25cm，每卷胶布 1000cm，每筒装 4 卷，每箱装 25 筒，每 10000 个 15cm × 55cm 塑料袋需胶布 48 筒。

2. 参考配方

（1）生产常用配方

1）阔叶树木屑 79%，麸皮 20%，石膏 1%。

2）阔叶树木屑64%，麸皮15%，棉籽壳20%，石膏1%。

3）阔叶树木屑78%，麸皮14%，米糠7%，石膏1%。

4）棉柴粉60%，麸皮20%，木屑19%，石膏1%。

5）阔叶树木屑60%，甘蔗渣19%，麸皮20%，石膏1%。

6）玉米芯78%，麸皮20%，石膏1.5%，过磷酸钙0.5%。

7）稻草或麦草50%，木屑28%，麸皮20%，石膏1.5%，过磷酸钙0.32%，柠檬0.1%，磷酸二氢钾0.08%。

8）类芦63%，木屑30%，麸皮16%，石膏1%。

9）芒萁20%，芦苇63%，麸皮16%，石膏1%。

（2）配方注意事项

1）凡是含有香菇生长发育所需的碳氮源、矿物质、维生素的材料，无论是人工合成的或是半合成的、还是天然的，将其进行合理的搭配，在适宜的栽培条件下均可出菇，当配方不合理时，产量降低，质量下降。

2）一些含有妨碍香菇菌丝生长和抑制出菇的天然培养料，经过阳光曝晒、建堆发酵、加温蒸煮等处理除去影响香菇生长的有害物质，可以代替主料使用，用量在20%~50%之间，不影响产量和质量。

3）在配方中碳氮比例不合适，主要是氮的比例高时栽培效果受到一定的影响，一般会转色难，并推迟出菇时间，即使长出子实体，其表面颜色也浅；相反氮源不足，菌丝生长不旺盛，菌丝培养时间短，总产量也降低。

4）传统的配方中添加1%蔗糖，其污染率增加，产量与不加蔗糖配方相近，从减少污染和成本角度考虑应不加为宜。

5）香菇属天然营养保健食品，从安全角度出发不应加化肥农药。

6）在提高香菇质量方面要精心选料和加强管理，选质地较硬的杂木屑或其他硬质草本植物为主料，适当降低培养基中的碳氮比例。培养料装袋要紧密，装填度以偏紧为好；含水量以偏低为宜（根据原料的质量决定）；菌丝培养温度偏低，适当延长培养时间，转色、原基形成及出菇要求温湿度先高后低；光线先暗后亮，均有利于提高香菇的产量和质量。

3. 培养料配制

（1）备料 根据香菇的生产季节，按照比例计算各种材料的使用的数量，在香菇接种前2个月备足到场，并进行处理。

1）首先从木材厂收集木屑的成本比较低，收集时尽量选用硬质阔叶的木屑，并及时晒干备用。当木屑不够用时挑选符合香菇栽培的木材切片粉碎，加工成木屑备用。

2）从加工厂收集含水量在10%左右的麸皮，并存放在20℃以下通风干燥的仓库中存放，防止底层麸皮变质成块，霉变的麸皮影响产量。

3）石膏、过磷酸钙要求防潮、防止结块，并进行含量测定，防止含量不足影响栽培效果。

4）水质要求无污染、达到饮用标准。

（2）配制方法

1）过筛。先将原料过筛剔除针棒和有角棱的硬物以防刺破塑料袋。

2）混合。手工拌料时应事先清理好拌料场，将木屑1/3量堆成山形，再一层木屑、一层麸皮、一层石膏，共分5次上堆，并翻拌3遍，均是山形，使培养料混合均匀。

3）搅拌。将山形干料堆从顶部向四周摊开加入清水，用铁锹翻动，用扫帚将湿团打碎，使水分被材料吸收，并湿拌3遍。

4）拌料后再堆成山形，30min后检查含水量，用手握法比较方便，即用手用力握，指缝间有水迹，则含水量在60%左右。

5）pH测定。香菇培养基的pH以5.5～6为宜，测定时取广泛试纸条1小段插入培养料堆中，1min后取出对照色板，从而查出相应的pH，如果太酸可用石灰调节。

（3）配料中的注意事项 培养料配制是香菇生产中的重要环节，常因培养料配制失误，造成基质酸败、杂菌污染、成品率下降，有的菌丝虽然也能缓慢地长到袋底，但菌丝不健壮，出菇晚，产量极低，影响经济效益。在培养料配制过程中应注意以下几个问题：

1）拌料和装袋场地最好用水泥地，并有1%的坡度，以便洗刷水自然流掉。每天作业后，用清水冲洗，并将剩余的培养料清扫干净不再使用，以免余料中的微生物进入新拌的培养料中，加快培养料酸败的速度，增加污染机会。

2）培养料要边拌料边装袋边灭菌，自拌料到灭菌不得超过4h，在装锅灭菌时要猛火提温，使培养料尽早进入无菌状态。

3）由于原料含水量和物理性状的不同，配料时的气温、相对湿度有别，所以调水必须灵活掌握。当培养料偏干、颗粒偏细、酸性强时，水分可调节得偏多一些；当培养料含水量较多、颗粒粗硬、吸水性差时，水分应调得少一些。晴天，装袋时间长，调水偏多一些或是中间再调一次；阴天，空气相对湿度大，水分不易蒸发，调水偏少一些。甘蔗渣、玉米芯、棉籽壳等原料颗粒松、大、易吸水，应适当增加调水量。

4）拌料力求均匀，拌料不均时有的菌袋不出菇或迟出菇，有的产量和质量很差，主要是碳氮比不均匀，配料要求各种原料要先干拌，再湿拌，做到主要原料和辅助原料拌均匀，水和培养料拌均匀，pH 均匀。

5）当温度偏高时，拌料装袋时间不能太长，要求组织人力争分夺秒地抢时间完成，以防培养料酸败使营养减少。

6）在培养料配制中，为避免污染，在选用好的原料基础上，拌料选择晴天上午，装料争取在气温较低的上午完成并进入无菌工序，以减少杂菌污染的机会。

4. 香菇袋式栽培

（1）栽培季节 香菇袋式栽培的季节安排应根据菌种的特性和当地的气候因素进行选择，我国北方栽培一般选择秋季栽培和越夏栽培。秋季栽培一般在 8 月即可制袋，10 月下旬~第二年 4 月出菇；越夏栽培一般在 2 月制袋，5 ~10 月出菇。

（2）栽培袋选择 秋季栽培一般采用大袋，大袋规格为 17 cm × 65cm，可装干料 1.75kg；越夏栽培可采用小袋，小袋规格为 17 cm × 33cm，可装干料 0.5kg。

（3）装袋 加入 50% ~55% 的水分，用人工或拌料机把原辅材料、料水拌匀后即可装袋（图 3-28）。装袋要做到上部紧，下部松；料面平整，无散料；袋面光滑，无褶。

扫码看实作

扫码看实作

图 3-28 香菇装袋

【提示】

① 不宜装得过松或过紧，过紧易产生破裂，过松则培养基与薄膜之间有空隙易造成断袋感染杂菌，一般每袋装干料 1.75kg 为宜。

② 装袋后马上进行扎口，扎口时将料袋口朝上，用线绳在紧贴培养料处扎紧，反折后再扎一次。

③ 装袋时间安排在早晨和傍晚，尽量避开中午高温时装袋，以减少培养料酸败的机会。

④ 从拌料、装袋到装锅灭菌，力求在较短的时间内完成。

（4）灭菌 栽培袋可放入专用筐内，以免灭菌时栽培袋相互堆积，造成灭菌不彻底。然后要及时灭菌、不能放置过夜，灭菌可采用高压蒸汽灭菌或常压蒸汽灭菌两种方式。

其方法参考平菇熟料栽培。

（5）接种与培养

1）接种。接种室要求干净、密闭性好，接种前每立方米用 36% 甲醛 17mL、14g 高锰酸钾熏蒸 10h，熏蒸前将接种需要的菌种、接种工具、鞋、料袋等放入接种室内一起消毒，或用烟雾剂空间消毒。接种应在料袋降温到 28℃ 后马上进行，并选择在低温时间内快速完成，动作要快，1000 袋力求要在 3 ~4h 内完成。

接种时3人一组，一人负责搬料筒并排放到操作台上，另一人消毒扎口即将料袋接种处涂上75%酒精，用锥形棒打穴，每筒在同一面上打穴3个（图3-29），每穴深度2～3cm，第三人负责接种，即将菌种掰成长锥形，将其快速填入穴孔中，菌种要填满高出料筒，然后，迅速套上套袋（图3-30）。接种时应注意菌种瓶和工具、用具要用75%酒精消毒，以减少污染。菌袋要轻拿轻放，以减少破损。

扫码看实作

图3-29　打孔

图3-30　接种

2）培养。菌袋进入培养室前要对培养室进行消毒灭菌，提前3天可采用气雾熏蒸和药剂喷洒，分3次进行。接种后菌袋摆放以“井”字形排列，每层4袋，叠放8～10层高。每堆间留一工作道，摆放结束后应通风3～4h排湿，并调控温度在22～25℃之间，10天内每天通风调控温度，不要搬动菌筒，促使菌丝定植并快速生长（图3-31）。当接种口菌丝长到2cm左右时，便可进行第一次翻堆，每层3筒，高8层为宜，播种口朝向侧边不要受压，各堆之间留工作道，一是工作方便，二是通风散热。第二次翻堆在菌丝长至4cm将堆高降为6层排3筒，堆与堆连成行，行与行有通道，更有利于通风散热。第三次翻堆菌丝基本上长满1/2筒时进行，主要是检查杂菌，若有污染要及时清除。第四次翻堆是全部长满菌丝，每层两筒，高度3～4层，并给予一定的光照刺激有利转色。

扫码看实作

3）刺孔增氧。接种穴菌丝直径至6～10cm时（图3-32），要进行刺孔增氧。第一次刺孔与第二次翻堆同时进行，首先将菌筒上的胶布揭去，距菌丝尖端2cm处每穴各刺3～4个孔（图3-33），孔深比菌丝稍浅一点，不要刺到培养料上以防感染杂菌。刺孔后一是增加氧气，二是激活了局部的菌丝，加快了菌丝的生长速度。第二次扎在菌丝长满袋后10天，每袋各扎20～40个孔，孔深以菌筒的半径为宜，刺孔后48h，菌丝呼吸明显加强，菌筒内渐渐排出热量，堆温逐渐升高3～5℃，所以扎孔后培养室要通风降温，防止温度超过30℃，同时增加光照促进转色。

扫码看实作

图3-31　发菌初期

图3-32　刺孔增氧期

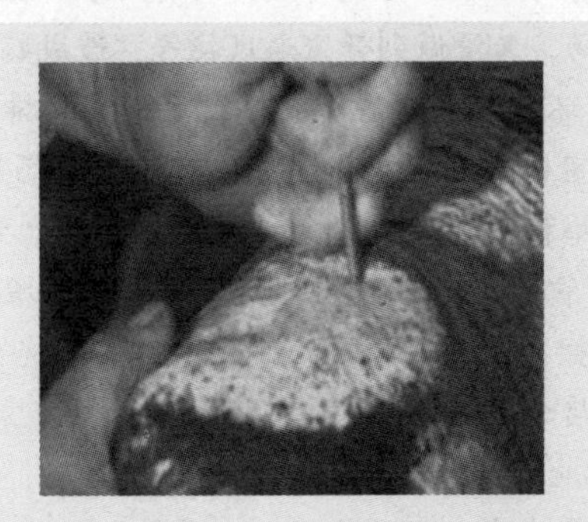
图3-33　刺孔增氧

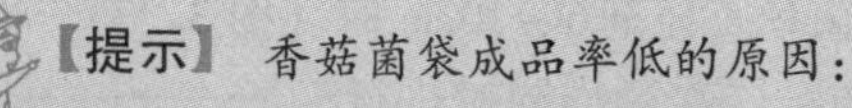

【提示】 香菇菌袋成品率低的原因：

① 基质酸败。常因取料不好，木屑、麦麸结团，霉烂，变质，质量差，营养成分低；有的因配料含水量过高，拌料、装袋时间过长，引起发酵酸败。

② 料袋破漏。常因木屑加工过程中混杂粗条而未过筛；拌料、装料场地含沙粒等，导致装袋时刺破料袋；袋头扎口不牢而漏气；灭菌卸袋检查不严，袋头纱线松脱没扎，气压膨胀破袋没贴封，引起杂菌侵染。

③ 灭菌不彻底。目前农村普遍采取大型常压灭菌灶，一次灭菌3000～4000袋，数量较多，体积大，料袋排列紧密，互相挤压，缝隙不通，蒸汽无法上下循环运行，导致料袋受热不均匀和形成“死角”。有的灭菌灶结构不合理，从点火到100℃时间超过6h，由于适温引起袋料加快发酵，养分破坏；有的中途停火，加冷水，突然降温；有的灭菌时间没达标就卸袋等，都造成灭菌难以彻底。

④ 菌种不纯。常因菌种老化、抗逆力弱、萌发率低、吃料困难，而造成接种口容易感染；有的菌种本身带有杂菌，接种到袋内，杂菌迅速萌发危害。

⑤ 接种把关不严。常因接种箱（室）密封性不好，加之药物掺杂、掺假或失效，有的接种人员的身手未消毒，使杂菌带进无菌室内；有的菇农不用接种器，而是用手抓菌种接种；有的接种后没有清场，又没做到开窗通风换气，造成病从“口”入。

⑥ 菌室环境不良。培养室不卫生，有的排袋场所简陋，空气不对流，室内二氧化碳浓度高；有的培养场地潮湿或雨水漏淋；有的翻堆检杂检出污染袋，未严格处理，到处乱扔。

⑦ 菌袋管理失控。菌袋排放过高，袋温增高，致使菌丝受到挫伤，变黄、变红，严重的致死。有的因光线太强，袋内水分蒸发，基质含水量下降。

⑧ 检杂处理不认真。翻袋检查工作马虎，虽发现斑点感染或怀疑被虫鼠咬破，不做处理，以致蔓延。

（6）**排场** 当菌筒在培养室内发菌40～50天，营养生长已趋向高峰，菌丝内积累了丰富的养分，即可进入生殖生长阶段。这时每天给予30lx以上的光照，再培养10～20天，总培养时间达到60～100天，培养基与塑料筒交界间就开始形成间隙并逐渐形成菌膜，接着隆起有波皱柔软的瘤状物并开始分泌由黄色到褐色的色素，这时菌丝已基本成熟，隆起的瘤状物达到50%就可以脱去塑料袋进行排场（图3-34）。

脱袋后的香菇菌丝体，称为菌筒。菌筒不能平放在畦床上，而是采用竖立的斜堆法。因此，就必须在菇床上搭好排筒的架子。架子的搭法：先沿菇床的两边每隔2.5m处打一根木桩，桩的粗细为5～7cm，长50cm，打入土中20cm。然后用木条或竹竿，顺着菇床架在木桩上形成两根平行杆。在杆上每隔20cm处，钉上一支铁钉，钉头露出木杆2cm。最后靠钉头处，排放上直径2～3cm、长度比菇床宽10cm的木条或竹竿作为横枕，供排放菇筒用。

搭架后，再在菇床两旁每隔1.5m处插上横跨床面的拱形竹片或木条，作为拱膜架，供罩盖塑料薄膜用（图3-35）。

图3-34 排场

图3-35 覆膜

菌筒脱去塑料袋时，应选择阴天（不下雨）无干热风的天气进行，用小刀将塑料袋割破，菌筒的2头各留一点薄膜作为“帽子”，以免排场时触地感染杂菌，排场时棒距5cm，与地面成70°～80°的倾斜角。要求一边排场一边用塑料薄膜盖严畦床，排场后3～5天，不要掀起薄膜，形成床畦内高湿的小气候，促进菌丝生长并形成一层薄菌膜。

（7）转色管理

1）转色的作用。香菇菌丝长满袋后，有部分菌袋形成瘤状凸起，表明菌丝将要进入转色期。转色的目的是在菌棒表面形成一层褐色菌皮，起到类似树皮的作用，能保护内部菌丝，防止断筒，提高对不良环境和病虫害的抵抗力。

扫码看实作

2）转色管理。香菇菌棒排场后，由于光线的增强、氧气的充足、温湿差的增大，4～7 天内菌棒表面渐长出白色绒毛状菌丝并接着倒伏形成菌膜，同时开始转色。

① 温度调控。完全发满菌的菌袋，即可进行转色管理。自然温度最高在 12℃以下时，按“井”字形排列，码高 6～8 层，每垛 4～6 排，上覆塑料膜但底边敞开，以利通风，晚间加覆盖物保温，可按间隔 1 天掀开覆盖物 1 天的办法，加强对菌袋的刺激，迫使其表面的气生菌丝倒伏，加速转色；最高气温在 13～20℃时，如按“井”字形排列，则可码高 6 层，每垛 3～4 排；气温在 21～25℃时，则应采取三角形排列法，码高 4～6 层，每垛 2～4 排；气温在 26℃以上时，地面浇透水后，菌袋应斜立式、单层排列，上面架起一层覆盖物适当遮阴。

② 湿度调控。自然气温在 20℃以下时，基本不必管理，可任其自然生长；但当温度较高时，则应进行湿度调控，以防气温过高或菌袋失水过多，可向地面洒水或者往覆盖物上喷水。

【窍门】>>>>

湿度管理的标准以转色后的菌袋失水比例为判定依据：转色完成后，一般菌袋的失水比例为 20% 左右（其中也包括发菌期间的失水），或者说转色后的菌袋重量只有接种时的 80% 左右为宜。

扫码看实作

③ 通风管理。通风一是可以排除二氧化碳，使菌丝吸收新鲜氧气，增强其活力；二是不断地通风可调控垛内温度使之均匀，并防

止“烧菌”的发生；三是适当地通风可迫使菌袋表面的白色菌丝集体倒伏，向转色方向发展；四是通风可以调控垛内水分及湿度，尤其连续20℃以上高温时，通风更显出其必要性。

【窍门】>>>>

通过调整覆盖物来保持垛内的通风量；当转色进入一周左右时，进行1～2次倒垛和菌袋换位排放，这时最好采取大通风措施，配合较强光照刺激，效果很好。

④ 光照管理。对于转色过程而言，光照的作用同样重要，没有相应的光照进入，菌袋的转色无法正常进行。而光照的管理又很简单：揭开覆盖物进行倒垛，菌袋换位；大风天气时将菌袋直接裸露任其风吹日晒等；即使日常的观察也有光照进入，所以，该项管理相对比较简单。

3）转色的检验。完成正常转色的菌袋色泽为棕褐色，具有较强的弹性，但原料的颗粒仍较清晰，只是色泽上有变化，手拍有类似空心木的响声，基质基本脱离塑料袋，割开塑料膜，菌柱表面手感粗糙、硬实、干燥、硬度明显增加，即为转色合格。但具有棕褐色与白色相间或基本是白色，塑料袋与基料仍紧紧接触等表现的菌袋，为未转色或转色不成功，应根据情况予以继续转色处理，否则尽量不使其进入出菇阶段。

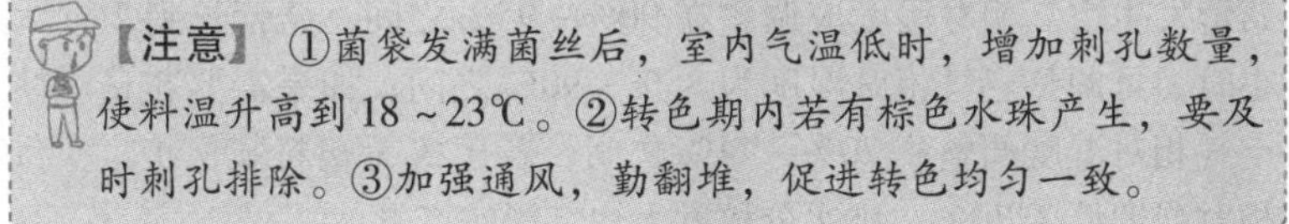
【注意】①菌袋发满菌丝后，室内气温低时，增加刺孔数量，使料温升高到18～23℃。②转色期内若有棕色水珠产生，要及时刺孔排除。③加强通风，勤翻堆，促进转色均匀一致。

4）转色不正常的原因及防治措施。

① 表现。转色不正常或一直不转色，菌袋表层为黄褐色或灰白色，加杂白点（彩图14）。

② 原因。脱袋过早，菌丝未达到生理成熟，没有按照脱袋的标准综合掌握；菇棚或转色场所保湿条件差，偏干，再生菌丝长不出来；脱袋后连续数天高温，未及时喷水或未形成12℃以下低温。

③ 影响。多数出菇少，质量差，后期易染杂菌，易散团。

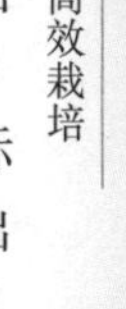

④ 防治措施。喷水保湿，连续 2 ~ 3 天，结合通风 1 次/天；罩严薄膜，并向空中和地面洒水、喷雾，提高空间湿度达 85%；可将菌袋卧倒地面，利用地温、地湿，促使一面转色后，再翻另一面；如因低温造成的，可引光增温，利用中午高温时通风，也可人工加温；如因高温造成，在保证温度的前提下，加大通风或喷冷水降温；气温低时采用不脱袋转色。

（8）催蕾 香菇菌棒转色后，给予一定的干湿差、温差和光照的刺激，迫使菌丝从营养生长转入生殖生长。将温度调控到 15 ~ 17℃之间时，菌丝开始相互交织扭结，形成原基，并长出第一批菇蕾即秋菇发生。

（9）出菇管理

1）秋菇管理。秋季空气干燥、气温逐渐下降，故管理以保湿保温为主。菇畦内要求有 50lx 以上的光照，白天紧盖薄膜增温，早上 5：00 ~ 6：00 之间掀开薄膜换气，并喷冷水降温形成温差和干湿差，有利于提高菌棒菌丝的活力和子实体的质量，当第一批菇长至 7 ~ 8 成熟时应及时采收。

采收后增加通风并减少湿度，养菌 5 ~ 7 天使菌棒干燥，7 天后采菇部位发白说明菌丝内又积累了一定的养分，再在干湿交替的环境中培养 3 ~ 5 天，白天提高温度、湿度，盖严薄膜，早上揭开薄膜，创造较大的干湿差和温度差，促使第二批菇蕾形成。由原基到菇蕾发生空气相对湿度应调整在 90% ~ 95% 之间。菇蕾长到 2cm 大小时，可调整空气相对湿度为 85% ~ 90% 之间；如果需要花菇就将空气相对湿度调整到 70% ~ 74% 之间；若菌棒无塑料膜保护，空气相对湿度低于 70%，则水分散发太快，影响产量。

2）冬菇管理。经过秋季出菇后，菌棒的养分和水分消耗很大，入冬后温度下降也很快，主要是做好保温喷水工作。一般不要揭膜通风，使畦内温度提高到 12 ~ 15℃之间，并且保持空气相对湿度在 80% ~ 95% 之间，促使形成冬菇。由于冬菇生长在低温条件下，为保温每天换气应在中午进行，换气后严盖薄膜保湿，畦床干燥时可喷轻水。菇体成熟后要及时采收，采收后可轻喷水 1 次再盖好薄膜休养菌丝 20 天左右，当菌丝恢复后可再催蕾出菇。

3）春菇管理。

① 补水。经过秋冬季 2～3 批采收，菌棒含水量随着出菇数量增加、管理期拉长、营养消耗而逐渐减少，至开春时，菌棒含水量仅为 30%～35%，菌丝呈半休眠状态，故只有进行补水，才能满足原基形成时对水分的需求。春季气温稳定在 10℃以上就可以进行补水。

② 出菇。春季气压较低，为满足香菇发育对氧的需求，可将畦靠架上竹片弯拱提高 0.3m，阴雨天甚至可将膜罩全部打开，以加强通风。惊蛰后，雷雨频繁，要防止菇体淋水过度，给烘烤带来困难。盖膜时，注意两旁或两头通风，不可盖严，天晴后马上打开。晚熟品种大量香菇均在开春后发生，3～4 月更是进入出菇高峰期。香菇每采收一批结束后，让菌丝恢复 7～10 天，再按照上述方法补水、催蕾、出菇，周而复始。晚春气温变化波动较大，要以防高温、高湿，进行降温工作为主。可加厚顶棚遮阳，拆稀四周遮阳挂帘。低海拔菇场在 4 月底或 5 月初（视各地气温）结束春香菇的管理，清场后改栽毛木耳等其他食用菌，使菇棚周年得到利用。高海拔山区栽培香菇常延续到 6 月，但后期因菌棒收缩严重而产量很低。

4）香菇菌棒补水。

① 补水测定标准。当菌棒含水量比原来减少 1/3 时即说明失水，应补水。发菌后的菌棒一般为 1.9～2.0kg，而当其重量只有 1.3～1.4kg 时，即菌棒含水量减少 30% 左右，此时就可补水。

【注意】 通过补水达到原重 95% 即可，补水“宁少勿多”。

② 补水时期。补水要掌握最佳时期，补早了易长畸形菇；还要防止过量，过量会引起菌丝自溶或衰老，严重的会解体，导致减产。每一潮菇采完后，必须停止喷水，并揭膜通风，降低菇棚湿度，人为创造一次使菌棒干燥的条件。让菌丝充分休养 7～10 天，以利于积累储藏丰富的营养，为下一潮菇打下基础。当菌棒采菇后留下的凹陷处发白时，说明菌丝已经复壮，此时补水加喷水、盖紧薄膜、提高湿度、增加通风，使菇棚内有较大温差和干湿差，每天早晚通风半小时或一小时，通过 3～6 天干湿交替、冷热刺激后，又一批子实体迅速形成。

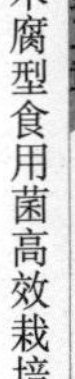

【提示】 气温低时宜选择晴天9：00～16：00补水，有条件的最好用晾晒的水补水。气温高时宜选择早晚补水，用新抽上来的井水补。因井水温度低，注入菌棒内，温湿差刺激，诱发大量菇蕾形成，每一潮菇都依此管理。

③ 补水补营养相结合。菌棒出过3潮菇以后，基内养分逐步分解消耗，出菇量相应减少，菇质也差，因此，当最后两次补水时，可在桶内加入尿素、过磷酸钙、生长素等营养物质。用量为100L水中加尿素0.2%、过磷酸钙0.3%、柠檬酸20mg/kg，补充养分和调节酸碱度，这样可提前出菇3～5天，且出菇整齐，质量也好，可提高产量20%～30%。

④ 补水方法。香菇菌棒补水的方法很多，有直接浸泡法、捏棒喷水法、注射法、分流滴灌法等。近年来大规模生产多采用补水器注水，该法简单、易行、效率高，不易烂棒。

a. 注水器补水法。菇畦中的菌棒就地不动，用直径2cm的塑料管沿着畦向安装，菇畦中间设总水管，总水管上分支出小水管，小水管长度在50cm左右，上面安装12号针头控制水流。由总水管提供水源，另一端密封。装水容器高于菌棒2m左右，使水流有一落差的压力，在注水时菌棒中心用直径6mm的铁棒插孔1个，孔深约为菌棒高度的3/4，不能插到底以免注水流失，由于流量受到针头的控制，滴下的水被菌棒既能吸收又不至于溢出（图3-36）。补水后盖上薄膜，控制温度在20～22℃之间发菌，每天换气1～2次，每次1h，注水给菌棒提供了充足的水分，并同时增加了干湿差和温度差。6天后开始出现菇蕾而且菇潮明显，子实体分布均匀，当温度升到23℃以上时原基形成受到抑制，要利用早上低温时喷冷水降温，刺激菌棒形成原基再出一批菇。由于温度的升高再加上菌棒养分也所剩

图3-36　香菇菌袋补水

无几，菌丝衰弱，并且无活力，这时菌棒栽培结束。

b. 浸水法。将菌棒用铁钉扎若干孔，码入水池（沟）中浸泡，至含水量达到要求后捞出。此为传统方法，浸水法均匀透心，吸水快，出菇集中，但劳动强度大，菌棒易断裂或解体。

【窍门】>>>>

颠倒菌棒增产：规模生产菌棒多采用斜立在地上的地栽式出菇方式。补水后，水分会沿菌棒自然向下渗透，再加上菌棒直接接触地面，地面湿度大，所以菌棒下半部相对水分偏高，上半部偏低。在补水后3～5天菇蕾刚出现时将菌棒倒过来，上面挨地、下面朝上，这样水分会慢慢向下渗透，使菌棒周身水分均匀。颠倒时如果发现出菇少或不出菇的用手轻轻拍打两下或两袋相互撞击两下，通过人为振动、诱发原基形成。如果整个生产周期不颠倒，长达数月下部总是挨地、湿度大，时间长了菌棒下部会滋生杂菌和病虫害。如果颠倒2～3次可使菌棒周身出菇，利于养分充分释放出来。

（10）袋栽香菇烂菇的防治 袋栽香菇在子实体分化、现蕾时，常发生烂菇现象。其原因主要有：长菇期间连续降雨，特别是在高温高湿的环境下，菇房湿度过大，杂菌易侵入，造成烂菇；有的属病毒性病害，使菌丝退化，子实体腐烂；有时因管理不善，秋季喷水过多，湿度高达95%以上，加上菇床薄膜封盖通风不良，二氧化碳积累过多，使菇蕾无法正常发育而霉烂。防止烂菇的主要措施如下：

1）调节好出菇阶段所需的温度。出菇期菇床温度最好不超过23℃，子实体大量生长时控制在10～18℃。若温度过高，可揭膜通风，也可向菇棚空间喷水降低温度。每批菇蕾形成期间，若天气晴暖，要在夜间打开薄膜，白天再覆盖，以增大昼夜温差，既能防止烂菇发生，又能刺激菇蕾产生。

2）控制好湿度。出菇阶段，菇床湿度宜在90%左右，菌棒含水量在60%左右，此时不必喷水；若超过这个标准，应及时通风，降低湿度，并且经常翻动覆盖在菌棒上的薄膜，使空气通畅，抑制杂

菌，避免烂菇现象发生。

3）经常检查出菇状况。一旦发现烂菇，应及时清除，并局部涂抹石灰水、克霉王或0.1%的新洁尔灭等。

5. 花菇大袋栽培技术要点

花菇是商品香菇中的最佳者，其特点是香菇盖面裂成菊花状白色斑纹，外形美观，菇肉肥厚，柄细而短，香味浓郁，营养丰富，商品价值高（彩图15）。由于花菇技术要求相对严格，产量少，国内外市场供不应求，以日本、中国台湾、新加坡等为最。冬季气温低，空气相对湿度小，是培育花菇的好季节，应抓住时机，创造条件，多产花菇，以提高经济效益。

（1）花菇的成因 花菇的白色裂纹，并非是某一独特的品种，也不具性状的遗传性，而是其子实体在生长发育期间为适应不良环境而在外观上发生的异常现象。在自然界中，花菇形成的大体过程是：子实体生长发育到一定程度，突然遇到低温、干燥、刮风等不适宜其正常生长发育的恶劣环境，菌盖表层细胞因失水、低温而变缓或停止生长，因菌肉和菌褶等组织有菌盖表皮的保护，湿度高于表皮，仍能不断地得到基质输送的营养和水分，细胞仍继续增殖、发育、膨大，进而胀破子实体表面皮层，形成龟裂纹或菊花状花纹。目前，在人工袋料栽培上也利用这一现象，采取类似管理措施，已成功地培育出高产优质的花菇。

（2）花菇形成的环境条件

1）低湿。湿度是决定花菇形成的主要因子。外界环境干燥（空气相对湿度小于70%）和培养基含水量偏少的情况下，菌肉细胞与菌盖表层细胞的生长不能同步，表层被胀裂而露出洁白菌肉。随着时间的推迟，裂痕逐渐加深，即形成花菇。

2）低温。低温是花菇形成的重要因素。气温低（5~15℃），香菇生长缓慢，菇肉厚，给花菇的形成奠定了基础。若气温高、生长快、菇肉薄，即使其他条件具备也不会形成花菇，却很快干死。花菇肉质肥厚、营养沉积多，主要原因就是低温。低温下，从菇蕾到长成花菇需20~30天。

3）温差。花菇形成需要较大的温差。生长气温最高在18~

22℃，最低为5℃，在此范围内，可人工进行调控，拉大昼夜温差，促使大量菇蕾产生。由于气温低、湿度小，加上较大的温差刺激，菌盖表层细胞逐渐干缩，菇肉细胞继续增多，最后菇盖表面龟裂，形成花纹。温差大的条件越持久，裂纹越深，花纹越明显。

4）光照。光照对花菇形成有一定影响。花菇一般生长在光线较充足的环境，因为光线直接影响着花菇花纹颜色的深浅：光线充足，花纹雪白，质量上乘；光线不足，花纹则为乳白色、黄白色、茶褐色等。

5）品种。品种虽然不是影响花菇形成的直接因子，但不同的品种形成的花菇，在外形上有较大的区别。一般大型品种其形成的花菇朵型仍然较大，且菇盖的裂纹少而深；菇盖小的品种形成花菇后，朵型仍然较小，菌盖表面花纹多而浅。中低温型的菌株在温、湿、光等条件具备的情况下，花菇率高；而偏高温型的菌株，在相同条件下，花菇率大大降低。

（3）花菇大袋栽培技术要点 花菇大袋栽培，即采用25cm×55cm的塑料袋，1吨原料、一间接种发菌室、一座菇棚制作500袋，常压灭菌，接入枝条菌种培养，菌袋转色后，移入不遮阴的菇棚中栽培出菇。花菇栽培工艺与香菇栽培相近，但花菇产量可达到60%以上，而且管理容易、质量好。

1）栽培季节。山东地区栽培袋在7月上旬至8月上旬接种，9月上旬至9月中旬菌丝长满袋转色后，11月上旬开始出菇直至第二年的5月结束。11月第一批菇生长较好，温度在15℃左右，优质花菇量大；春节前在菇棚内适当加温，可收第二批菇；春节后在菇棚内可分别再收一次花菇，一次厚菇，一次薄菇即完成栽培周期。

2）菌袋制作。先将低压聚乙烯塑料袋双层宽25cm，厚0.04cm，截成55cm长，一端用线绳扎紧，再用烛火熔封，保证不漏气。将培养料装入袋内，装袋时用手工分层装入，不要过紧或过松，以手托袋中间没有松软感，料袋两端不下垂，手抓时不出现凹陷为度。装填后用线绳扎口，先直扎一次，弯折后再扎一次并扎紧，每袋干料重2kg，要求装料在3~4h内完成，以免培养料酸败使pH下降。

3）灭菌、接种、培养。同香菇。

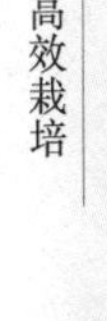

4）转色管理。一般培养60天左右菌袋表面有瘤状物凸起，是转色的征兆。此期黄色积水增多，如果有积水应及时排出，以防积水浸泡菌皮使其增厚影响子实体的发生。栽培袋转色在培养室内进行。

【提示】 保证转色一致的措施：

① 调控温度在15～23℃之间为宜，温度高于25℃，低于15℃转色较慢。

② 室内通风换气要及时，并且不要把温差拉得太大，通风要勤，时间要短。

③ 转色期的时间适当延长，控制在15天完成转色，在适温条件下转色后再培养20天以上可提高优质花菇的产量。

5）菇棚建造及排袋。菇棚应选择向阳、地势高燥的场所，一般每吨料建一个小棚便于管理。棚长6m，宽2.8m，顶高2.6m，菇棚两端用砖砌成，上顶呈弧形，两端山墙各留一个高1.8m、宽0.8m的门。门两侧设栽培架各1排分6层，层距33cm，栽培架之间，设宽0.8m的工作道，工作道地面的一侧设地下火道，墙外安装炉灶，为提高温度和调节湿度用。菇棚顶和栽培架周围用塑料薄膜覆盖，直抵地面并用土封严，薄膜上披草帘，以保温遮阴用。栽培架的菌床每层排列四条竹竿（或是木条），每层菌床排放两排栽培袋，袋距5cm，每层菌床排42袋，每棚共摆放500个栽培袋。

6）催蕾。香菇是低温结实的菇类，菌丝体由营养生长转向生殖生长时，在低温的条件下菌丝生长减慢，使养分积贮和聚集准备出菇。当转色后，遇到低温、干湿差、光线刺激和振动，即可形成原基。原基形成后，给予光照、新鲜空气和较高的空气相对湿度(95%左右)，这批原基就可顺利分化为菇蕾。

7）选蕾割袋。大袋栽培花菇，为了保持袋内水分不散发，并有利花菇发育，选用了割袋这一烦琐而细致的工艺。与一般培育香菇不同，当菌袋上的菇蕾长到1.5cm左右时，用刀片把菇蕾处3/4的袋面割破，让菇蕾从割口中伸长出袋外（图3-37），当菇蕾长到2cm以上进行花菇的管理。

8）花菇的管理。

① 去劣留优。每一个袋内的营养是一定的，幼菇长得密时，要适当将畸形菇和小菇摘除，每袋留 10 个菇形好、距离均匀、大小分布基本一致的菇（图 3-38），这样有利于产出高质量的花菇。

图 3-37　选蕾割袋

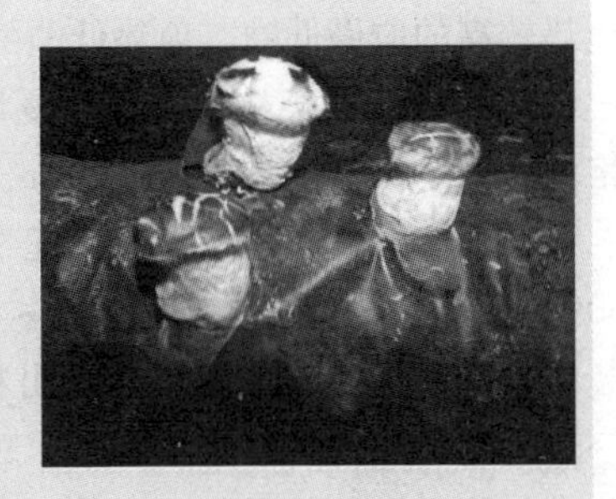
图 3-38　去劣留优

② 管理花菇要求空气相对湿度由高到低，光照由暗到强，通风由小到大，温度要始终保持在 8～20℃之间。在低温环境中，要求菇棚周围及菇棚地面干燥，阴天下雨时盖严薄膜，防止潮湿的空气侵入菇棚，使形成的花菇花纹越深越宽、颜色越白越好。

9）采收。花菇成熟度在 7～8 成时，即菌盖像铜锣边一样稍内卷要及时采收（图 3-39），以免遇高温开伞、变色影响质量。采菇后栽培袋要休养 10 天左右，使菌丝恢复生长积累养分。具体方法：栽培袋在菇架上不动，遮阴使光线很暗，适当提高棚温达到 25℃左右，增加空气相对湿度达到 85%左右，保持空气清新，以利于养菌，防止杂菌污染。

图 3-39　花菇采收适期

6. 香菇越夏地栽技术要点

香菇越夏地栽于11月下旬~第二年3月制袋，第二年5~10月出菇。

（1）场地选择 在遮阴度好的林地、室外搭建菇棚，出菇场地要求地势平坦、水源充足、日照少、气温低、排灌方便、交通便利。地势较高的应做低畦，地势低洼的应做平畦或高畦。

（2）栽培袋规格 香菇越夏地栽可选择高密度聚乙烯袋，其规格为（15~17）cm×（40~45）cm。

（3）制袋 按选定的配方将培养料拌均匀，含水量为50%~55%。装袋机装料通常2~3人轮换操作，一人装料，另一人装袋，操作时一人将筒袋套入出料口，进料时一只手托住袋底，另一只手用力抓住料口处的菌袋，慢慢地使其往后推，直至一个菌袋装满，然后将袋口用细绳扎紧。

（4）灭菌 一般常压灭菌，温度达到100℃保持12h以上，停火，再闷6h，移入接菌室。

（5）接种 料温降至30℃以下时消毒，一般用烟雾消毒剂消毒，后保持6h后开始接种，无菌操作。

（6）菌丝培养 香菇菌丝生长温度范围4~35℃，最适宜温度22~25℃；菌丝长至料袋1/3时，逐渐加大通风量，每隔两天通一次风，每次1h。适宜温度下，50~60天菌袋发好菌。

（7）建棚 对出菇场所进行除草、松土等工作后，用竹竿沿树行建宽2.5m、长20m左右的菇棚，用塑料布覆盖，在棚上方覆盖遮阳网予以遮光、降温。每棚平整2个菇畦，每畦宽0.8m，中间为宽60cm的走道。

（8）转色脱袋覆土 菌丝满袋后，通风增光使其尽快转色，经30~40天，菌袋有2/3瘤状物凸起、颜色变为红褐色，即可脱袋排场覆土。脱袋最好选择在阴天或气温相对较低的天气进行，排袋前浇一次水，然后洒上石灰粉消毒，再喷杀虫药剂杀虫；边脱袋边排，菌袋间隔3cm。最后覆土，覆土厚度以盖住菌袋为宜（图3-40）。浇一次重水，拱起竹拱，盖上遮阳网或塑料薄膜。

（9）出菇管理 香菇越夏地栽管理的关键是降温、通风、喷水保湿3项工作。

1）催菇。为保护菌袋促进多产优质菇，这时应在畦面干裂处填充土壤（弥土缝），否则会出劣质菇或底部出菇破坏畦面（图3-41）。菌袋排袋后采用干湿交替和拉大温差的方法催蕾，或在菌筒面上浇水2～3次，即可产生大量的菇蕾，浇水后立即用土壤填实畦面上的缝隙。

图3-40　脱袋排袋

图3-41　菌棒底面出菇

2）前期管理。地栽香菇第一批菇一般在5～6月上旬出菇，此期气温由低变高，夜间气温较低，昼夜温差大，对子实体分化有利。由于气温逐渐升高，应加强通风，把薄膜挂高，不让雨水淋菌袋。

当第一批香菇采收结束之后，应及时清除残留的菇柄、死菇、烂菇，用土填实畦面上所有的缝隙并停止浇水，降低菇床湿度，让菌丝恢复生长，积累养分，待采菇穴处的菌丝已恢复浓白，可拉大昼夜温差、加强浇水刺激下一批子实体的迅速形成（图3-42）。

图3-42　转潮香菇

3）中期管理。这期间为6月下旬～8月中旬，为全年气温最高的季节，出菇较少。中期管理以降低菇床的温度为主，促进子实体

的发生。一般加大水的使用量，并增加通风量，防止高温“烧菌”。

4）后期管理。这期间为8月下旬~10月底，气温有所下降，菌袋经前期、中期出菇的营养消耗，菌丝不如前期生长那么旺盛，因此这阶段的菌袋管理主要是注意防止烂筒和烂菇。

（10）采收 气温高时，香菇子实体生长很快，要及时采收，不要待菌盖边缘完全展开才采收，以免影响商品价值。采收时，不要带起培养料，捏住菇柄轻轻扭转采下，保护好小菇蕾，将残留的菇柄清理干净。

第三节 金针菇高效栽培技术

金针菇［*Flammulina velutipes*（Curtis ex Fr.）Sing］属于担子菌纲、伞菌目、口蘑科、金钱菌属。我国金针菇产业从20世纪80年代起步，近几年随着农业结构调整的深入推进，面积不断扩大，产量逐年增加，已成为农村经济最具活力的增长点。金针菇生产投资少，见效快，成本低，方法简便，经济效益高，适合农村基地化规模发展。

金针菇经历了栽培品种从黄色品系发展到白色品系、生产工艺从玻璃瓶栽发展到塑料袋栽、生产模式从家庭手工操作到工厂化的发展过程。我国金针菇工厂化生产经过近20年的探索，正在逐步走向成熟，各地涌现出一批工厂化栽培白色金针菇的企业，主要分布在上海、福建、山东、北京、浙江、江苏等地，金针菇工厂化生产作为食用菌生产的一种新模式，在我国前景良好并且有巨大的发展空间。

一 金针菇生物学特性

1. 形态特征

（1）菌丝体 母种菌丝浓密，有短绒毛状气生菌丝，低温保存时，在培养基表面易形成子实体。黄色品种常在培养后期出现黄褐色色素，使菌丝不再洁白而稍具污黄，同时培养基中也有褐色分泌物；浅黄色品种菌丝较白；白色品种的菌丝纯白色，且气生菌丝更旺盛。

(2）子实体 金针菇子实体丛生，由菌盖、菌褶、菌柄3部分组成（彩图16）。菌盖直径1～7cm，大的可达10cm左右。幼时呈球形，最后边缘反卷成波状，菌盖表面有一层胶状物质，湿时有黏性，干燥时有光泽；菌肉白色，中央厚，色浅黄或黄褐，边缘薄，呈浅黄色。菌褶白色或浅黄色，稍密。菌柄离生或弯生，长5～20cm，直径12～18mm，柄上部稍细，呈白色或浅黄色，基部暗褐色，初期菌柄内部实心，后期中空。

2. 生长发育条件

(1）营养条件 金针菇和其他生物一样，都要摄取一定的营养物质。在自然条件下，金针菇是一种腐生菌，只能通过酶的作用从天然培养料中吸收营养物。在人工栽培条件下，它要从基质中摄取碳源、氮源、无机盐和维生素营养，所以栽培中其培养料的选择对产量和品质都有很大影响。

1）碳源。在自然界中，金针菇能利用木材、棉籽壳、玉米芯中的单糖、纤维素、木质素等化合物。

【注意】 金针菇分解木材的能力较弱，不能利用活木的木屑，栽培金针菇的木屑经堆积6个月左右分解后才适合生产。

2）氮源。金针菇菌丝可利用多种氮源，其中以有机氮为最好。氮源不足会影响菌丝生长，在生产栽培中通常加麦麸、米糠、玉米粉、棉籽粉、豆饼粉等以增补氮源。在营养生长阶段，碳氮比以20:1为好；在生殖生长阶段，碳氮比以（30～40):1为宜。

3）无机盐和维生素。金针菇需要一定量的无机盐类物质，特别是镁离子、磷酸根离子是金针菇子实体分化不可缺少的。金针菇是维生素B_1和维生素B_2天然缺陷型，必须由外界添加才能良好生长，故习惯上在培养料中加玉米粉、米糠等。

(2）环境条件

1）温度。金针菇属低温型菌类，菌丝耐低温能力很强。据试验，在-21℃时经过138天后仍能生存；超过34℃菌丝便会死掉。菌丝体生长的温度范围是3～34℃，最适温度为23℃左右；子实体分化，要求的温度为10～15℃，最适宜温度为12～13℃；原基可在

10～20℃范围内生长，超过23℃形成的原基会萎缩消失。子实体正常生长所需的温度为5～20℃，最适温度为8～12℃，子实体发生后在4℃下以冷风短期抑制处理，可使金针菇发生整齐，菇形圆整。

2）湿度。金针菇菌丝生长阶段，要求培养料的含水量在60%～68%，实践证明，根据培养料质地的不同，适当增加培养料的含水量，能起到一定的增产作用。培养料水分如果低于50%，菌丝生长稀疏，结构性不好；水分高于75%，则通气不良，菌丝生长缓慢或停止生长。

子实体形成时培养料最适含水量为65%，低于50%子实体不会形成。原基分化时空气相对湿度保持在80%～85%；子实体发育阶段，要求较高的空气相对湿度，除依靠本身的水分来满足菇体生长发育外，空气相对湿度应提高到85%～95%。

3）空气。金针菇是好气性真菌，必须有足够的氧供应才能正常生长，因此菌丝体生长阶段和子实体发育阶段，要注意通风换气，保持空气新鲜。在菌丝体生长阶段，对氧的要求不严格；但在子实体形成阶段，需要有足够的氧。否则菇的生长缓慢，菌柄纤细，不形成菌盖，形成针尖菇。金针菇的子实体对空气中的二氧化碳浓度很敏感，当二氧化碳含量超过1%时就抑制菌盖的发育；超过5%时，便不能形成子实体。

【提示】 适当提高二氧化碳含量至3%以内不仅会促进菌柄的伸长，而且菇的总重量会增加，菌盖生长却受到抑制，这样更能培养出高产优质的商品菇。据此特性，当金针菇的子实体从袋口长出原基时，适当减少通风量增加二氧化碳浓度，可以抑制菌盖生长、促进菌柄的生长，培养出菌柄长而脆嫩、菌盖小、食用价值高的商品菇。

4）光线。金针菇基本上属厌光性的菌类，菌丝在黑暗条件下生长正常，日光曝晒即会死亡。金针菇原基在黑暗条件下也能形成，菌柄在黑暗条件下也能生长。但是，光线对子实体形成有促进作用，是子实体形成所必需的。

金针菇在较强的光线下，菌柄短，菌盖开伞快，色泽深，不符合商品要求。为了得到优质商品菇，必须在暗室中栽培。

【提示】 在光线微弱或黑暗条件下培育的金针菇，色泽变浅，呈黄白色至乳白色。同时，还可以抑制菌柄基部绒毛的发生，配合适当提高二氧化碳浓度，可使菌柄伸长，菌盖小，商品价值高。

5）酸碱度。金针菇需要弱酸性的培养基，在 pH 为 3 ~ 8.4 范围内菌丝皆可生长。菌丝体生长阶段，培养料的 pH 最适值是 4 ~ 7。在一定的 pH 范围内，培养料偏碱会延迟子实体的发生，微酸性的培养料，菌丝体生长旺盛。子实体在 pH 为 5 ~ 6 时产生最多最快，培养料中的 pH 低于 3 或高于 8，菌丝停止生长或不发生子实体。所以，一般是采用自然的 pH，但若在培养基中加入适量的磷酸根离子和硫酸镁，菌丝生长更旺盛。

二 金针菇高效栽培技术要点

1. 栽培季节

利用自然季节栽培金针菇应安排在 9 ~ 11 月，栽培时间过早气温高，杂菌污染率高；栽培时间过晚，气温低，发菌慢，影响产量，一般 4 ~ 5 月结束出菇。

2. 栽培场所

根据金针菇是低温品种及需要微弱光线的特性，可建地沟棚、大拱棚等；也可利用闲置的窑洞、塑料大棚、房屋、养鸡棚、蚕棚等，有林地条件的可建地沟棚。

3. 栽培配方

1）木屑 70%、米糠或麦麸 27%、蔗糖 1%、石膏粉 1.5%、石灰粉 0.5%。

2）棉籽壳 75%、米糠或麦麸 22%、蔗糖 1%、过磷酸钙 1%、石膏粉 1%。

3）玉米芯 70%、米糠或麦麸 25%、蔗糖 1%、石膏粉 2%、过磷酸钙 1%、石灰粉 1%。

4）甘蔗渣 75%、米糠或麦麸 20%、玉米粉 3%、蔗糖 1%、石膏粉 1%。

【注意】 在配料时，注意以下4个方面。①不论是以棉籽壳、废棉、玉米芯、杂木屑为主料，还是以酒糟、蔗渣、谷壳等作为栽培金针菇的主料，都要无霉变且应添加一定的有机氮源物质，如米糠、麦麸、玉米粉等。②以酒糟、稻草、木屑、谷壳等为主料的，都要对其进行一定的处理，如谷壳、稻草要进行浸泡软化处理，新鲜阔叶木屑要经过半年以上时间的日晒雨淋进行陈旧处理。③培养料的水分含量均应在60%~65%，水分宜略偏干，但不能过干。④玉米芯及豆秸需粉碎，粒度为2cm左右。

4. 装袋及灭菌

（1）装袋 培养料拌好后应立即装袋。栽培袋规格一般为17cm×(30~33)cm，如果用的不是成品袋，应提前把筒袋的一头扎好，使之不透气。装袋时边提袋边压实，扎口要系活扣，一般每袋可装干料0.30~0.35kg。装袋松紧要适宜，过紧透气不良，影响菌丝生长，过松薄膜间有空隙，容易被杂菌污染。拌料装袋必须当天完成，以防酸败。

（2）灭菌 栽培袋装进灭菌灶后，要用猛火烧，使料温在4h内达到100℃后稳火保持10~12h。停火后闷8~10h，卸出栽培袋，搬入棚内（冷却室或接种室）冷却。在搬运过程中要轻拿轻放，以免袋子扎孔、杂菌污染，如果发现破裂袋子应及时挑出。

5. 地沟棚栽培技术要点

（1）地沟棚的建造

1）棚口上宽1.7m，底宽1.4m，下挖0.6m，上筑0.5m墙，长度一般为20m。取土筑墙时用棚内土，这样就自然形成了地沟。

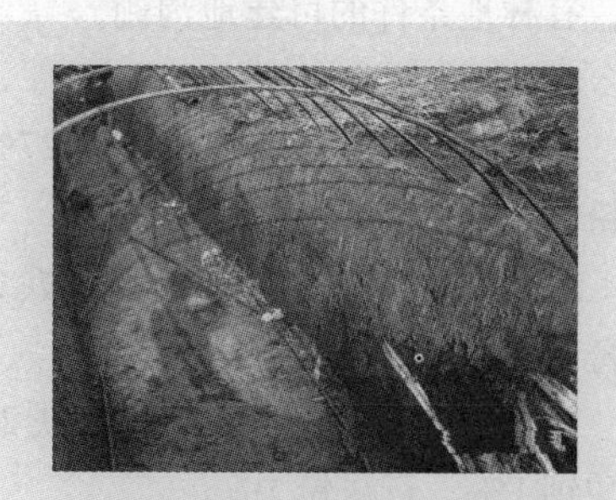

图3-43 地沟棚建造

2）建好地沟，插拱架，竹片3m长，间隔0.3~0.5m，然后再用细竹竿顺次将竹片连接起来（图3-43）。

3）棚顶先覆盖一层塑料薄膜，然后覆盖麦秸草或稻草，草的厚度以棚内无光线为准，然后再覆上一层薄膜以防雨雪，棚的两侧各留3～5个通风口，以备通风。棚与棚之间留好排水沟。

4）棚两头各做一个草门，草门不能透光。建好棚后，棚内基本处于黑暗状态（图3-44）。

（2）消毒 在将灭好菌的料袋进棚前2天，密闭棚进行消毒，每个棚用甲醛2kg。一种方法是用炉子加热甲醛使其挥发；另一种方法是用高锰酸钾与甲醛（1∶2）密闭熏蒸。

图3-44 地沟棚外观

（3）接种 当料袋温度降至25℃以下时接种，接种前2h消毒，如果用甲醛消毒要提前12h进行。消毒前把菌种及接种工具放入棚内，接种时如果有强烈的甲醛味，可加适量的氨水或碳酸氢铵，利用其挥发出的氨气中和甲醛。

接种时一般3～4人一组，一人接种，2～3人扎口，每棚2～3组，接种人员穿戴要干净卫生，手、工具要用75%的酒精擦洗消毒，接触菌种的工具要用酒精灯火焰灼烧冷却后使用，一般500g瓶装菌种接25～30袋。

（4）发菌期管理 接种完毕，自然温度发菌，一般棚内自然温度在15～20℃，菌丝体生长范围3～34℃，最适温度为23℃左右，按正常情况30天左右菌丝全部吃透料。若接种时间偏早、气温高，此时要注意防止高温“烧菌”，将温度表放入袋与袋中间，若发现温度超过28℃，应立即通风并翻袋；若接种时间晚，棚内温度低，则可采取将菌袋集中发菌，每天除去棚上麦草利用阳光增温等措施。

（5）出菇期管理及采收 待菌丝吃透料的一半时即可排袋，4～5天后解口，待菌丝发至料袋的2/3时撑口，盖上地膜并向棚内灌水，增加湿度。若棚内温度在15℃以上，早晚需通风降温。正常情况下，每天早晚各通风一次，每次20min左右。根据金针菇的生

长情况可适当增减通风时间。若菌柄细，菇盖小，为氧气不足所致，此时应适当延长通风时间；若菇盖大，菌柄短粗，要减少通风次数或不通风，直至长出适合市场需求的金针菇（图3-45）。若温度适宜，开口后7天左右袋口就出现大量菇蕾，再过7天左右即可采收，金针菇子实体生长温度范围4~20℃，最适温度为8~15℃。

一般在菇柄长12~18cm，菇盖直径0.5~1.5cm时即可采收。金针菇生长过程中不需要喷水，只要在棚内灌水，保持棚内湿度即可。

每采完一潮菇后，需加大通风量，向料面喷水两天，每天两次，并向棚内灌水，然后按正常管理，经10天左右又长出大批菇蕾。一般可采收4~6潮。

6. 金针菇工厂化生产技术要点

近年来，金针菇工厂化生产（图3-46）在各地迅速发展，据生产的先进程度可分为两类：一是机械化、自动化程度高，栽培条件完全可控；二是一定程度的机械化，自动化程度低，以控制温度为主。目前国内主要以第二类为主，其主要特征为：投资少（仅为前者的1/30~1/20），见效快，且以人工管理为主要手段。

图3-45 地沟棚金针菇

图3-46 金针菇工厂化生产

（1）库房结构及制冷设备配置

1）库房结构。库房要求相对独立，各冷库排列于两侧，中间过道（图3-47），库门开于过道，过道自然形成缓冲间，减小空气交换时外界与栽培冷库内的温差。菌丝培养库面积以60m^2为宜，出菇库面积以40m^2为宜，培养出菇库比例为2:1。

2）制冷设备配制。240m^3培养库，160m^3出菇库每库配7.5kW

制冷机，冷风机2台。

（2）主要生产设施 包括栽培架、锅炉、灭菌筐、常压灶、破碎机、拌料机、高压锅等。

图3-47 金针菇工厂化生产菇房

1）栽培架。培养库栽培架8层，层间距40cm；出菇库栽培架7层，层间距45cm，第一层离地50cm以上。

2）灭菌筐、推车。灭菌筐可装菌袋16袋，推车可装菌筐10筐。

3）常压灶、锅炉。常压灶由锅炉提供蒸汽，每灶可装菌筐250筐（即4000袋），锅炉以0.3吨以上为宜。

4）拌料机、破碎机。拌料机以每次150袋为宜，颗粒粗的培养料需预先用破碎机进行破碎。

（3）制袋 栽培袋采用17.5cm×40cm×0.05cm聚丙烯塑料袋，中间插入直径2cm的接种棒后，以套环和棉花塞封口，高压灭菌后接种。

（4）接种 当料温降至30℃以下时接种，拔出接种棒，将菌种接入孔中并盖满料面后封口，接种完成后及时搬入培养室。

（5）菌丝培养、催蕾 培养室温度控制在24℃左右，暗光培养，菌丝生长后期每天适当进行通风。菌丝基本长满菌袋后进行催蕾；培养库温度降至12～15℃，每天适当开灯，约7天即可长出针尖菇，菌柄1～2cm时转入抑制室管理。

（6）抑制 抑制室温度3～5℃，湿度80%，每天换气4次，每次30～40min。经7～10天抑制，菌柄长至3～5cm长时转入出菇室管理。

（7）出菇管理 出菇库温度控制在5～8℃，经5～7天，针尖菇倒伏。一般倒伏后第三天，可明显看到从菇柄的基部重新长出密集的菇蕾，且长度一致。如果3～4天后仍无新的菇蕾出现，手触摸已萎蔫的菇蕾有刺感，则可轻喷水一次，并覆盖塑料膜保湿。再生菇蕾长至5～6cm及时套袋（图3-48）或拉袋口（图3-49）。

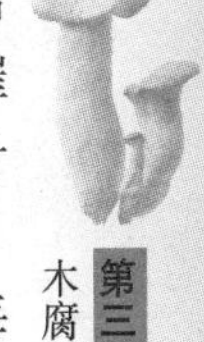

图 3-48　套袋

图 3-49　拉袋口

抑蕾结束后，子实体逐步进入快速生长期，应加强温、湿、氧、光等诸方面的综合管理。温度控制在 12～18℃范围内，空气相对湿度 80%～90%。为了抑制菌盖生长，促进菌柄伸长，可适当提高袋内二氧化碳浓度，一般每天通风 1～2 次，每次 20～30min。光线主要是进行弱光培养。

(8) 采收　当子实体长至 17cm 左右，菌盖 1～1.5cm 时即可采收。根据市场要求进行分级包装，包装时切去菇根，每 2.5kg 装入食品袋排放整齐，后装入泡沫箱，移至保藏库（4～6℃）保鲜。

(9) 工厂化栽培易出现的问题

1）出菇不整齐且量少，出菇有早有晚，大小不一。

① 主要原因：接种量过大或菌种块大；发菌温度偏低，特别是低于 15℃；菌袋膨胀。

② 解决方法：接种量控制在 3% 左右，菌种块 1cm 左右；适温发菌，温度控制在 20～22℃；采取搔菌措施，即当菌丝长满培养料时，用镊子和铁丝钩将表面老化菌丝和接种块去掉，搔菌不能太重，否则会推迟出菇；将灭菌后料袋膨胀的重新装袋。

2）产量低、品质差（商品率低）。

① 当出菇室内通风不良、二氧化碳浓度过高时，便会出现子实体纤细、顶部纤细、中下部稍粗，而且东倒西歪的现象。若继续缺氧会停止生长，甚至死亡。

② 若出菇室内经常改变光线方向，则会出现子实体菌柄弯曲或

扭曲，且子实体个体多，幼菇弱小且发育不良的现象。

③ 子实体过早开伞，失去商品价值。出现此现象的原因很多，如温度、湿度、空气、光线管理不当和出现病虫害等。

3）不能出二潮菇或产量低，品质差。

① 主要原因：培养料营养及水分不足或料面污染。

② 解决方法：采收一潮菇后及时清理料面，避免污染；及时补肥，如1%葡萄糖水、煮菇水或0.3%～0.5%尿素液；低价处理菌袋给菇农，让其分散出菇。

【注意】 要培养柄长、色正、盖小的优质金针菇，必须控制好温度、湿度、光照、二氧化碳浓度这四因素之间的关系。温度控制在8～15℃；空气相对湿度为85%～90%；光照为极弱光，光源位置不能改变，否则子实体散乱；二氧化碳含量达0.11%～0.15%，可促使菌柄伸长，超过1%会抑制菌盖发育，达到3%能抑制菌盖生长而不抑制菌柄生长，达到5%就不会形成子实体。一般通过控制通风量来维持二氧化碳的高浓度。

第四节 黑木耳高效栽培技术

黑木耳（*Auricularia auricula*）又称木耳、细木耳，属木耳目、木耳科、木耳属。我国地域辽阔，林木资源丰富，大部分地区气候温和，雨量充沛，是世界上黑木耳的主要产地，主要产区是湖北、四川、贵州、河南、吉林、黑龙江、山东等省区。黑木耳是我国传统的出口商品之一，世界上木耳年产量为46.2万吨，中国占40万吨，年出口量占世界上的96%，居第一位。

黑木耳质地细嫩、滑脆爽口、味美清新、营养丰富，是一种可食、可药、可补的黑色保健食品，倍受世人喜爱，被称为“素中之荤、菜中之肉”。据分析，每100g干木耳中含蛋白质10.6g、氨基酸11.4g、脂肪1.2g、碳水化合物65g、纤维素7g，还有钙、磷、铁等矿物质元素和多种维生素。在灰分元素中，铁的含量比肉类高100倍，钙的含量是肉类的30～70倍，磷的含量是番茄、马铃薯的4～

7倍，维生素B_2的含量是米、面和蔬菜的10倍。

黑木耳不仅营养丰富，而且具有较高的药用价值。黑木耳味甘性平，自古有“益气不饥、润肺补脑、轻身强志、活血养颜”等功效，并能防治痔疮、痢疾、高血压、血管硬化、贫血、冠心病、产后虚弱等病症，它还具有清肺、洗涤胃肠的作用，是矿山、纺织工人良好的保健食品。近年来的科学研究发现，黑木耳多糖对癌细胞具有明显的抑制作用，并有增强人体生理活性的医疗保健功能。

【提示】 食用鲜木耳会中毒，因为新鲜木耳中含有一种化学名为“卟啉”的特殊物质。人吃了新鲜木耳后，经阳光照射会发生植物日光性皮炎，引起皮肤瘙痒，使皮肤暴露部分出现红肿、痒痛，产生皮疹、水泡、水肿。相比起来，干木耳更安全，因为干木耳是新鲜木耳经过曝晒处理的，在曝晒过程中大部分卟啉会被分解掉。食用前干木耳又要用水浸泡，这会将剩余的毒素溶于水，使干木耳最终无毒。

一 黑木耳生物学特性

1. 形态特征

(1) 菌丝体 菌丝洁白、浓密、粗壮，有气生菌丝，但短而稀疏。母种培养期间不产生色素，放置一段时间能分泌黄色至茶褐色色素，不同品种色素的颜色和量不同。镜检有锁状联合，但不明显。

(2) 子实体 黑木耳子实体的形状、大小、颜色随外界环境条件的变化而变化，其大小为0.6～12cm，厚度1～2mm，红褐色，晒干后颜色更深（图3-50）。子实体的颜色除与品种有关外，还与光线有关，因子实体中色素的形成

图3-50 黑木耳子实体

与转化受到光的制约。

2. 生长发育条件

（1）营养条件

1）碳源。主要来源于各种有机物，如锯木屑、棉籽壳、玉米芯、稻草等。

2）氮源。氮素是黑木耳必需的营养物质之一，可利用的氮源主要有稻糠、麦麸等。碳和氮的比例一般为20:1，比例失调或氮源不足会影响黑木耳菌丝体的生长。

3）无机盐。黑木耳生长还需要少量的钙、磷、铁、钾、镁等无机盐，虽然用量少，但不可缺少，其中磷、钾、钙最重要，直接影响黑木耳的质量好坏、产量高低，其主要来源于石膏、过磷酸钙、磷酸二氢钾等。

（2）环境条件

1）温度。黑木耳属中温性真菌，具有耐寒怕热的特性。菌丝在4~32℃之间均能生长，最适温度为22~26℃，低于10℃，生长受到抑制，但在-30℃的环境下也不会被冻死；高于30℃，菌丝体生长加快，但纤细、衰老加快。子实体在15~32℃下能形成子实体，最适温度为20~25℃。

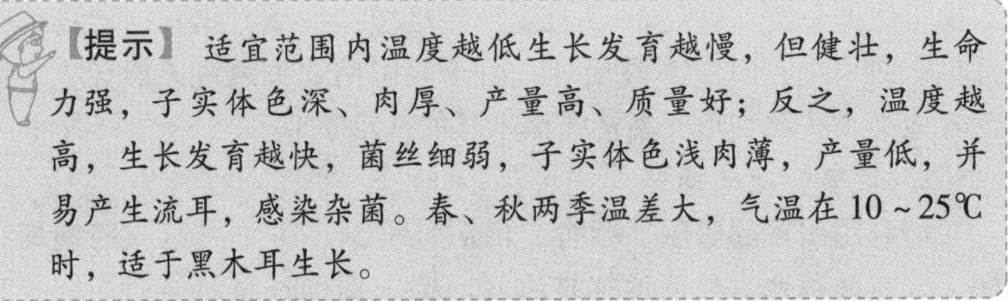

【提示】适宜范围内温度越低生长发育越慢，但健壮，生命力强，子实体色深、肉厚、产量高、质量好；反之，温度越高，生长发育越快，菌丝细弱，子实体色浅肉薄，产量低，并易产生流耳，感染杂菌。春、秋两季温差大，气温在10~25℃时，适于黑木耳生长。

2）水分。黑木耳整个生育阶段均需要较高的湿度，尤其是在子实体发育期，空气相对湿度要求为90%~95%。低于80%子实体生长缓慢，低于70%不能形成子实体，但很低的湿度菌丝也不致被干死；袋料培养基含水量以60%~65%为好，湿度过低会显著影响后期产量；段木栽培中，木段含水量应在35%以上，过低不易定植成活。黑木耳子实体富含胶质，有较强的吸水能力，如果在子实体阶段一直保持适合子实体生长的湿度，会因“营养不良”而生长缓慢，

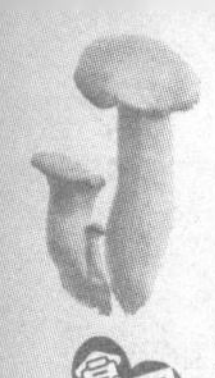

影响产量和质量。如果采取干湿交替，耳片在干时收缩停止生长后，菌丝在基质内聚积营养，恢复湿度后，耳片长得既快又壮，产量高。

3）光照。黑木耳是喜光性菌类，光对子实体的形成有诱导作用，在完全黑暗条件下不会形成子实体。光线不足，生长弱，耳片变为浅褐色；只有在400lx以上的光照条件下，耳片才是黑色的，且健壮、肥厚。但在菌丝培养阶段要求暗光环境，光线过强容易提前现耳。所以，在袋料栽培中，菌丝在暗光中培养成熟后，从划口开始就给以光照刺激，促进耳基早成。

4）空气。黑木耳属好气性真菌，在生长发育过程中需要充足的氧气。如果二氧化碳积累过多，不但生长发育受到抑制，而且易发生杂菌感染和子实体畸形，使栽培失败。

5）酸碱度（pH）。黑木耳菌丝体生长的pH范围在4~7之间，其中以pH为5.5~6.5时酶的活性最强。但在袋料栽培中，培养基添加麦麸或米糠时，菌丝在生长发育中产生足量有机酸使培养基酸化，而这种酸化的环境适于杂菌生长，导致制袋污染率上升。

二 黑木耳高效栽培技术要点

1. 季节选择

黑木耳是一种中温型菌类，适于春、秋季栽培。在华北地区1年中可生产2批。春栽2~3月生产栽培袋，4~5月出耳；秋栽8~9月生产栽培袋，10~11月出耳。由于我国南北方温度差异较大，因此各地必须按照当地气温选择黑木耳的栽培季节。

2. 栽培场地选择

可利用闲置的房屋、棚舍、山洞、窑洞、房屋夹道或搭塑料大棚，或在林荫地、甘蔗地挂袋出耳。要求周围环境清洁，光线要充足，通风良好，保温保湿性能好，以满足黑木耳在出耳期间对温度、湿度、空气和光照等环境条件的要求。不要选在山坡上或山顶上，更不能选在浸水窝里，最好选在有少量透光的树林中，以能流利阅读报纸的散射光为好。

（1）大田 整畦做床，挖宽1~1.5m、深20cm，长不限的浅地畦，畦间留0.6~0.8m宽走道，摆袋出耳（图3-51）。

（2）林地 成片林地的空气新鲜，光照充足，通风良好，接近野生黑木耳生长的自然条件，耳片厚，颜色深，品质好，不易受杂菌侵染（图3-52）。

图3-51 大田生产黑木耳

（3）阳畦 适用于春季气温低、空气干燥时出耳（图3-53）。选择向阳、背风、地势高燥平坦的地方，坐北朝南建造地下式阳畦，畦深30～40cm、宽1m、长3～5m。畦框要坚实，框壁要铲平，防止塌陷。畦底要夯实，框壁最好抹上一薄层麦秸泥。畦面用竹片搭拱形棚架，畦底至棚顶高度为60cm，棚顶拉4行铁丝挂袋，棚上覆盖塑料薄膜保湿，塑料薄膜外面盖草帘遮阴。

图3-52 林地生产黑木耳

图3-53 阳畦生产黑木耳

3. 原材料准备及质量标准

（1）木屑 要求无杂质、无霉变，以阔叶硬杂树为主。如果木屑过细，可适当添加农作物秸秆（粉碎）调节粗细度，以颗粒状木屑80%加细锯末20%为宜。

（2）麦麸、米糠 麦麸、米糠要求新鲜无霉变，麦麸以大片的为好。一般好的米糠一麻袋为60～75kg，否则就是里面掺加了稻壳，购买时一定要注意鉴别。

（3）塑料袋 为保护生态环境，现在生产黑木耳一般用木屑、

棉籽壳等原料袋式栽培。要求每个袋重量都必须在4g以上为好，塑料袋太薄装袋灭菌后就会变形。

【窍门】>>>>

菌袋质量鉴别基本方法为“一量、二称、三压、四看”。

一量：量规格，现通用的菌袋规格有3种折袋，即16.5cm×33cm、17cm×33cm、17cm×35cm。

二称：前两种规格装湿料以1kg为宜，装完料后菌袋直径为11cm，袋高18~20cm；后一种规格装湿料以1.2kg为宜，装完料后菌袋直径为11cm，袋高21~23cm。装料不可过多，否则不利于发菌，还会延长整个生产期。

三压：对低压聚乙烯袋进行挤压检测。把袋充满气体，然后拧紧袋口挤压看其变化，如果爆裂则袋为生料制作，为次品袋；如果鼓胀开裂则为纯料制作，为优质袋。

四看：看厚薄的均匀程度。如厚薄均匀为好袋，否则为次品袋。

生产中建议使用规格为17cm×35cm、重量为4.2g的低压聚乙烯或高压聚丙烯袋。低压聚乙烯袋不能用于高压灭菌生产，其优点是不易脱袋。高压聚丙烯袋为通用袋，其优点是便于检查杂菌，便于割口。

(4) 双套环（无棉盖体） 无棉盖体分两种，一种是用纯原料生产的，一种是用再生料生产的。再生料生产的价格便宜，规格有上盖直径3cm和2.8cm的两种。购买2.8cm规格的比较适合，2.8cm规格的污染率低。也可用单环加棉塞代替双套环使用，可以较大地节约成本，单环要用塑料打包带自己制作，棉花选用普通的即可。

(5) 相关药品 黑木耳生产常用药品分为三大类：促进生长类药品、消毒类药品、病虫害防治药品。促进生长的常用药品主要有三十烷醇、食用菌营养素、菇耳壮等，生产上可按使用说明书使用；消毒类药品常用的有甲醛、来苏儿、硫黄、高锰酸钾、熏蒸消毒剂、漂白粉、过氧乙酸、新洁尔灭、酒精、多菌灵、克霉灵、绿霉净、石灰等；病虫害防治药品常用的有甲基托布津、多菌灵、石灰水、乐果、敌杀死、敌敌畏等。

4. 黑木耳高产配方

1）硬杂木屑64%，玉米芯20%，麦麸12%，豆饼粉2%，石膏粉1%，生石灰1%（pH调至8~9为准）。

2）锯木屑（硬杂木）86.5%，麦麸10%，豆饼粉2%，生石灰0.5%，石膏粉1%。

3）玉米芯48.5%，锯木屑38%，麦麸10%，豆饼粉2%，生石灰0.5%，石膏粉1%。

4）豆秸72%，玉米芯或锯木屑17%，麦麸10%，生石灰0.5%，石膏粉0.5%。

5）稻草84.5%，麦麸12%，豆饼粉2%，生石灰0.5%，石膏粉1%。

5. 拌料

木屑过筛，筛除掉较大的木块，可有效地减少破袋的情况发生。拌料前先将麦麸、石膏、石灰称好后放在一起，先干拌2遍，然后再放入木屑中进行搅拌2遍。将拌料水与木屑等原料混合翻拌2遍，要保证混拌均匀。后2遍时要注意调整混合料的水分，保证含水量在62%~63%之间，通过加生石灰调整pH为6.0~7.0。

【提示】 含水量的鉴定方法是"手握成团、触之即散"。水分过大，菌丝不易长到底，容易发生黑曲霉蔓延；水分过小，菌丝生长速度慢，菌丝细弱。由于原材料购买地不同，各地木屑含水量也不一样，所以拌料时要灵活掌握。

6. 灭菌

可参照香菇栽培中的灭菌方法。

7. 接种

接种前对接种室进行消毒，接种时要严格按照无菌操作进行。接种量以全部封住栽培袋袋口的料面为度，接完种后把袋口盖紧，搬入培养室内进行养菌。培养室必须要卫生、干燥、避光，培养室湿度要保持在60%~70%，不得大于70%，否则容易产生杂菌，原则是"宁干勿湿"。

8. 菌袋培养

（1）前期防低温 养菌初期5~7天要保持培养室内温度在25~

28℃，空气相对湿度在45%～60%，菌袋上面菌丝长满前通小风，促进菌丝定植吃料以占据绝对优势，使杂菌无法侵入。

（2）中、后期防高温 当菌丝长到栽培袋的1/3时，要控制室温不超过28℃，最低不低于18℃。最高温度、最低温度测量以上数第二层和最下层为准，上下温差大时，要用换气扇进行通风降温。

（3）适时通风 保证发育过程中的空气清新，每次可以小通风20min左右。

（4）避光养菌 以防止提早出现耳基。在室内养菌40～50天后，当菌丝长到袋的4/5时，可以拿到室外准备出耳。同时创造低温条件（15～20℃），菌丝在低温和光线刺激下很易形成耳基（图3-54）。

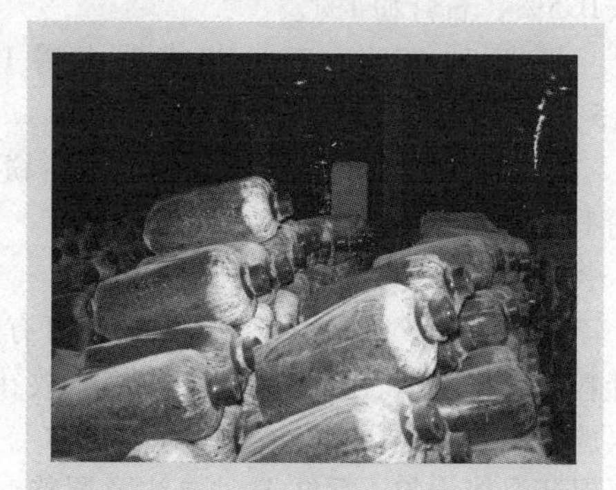

图3-54 菌袋培养

【注意】 在灭菌、接种、养菌过程中不能拎栽培袋的颈圈，应用手托袋底部挪动栽培袋，以防止杂菌污染。在养菌过程中，应及时挑出有杂菌污染的栽培袋。春季养菌时发现有污染袋，要将其放在阴凉、通风、干燥、闭光、清洁处隔离培养，因为黑木耳菌丝可以吃掉杂菌；夏季养菌对发现的污染袋要再次灭菌后接种，以减少损失。

9. 出耳管理

（1）搭设好耳床或耳棚 耳床的制作可根据地势和降雨量做成地上床或地下床，以地面平床形式较好。做好耳床后，床面要慢慢地浇重水一次使床面吃足吃透水分，再用1∶500甲基托布津溶液喷洒消毒，同时将准备盖袋用的草帘子也用甲基托布津药液浸泡，然后拎出控干水分。耳棚在移入栽培袋前也要对地面（地面铺层煤渣和石灰最好）和草帘子等进行消毒。

（2）划口摆袋或吊袋

1）划“V”形口。用事先消毒好的刀片在栽培袋上划“V”形口，“V”形口角度是45°~60°，角的斜线长1.8cm左右、深0.5cm左右。每个袋划8~12个口，分3排，每排4个，呈“品”字形排列（图3-55）。

图3-55 划“V”形口

【注意】 以下几个部位不要划口：

① 没有木耳菌丝的部位不划。

② 袋料分离严重处不划。

③ 菌丝细弱处不划。

④ 原基过多处不划。

2）划“一”字形口。用灭过菌的刀片在袋的四周均匀地割6~8条“一”字形口（图3-56），以满足黑木耳对氧和水分的要求，有效地促进耳芽形成。“一”字形口宽0.2cm、长5cm。

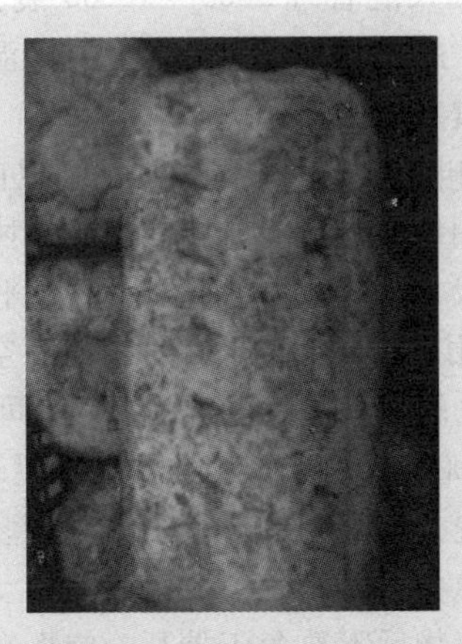

图3-56 划“一”字形口

【提示】 出耳口宜窄不宜宽，在湿度适宜的情况下，过宽的出耳口容易发生原基分化过多，造成出耳密度大，耳片分化慢且大小不整齐，整朵采摘影响产量质量，如“采大留小”容易引起污染和烂耳。开口窄一些，不仅能保住料面湿度，而且可在口间形成1行小耳，出耳密度适宜，耳片分化快，当耳片逐步展开向外延伸时正好把“一”字形口的两侧塑料边压住，喷水时袋料之间不会积水，防止出耳期间的污染和烂耳发生，增加出耳次数，提高黑木耳的产量和质量。

划口后的栽培袋就可摆袋或吊袋，一般地栽可摆袋25袋/m^2。若吊挂栽培袋可用塑料绳吊袋，每串间距20cm，袋与袋间距不小于10cm，一条绳上可吊10袋左右，每行间距40cm。

（3）出耳方式

1）吊袋栽培。将划口的菌袋用预先备好的“S”形铁丝钩钩在扎袋口橡皮筋上，悬挂在出耳场地。挂袋时一定要控制挂袋密度，切忌超量；要顺风向、有行列、分层次，袋与袋之间互相错开，上、下、前、后、左、右距离不小于10~15cm，以便每个菌袋都能得到充足的光照、水分和空气。此法的优点是省地（10000袋占地140m^2）、易管理（1人能管理5000~10000袋）、烂耳少、病虫害轻、黑木耳杂质少。此法的不足之处是通风和湿度不易控制，产量低，平均每袋鲜耳重400g左右（总产量）。

2）大田仿野生畦栽。这种出耳形式是模拟自然条件下栽培木耳的方法，可充分利用地面的潮气，能够很好地协调湿度、通气和光照的关系，增加袋栽木耳的成功率，产量高，平均每袋鲜耳重500g（总产量）。此法不用搭建耳棚，可在房前屋后空地制作耳床，地面摆袋出耳。这种方法的缺点是占地面积大、空间利用率低、费工，1人管理难以超过20000袋；湿度大时易出现烂耳现象；杂质较多，晾干前通常需要清洗去杂质；在连阴雨天时管理较烦琐。

（4）出耳管理 接种的料袋经培养40~50天，菌丝便长满培养料成为菌袋。菌丝满袋后不要急于催耳，应再继续培养10~15天，使菌丝充分吃料，积累营养物质，提高抗霉抗病能力。这时培养室要遮光，同时适当降低温度，防止耳芽发生和菌丝老化。在菌袋出耳前，应增加培养室的光照，刺激原基后即可转入出耳管理。

1）出耳环境的控制。

① 保持湿度。出耳期间，应以增湿为主，协调温、气、光诸因素，尤其在子实体分化期需水量较多，更应注意。菌袋开口摆袋后，喷大水1次，使菌袋淋湿、地面湿透、空气相对湿度保持在90%左右，以促进原基形成和分化（图3-57）。整个出耳阶段，空气相对湿度都要保持在80%以上。如果湿度不足，则干缩部位的菌丝易老化衰退，尤其在出耳芽之后，耳芽裸露在空气中，这时空气中的相对湿度如果低于90%，耳芽易失水僵化，影响耳片分化。

图3-57　黑木耳湿度管理

【窍门】>>>>

为保持湿度，最好在地面铺上大粒沙子，每天早、中、晚用喷雾器或喷壶直接往地面、墙壁和菌袋表面喷水，以增加空气湿度。对菌袋表面喷水时，应喷雾状水以使耳片湿润不收边为准，应尽量减少往耳片上直接喷水，以免造成烂耳。

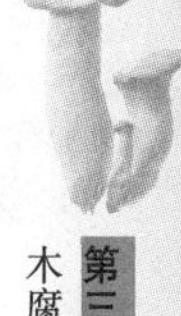

② 控制温度。出耳阶段的温度以22～24℃为宜，最低不低于15℃，最高不超过27℃。温度过低或过高都会影响耳片的生长，降低产量和质量。尤其在高温、高湿和通气条件不好时，极容易引起杂菌的污染和发生烂耳。遇到高温时，管理的关键是尽快把高温降下来，可采取加强通风、早晚多喷水、用井水喷四周墙壁与空间和地面等办法进行降温。

③ 增加光照。黑木耳在出耳阶段需要有足够的散射光和一定的直射光。增加光照强度和延长光照时间，能加强耳片的蒸腾作用，

促进其新陈代谢活动，使耳片变得肥厚、色泽黑、品质好，光照强度以400～1000lx为宜。袋栽黑木耳，在出耳期间，要经常倒换和转动菌袋的位置，使各个菌袋都能均匀地得到光照，提高木耳的质量。

2）出耳阶段的管理。

① 耳基形成期。指在划口处出现子实体原基，逐渐长大直到原基封住划口线，“V”形口两边即将连在一起的这段时期。这段时期一般为7～10天，要求温度在10～25℃范围内，空气相对湿度在80%左右，可通过往草帘上喷雾状水（耳棚向空间喷雾状水）来调节湿度。要注意绝不能向栽培袋上浇水，以免水流入划口处造成感染。这段时期还要适时通风，早晚给予一定的散射光照，促进耳基的形成，增加木耳干重。

② 子实体分化期。经5～7天原基形成珊瑚状并长至桃核大时，上面开始伸展出小耳片，这个阶段要求空气相对湿度控制在80%～90%的范围内，保持木耳原基表面不干燥即可（偶尔表面发干也无妨，这可以给子实体分化生长积聚营养）。这段时期还要创造冷热温差（利用白天和夜间的温差，10～25℃之间）。及时流通空气，利于子实体的分化。

③ 子实体生长期。待耳片展开到1cm左右时，便进入子实体生长期（图3-58）。这段时期要加大湿度（空气相对湿度在90%～100%之间）和加强通风。浇水时可用喷水带直接向木耳喷水，让耳片充分展开。过几天要停止浇水，让空气湿度下降，

图3-58 子实体生长期

耳片干燥，使菌丝向袋内培养料深处生长，吸收和积累更多的养分。然后再恢复浇水，加大湿度，使耳片展开。这个阶段的水分管理十分重要，要做到“干湿交替、干就干透、湿就湿透、干湿分明”。

干，可以干3~4天，干得比较透，目的是让胶质状的子实体停止生长，让耗费了一定营养、紧张过一段的菌丝休养生息、复壮一些，再继续供应子实体生长所需的营养（这也是胶质状耳类和肉质状菇类的不同所在）；干是为了更好地长，但它的表现形式是“停”，干要和子实体生长的“停”相统一。湿，是要把水浇足、细水勤浇，浇3~4天，其目的就是长子实体，只有这样的湿度才能长出、长好子实体，最好利用阴雨天，3天就可成耳。这样可以“干长菌丝，湿长木耳”，增强菌丝向耳片供应营养的后劲。

【提示】 干燥和浇水时间不是绝对的，应“看耳管理”，根据天气等实际情况灵活掌握。加强通风可以在夜间全部打开草帘子，让木耳充分呼吸新鲜空气。如果白天气温高于25℃时要采取遮阴的办法降温，避免高温高湿条件下出现流耳或受到杂菌污染。有些耳农栽的木耳产量低、长杂菌，原因多是“干没干透，湿没湿透”，致使菌丝复壮困难，子实体也没得到休息，一直处于“疲劳”状态，活力下降，抗杂菌能力弱。

子实体生长期为10~20天，在这一阶段要有足够的散射光或一定的直射光。可以在傍晚适当晚一些遮盖草帘或早晨时早一些打开草帘来满足木耳对光线的要求，促进耳片肥厚，色泽黑亮，提高品质。

④ 成熟期。当耳片展开，边缘由硬变软，耳根收缩，出现白色粉状物（孢子），说明耳片已成熟。在耳片即将成熟阶段，严防过湿，并加大通风，防止杂菌侵染造成流耳。

⑤ 转潮耳的管理。管理得好，可采三潮耳，分别占总产量的70%、20%和10%左右。二潮耳的管理技术要点：一是采收后的耳床要清理干净，进行一次全面消毒。清理耳根和表层老化菌丝，促使新菌丝再生；二是将菌袋晾晒1~2天，使菌袋和耳穴干燥，防止感染杂菌；三是盖好草帘，停水5~7天，使菌丝休养生息，恢复生长。待耳芽长出后，再按一潮耳的方法进行管理。

3）转潮耳杂菌污染原因及措施。黑木耳正常情况下能出三潮耳，但目前有些地区头潮耳采收后，未等二潮耳长出就感染了杂菌，

分析原因如下：

① 暑期高温。菌丝生长阶段的温度是4～32℃，如果袋内温度超过35℃，菌丝死亡，逐步变软、吐黄水，采耳处首先感染杂菌。

② 采耳过晚。要当朵片充分展开，边缘变薄起褶子，耳根收缩时采收。这时采收的黑木耳弹性强、营养不流失，质量最好。

③ 上潮耳根或床面未清理干净。残留的耳根，因伤口外露，易感染杂菌。采耳时掀开草帘，让阳光照射，使子实体水分下降、适度收缩，采收时不易破碎，利于连根拔下。拔净残留耳根利于二潮耳形成，避免杂菌滋生。

④ 菌丝体断面未愈合。采耳时要求连根抠下并带出培养基，菌丝体产生了新断面，在未恢复时，抗杂能力差，这时浇水催耳，容易产生杂菌感染。

⑤ 草帘霉烂传播杂菌，所以草帘要定期消毒。

⑥ 采耳后菌袋未经光照干燥，草帘或床面湿度大。二潮耳还未形成前，菌丝体应有个愈合断面、休养生息、高温低湿的阶段。倘若此时草帘或床面湿度大，又紧盖畦床，菌袋潮湿不见光，很易产生杂菌污染。采耳后菌袋要晒3～5h，使采耳处干燥；床面和草帘应晒彻底，晒完的袋盖上晒干的帘子，养菌7～10天。

⑦ 浇水过早过勤。二潮耳还未形成和封住原采耳处断面，就过早浇水。

10. 流耳及防治措施

（1）症状 耳片成熟后，耳片变软，耳片甚至耳根自溶腐烂。

（2）病原 黑木耳流耳是细胞充分破裂的一种生理障碍现象，黑木耳在接近成熟时期，不断地产生担孢子，消耗子实体里面的营养物质，使子实体趋于老化，此时遇到过大的湿度极容易溃烂。在温度较高时，特别是湿度较大，而光照和通气条件又比较差的环境中，子实体常常发生溃烂，细菌的感染和害虫的危害也是造成烂耳的原因之一。

（3）发生原因 耳片成熟时，若此时持续高温、高湿、光照差、通风不良，常造成大面积烂耳。袋料栽培黑木耳，培养料过湿，酸碱度过高或过低，影响黑木耳正常生长而造成烂耳。

（4）防治

1）针对上述发生烂耳的原因加强栽培管理，注意通风换气、光照等。

2）及时采收，耳片接近成熟或已经成熟时立即采收。

3）可用25mg/kg的金霉素或土霉素溶液喷雾，防止流耳。

11. 采收加工

（1）停水采耳 待耳片充分展开、边缘起褶变薄、耳根收缩、孢子即将弹射前采收木耳，采耳前1～2天应停水，让阳光直接照射栽培袋和木耳，待木耳朵片收缩发干时，连根采下。采收后的栽培袋再让阳光照射3～5h，使其干燥，以防长杂菌，之后便可进入第二潮耳管理。

（2）晾晒加工 采收后的木耳要及时晒干。晒干前要用剪刀剪去木耳根部的培养基。地栽黑木耳要用清水洗去杂质，一等品撕成直径2cm以上的朵片，二等品撕成直径1cm以上的朵片，放在纱窗上晾干。晒干后的黑木耳（含水量在14%以下）应及时装进塑料袋，扎紧袋口，要防潮防蛀。

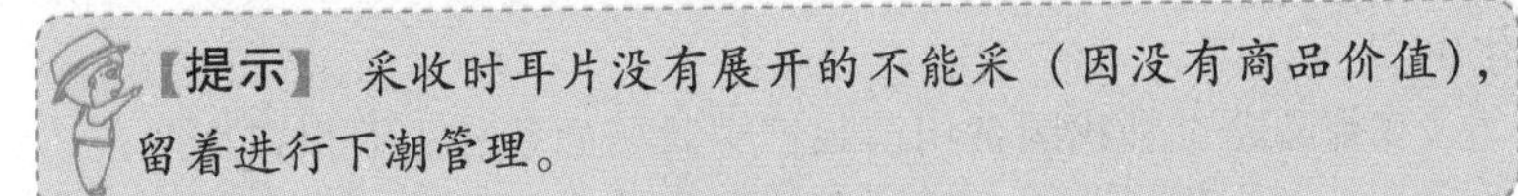
【提示】 采收时耳片没有展开的不能采（因没有商品价值），留着进行下潮管理。

第四章 草腐型食用菌高效栽培

第一节 双孢蘑菇高效栽培技术

双孢蘑菇［*Agaricus bisporus*（lange）Srng.］，也称蘑菇、洋蘑菇，双孢菇，属担子菌纲、伞菌目、伞菌科、蘑菇属。双孢蘑菇属草腐菌，中低温型菇类，是世界第一大宗食用菌。目前，全世界已有80多个国家和地区栽培，其中荷兰、美国等国家已经实现了工厂化生产。

双孢蘑菇也是我国食用菌栽培中栽培面积较大、出口增收最多的拳头品种。我国北方地区稻草、麦草等农作物秸秆和畜禽粪便等资源丰富，气候属季风影响的暖温带半湿润大陆性气候，四季分明，夏短冬长，比较适合双孢蘑菇的生长，目前在山东、河南、福建、河北、浙江、上海等省市栽培较多，而山东、福建、河南等省份实现了双孢蘑菇的工厂化生产。

双孢蘑菇不仅味道鲜美，色白质嫩，而且营养极其丰富。双孢蘑菇中的蛋白质含量不仅大大高于所有蔬菜，其含量和牛奶及某些肉类相当，而且双孢蘑菇中的蛋白质都是植物蛋白质，容易被人体吸收。另外，双孢蘑菇具有抑制癌细胞与病毒、降低血压、治疗消化不良、增加产妇乳汁的疗效，经常食用能起预防消化道疾病的作用，并可使脂肪沉淀，有益于人体减肥，对人体保健十分有益。

一 双孢蘑菇生物学特性

1. 生态习性

双孢蘑菇一般在春、秋季于草地、路旁、田野、堆肥场、林间空地等生长，单生及群生。

2. 形态特征

（1）菌丝体 菌丝体是双孢蘑菇生长的营养体，为白色绒毛状。双孢蘑菇菌丝体适时覆土调水后，经培养表面陆续形成白色菌蕾，即子实体。

（2）子实体 子实体是双孢蘑菇的繁殖部分，由菌盖、菌柄、菌环3部分组成（图4-1）。菌盖初期呈球形，后发育为半球形，老熟时展开呈伞形，开伞时不能采收，否则影响商品价值。优质的双孢蘑菇菌盖圆整，肉肥厚而脆嫩、结实、色白、光洁，耐运输。

图4-1 双孢蘑菇子实体

3. 生长发育条件

（1）营养条件 双孢蘑菇是一种粪草腐生菌，不能进行光合作用，只能依靠培养料中的营养物质来进行生长发育。因此，配料时在作物秸秆（麦草、稻草、玉米秸等）中须加入适量的粪肥（如牛、羊、马、猪、鸡粪和人粪尿等），还须加入适量的氮、磷、钾、钙、硫等元素。

合理的配方是获得双孢蘑菇高产的一个重要因素，但由于粪肥的氮、磷含量不一样，因此在使用粪肥时要适当添加。培养料堆制前碳氮比以（30～35）:1为宜，堆制发酵后，由于发酵过程中微生物的呼吸作用消耗了一定量的碳源和发酵过程中多种固氮菌的生长，培养料的碳氮比降至21:1，子实体生长发育的适宜碳氮比为（17～18）:1。

（2）环境条件

1）温度。双孢蘑菇对温度的要求因品种、发育阶段、培养条件

等而异。如我国栽培面积较大的 AS2796 品种的菌丝体在 5 ~ 33℃均能生长，最适温度为 20 ~ 26℃。高于 26℃，菌丝体生长快，但稀疏纤细；低于 15℃，菌丝体生长缓慢；低于 5℃，则停止生长，但不致冻死。子实体生长范围为 7 ~ 25℃，最适温度为 13 ~ 18℃。高于 20℃，子实体生长快、菌柄细长，薄皮易开伞、质量差；低于 10℃，子实体生长慢，菇大、肥厚、组织致密，单菇重，但产量低；室温连续几天在 25℃以上，会引起子实体死亡。

2）水分。双孢蘑菇菌丝体及子实体的含水量均在 90% 左右，尤其是子实体生长发育阶段更需大量的水分，这些水分主要来源于培养料、覆土和空气。

① 培养料含水量。一般要求培养料含水量为 65% ~ 70%，过低，菌丝体生长缓慢，绒毛菌丝多而纤细，不易形成子实体；过高，料内氧气不足，出现线状菌丝，菌丝生命力差，易窒息死亡。

② 覆土含水量。双孢蘑菇覆土的含水量一般为 40% ~ 50%，具体可以“以手握成团，落地即散”的标准来衡量。

③ 空气相对湿度。不同发菌方式要求空气相对湿度不同，传统菇房栽培开放式发菌，要求空气相对湿度高些，应为 80% ~ 85%，否则料表面干燥，菌丝不能向上生长；薄膜覆盖发菌则要求空气相对湿度要低些，在 75% 以下，否则易发生杂菌污染。

3）空气。双孢蘑菇是好气（氧）性真菌。菌丝体生长最适的二氧化碳含量为 0.1% ~ 0.5%；子实体生长最适的二氧化碳含量为 0.03% ~ 0.2%，超过 0.2%，菇体菌盖变小，菇柄细长，畸形菇和死菇增多，产量明显降低。因此菇房要定期通风换气，特别是出菇期，应加大通风量。

4）光照。双孢蘑菇属厌光性菌类。菌丝体和子实体能在完全黑暗的条件下生长，此时子实体朵形圆整、色白、肉厚、品质好。所以，很多地方使用防空洞、山洞（土洞）、林下进行栽培。光线过强会使菇体表面干燥发黄、粗糙，甚至菌柄徒长，菌盖歪斜变色，影响菇的质量。

5）酸碱度。双孢蘑菇喜稍碱性，偏酸对菌丝体和子实体生长都不利，而且容易产生杂菌。菌丝生长的 pH 范围是 5 ~ 8，最适为7.0 ~

8.0，进棚前培养料的pH应调至7.5～8.0，土粒的pH应为8～8.5。掌握好pH是促进菌丝生长的重要一环，每采完一潮菇喷水时适当加点石灰，以保持较高的pH，抑制杂菌滋生。

6）土壤。双孢蘑菇与其他多数食用菌不同，其子实体的形成不但需要适宜的温度、湿度、通风等环境条件，而且需要土壤中某些化学和生物因子的刺激，因此，出菇前需要覆土。

二 双孢蘑菇种类

1. 按母种菌丝形态划分

（1）贴生型 在PDA培养基上该类品种菌丝生长稀疏，灰白色，紧贴培养基表面呈扇形，放射状生长，菌丝尖端稍有气生性，易聚集成线束状。基内菌丝较多而深。从播种到出菇一般需35～40天。子实体菌盖顶部扁平，略有下凹。肥水不足时，下凹较明显，有鳞片，风味较淡。耐肥、耐温、耐水性及抗病力较强，出菇整齐，转潮快，单产较高。但畸形菇多，易开伞，菇质欠佳，加工后风味淡，适宜于盐渍加工和鲜售。

【提示】 料厚水足是本类型双孢蘑菇丰产的关键。堆制培养料时，可适当增加粪肥、饼肥、尿素等氮肥的含量，培养料碳氮比约为27:1，含水量保持在65%左右。铺料厚度不低于20cm，覆土层应偏厚。出菇期间，菇房空气湿度不低于90%。因出菇密集，转潮快，要早喷出菇水和转潮水，并及时采收。

（2）气生型 该品种菌丝初期洁白，浓密粗壮，生长旺盛，爬壁力强。菌丝易徒长形成菌被，基内菌丝少。从播种到出菇需40～50天。该菌株耐肥、耐温、耐水性及抗病力较贴生型差，出菇较迟而稀，转潮较慢，单产较低。但菇质优良，菇味浓香，商品性状好，适宜于制罐或鲜销。

【提示】 制备母种培养基时，为保持略干硬的质地，琼脂用量要比贴生型菌株增加1g/L。因该菌株易产生徒长、早衰和吐黄水现象，应严格控制原种和栽培种的菌龄，以刚长满瓶为宜。

气生型菌株对环境条件的要求不如贴生型菌株粗放，在栽培上要掌握培养料养分偏少、腐熟度偏大、含水量偏低的原则；在管理上要掌握生长温度偏低、喷水偏轻、通风要足的原则。因基内菌丝少，培养料建堆时应少加化学氮肥，多加有机肥，调碳氮比为（30～33）∶1，发酵料含水量控制在65%左右，播种期一般比贴生型菌株推迟5天左右。覆土材料的透气性要强，由一次性覆土改为2～3次性覆土。出菇期间，菌床喷水宜采用勤喷、轻喷法，不宜用间歇重喷法，空气相对湿度保持在85%～90%，室温保持在17℃以下为宜。

（3）半气生型 半气生型菌株是通过人工诱变、单孢分离或杂交育种等方法选育出的介于贴生型和气生型之间的类型。菌株特点是：菌丝在PDA培养基上呈半贴生、半气生状态，线束状菌丝比贴生型少，比气生型多，基内菌丝较粗壮。该菌株兼有贴生型和气生型二者的优点，既有耐肥、耐水、耐温、抗逆性强、产量高的特性，又有菇体组织细密、色泽白、无鳞片、菇形圆整、整菇率高的品质。如AS2796、浙农1号等都是我国栽培最广的半气生型菌株。

【提示】 调节培养料碳氮比为（27～30）∶1，含水量65%～68%。铺料厚度约为20cm，覆土层厚度为2.5～3cm。发菌期间通气性要好，以防菌丝徒长形成菌被。出菇期间喷水要足，结菇水要早喷（菌丝距表土0.5～1cm时）、重喷，使土层尽快达到最大持水量。温度在20℃以下，肥水充足，厚料栽培，否则易形成薄皮菇、空心菇等次品菇。

2. 按子实体色泽划分

（1）白色 白色双孢蘑菇的子实体圆整，色泽纯白美观，肉质脆嫩，适宜于鲜食或加工罐头（彩图17）。但管理不善，易出现菌柄中空现象。因该品种子实体富含有酪氨酸，在采收或运输中常因受损伤而变色。

（2）奶油色 奶油色双孢蘑菇的菌盖发达，菇体呈奶油色。其出菇集中，产量高，但菌盖不圆整，菌肉薄，品质较差。

（3）棕色 棕色双孢蘑菇具有柄粗肉厚、菇香味浓、生长旺盛、抗性强、产量高、栽培粗放的优点（彩图 18）。但菇体呈棕色，菌盖有棕色鳞片，菇体质地粗硬，在采收或运输中受损伤也不会变色。

3. 按子实体生长最适温度划分

按子实体生长最适温度划分，可分为中低温型（如 AS2796）、中高温型（如四孢菇）及高温型（如夏秀 2000）3 种。

【提示】 大部分双孢蘑菇菌株属于中低温型，最佳气温是 13～18℃，产菇期多在 10 月～第二年 4 月。

三 双孢蘑菇高效栽培技术要点

1. 原料选择

双孢蘑菇原始配料中的碳氮比以（30～33）∶1，发酵后以（17～20）∶1 为宜。碳源主要有植物的秸秆如稻、麦、玉米、地瓜、花生等的茎叶；氮源主要有菜籽饼、花生饼、麸皮、米糠、玉米粉及禽畜粪便等，棉籽壳、玉米芯及牛马粪等原料中碳与氮的含量都很丰富。双孢蘑菇不能同化硝态氮，但能同化铵态氮。此外，在生产上还要用石膏、石灰等作为钙肥。

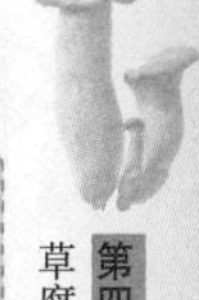

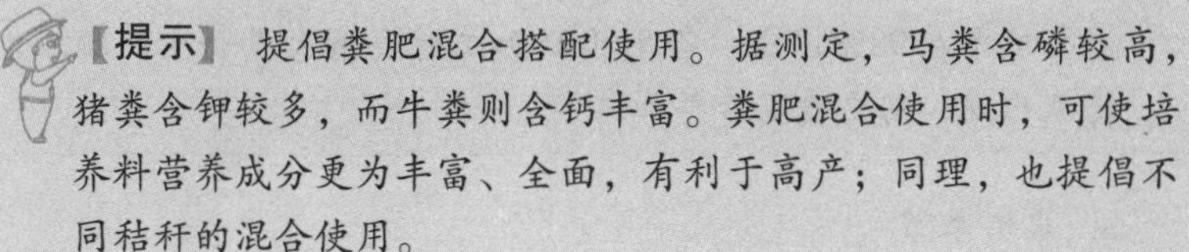

【提示】 提倡粪肥混合搭配使用。据测定，马粪含磷较高，猪粪含钾较多，而牛粪则含钙丰富。粪肥混合使用时，可使培养料营养成分更为丰富、全面，有利于高产；同理，也提倡不同秸秆的混合使用。

2. 高产栽培配方（单位：kg/100m²）

1）干牛粪 1800，稻草 1500，麦草 500，菜籽饼 100，尿素 20，石膏粉 70，过磷酸钙 40，石灰 50。

2）干牛粪 1300，稻草 2000，饼肥 80，尿素 30，碳酸氢铵 30，碳酸钙 40，石膏粉 50，过磷酸钙 30，石灰 100。

3）麦秸2200，干牛粪2000（或干鸡粪800），石膏100，石灰70，过磷酸钙40，石灰40，硫铵20，尿素20。

4）干牛、猪粪1500，麦草1400，稻草800，菜籽饼150，尿素30，碳酸氢铵30，石膏80，石灰调pH。

5）稻草或麦草3000，菜籽饼200，石膏粉25，石灰50，过磷酸钙50，尿素20，硫酸铵50。

6）棉秆2500，牛粪1500，鸡粪250，饼肥50，硫酸铵15，尿素15，碳酸氢铵10，石膏50，轻质碳酸钙50，氯化钾7.5，石灰97.5，过磷酸钙17.5。

【注意】

① 若粪肥含土过多，应酌情增加数量；粪肥不足，就用适量饼肥或尿素代替；湿粪可按含水量折算后代替干粪。

② 北方秋栽每平方米菇床投料总重量应达30kg左右，8月发酵可适当少些，9月可适当多些。如果配方中鸡粪多，应适当增加麦草量；如果牛马粪多，应酌减麦草量，以保证料床厚度为25～30cm，辅料相应变动即可。

③ 棉秆作为一种栽培双孢蘑菇的新型材料，不像麦秸及稻草那样可直接利用。棉秆的加工技术与标准、栽培料的配方，以及发酵工艺都与麦秸和稻草料有很大区别。采用专用破碎设备，将棉秆破碎成4～8cm的丝条状。加工的时间以12月为宜，因这时棉秆比较潮湿，内部含水量在40%左右，加工的棉秆合格率在98%以上。否则干燥加工时会有大量粉尘、颗粒、棒状出现，需要喷湿后再加工。

3. 栽培季节

自然条件下，北方大棚（温室、菇房等）栽培双孢蘑菇大都选择在秋季进行，提倡适时早播。8月气温高，日平均气温在24～28℃，利于培养料的堆积发酵；8月底～9月上旬，大部分地区月平均气温在22℃左右，正有利于播种后的发菌工作；而到10月，大部分地区月平均气温为15℃左右，又正好进入出菇管理阶段，这样，省时省工，管理方便，且产量高，质量好。南方地区可参考当地平均气温灵活选择栽培季节。

一般情况下，8 月上、中旬进行建堆发酵，前发酵期为 20 天左右，后发酵期约 7 天；从播种到覆土的发菌期约需 18 天；覆土到出菇也需 18 天左右，所以秋菇管理应集中在 10 月、11 月、12 月。1 ~ 2 月的某段时间，北方大部分地区气温降至 -4℃左右，可进入越冬管理。保温条件差的菇棚可封棚停止出菇；保温性能好的应及时做好拉帘升温与放帘保温工作，注重温度、通风、光线、调水之间的协调，争取在春节前能保持正常出菇，以争取好的市场价格。第二年 2 月底便开始春菇管理，3 ~ 5 月都能采收，而 5 月也伴随着整个生产周期的结束。

近几年来秋菇大量上市，供大于求而“菇贱伤农”的现象时有发生，在实际栽培中可根据市场行情适当提前、推迟双孢蘑菇的播种时期，例如，山东及周边地区可延迟至 12 月中旬以前在温室播种，适当晚播的双孢蘑菇在春天传统出菇少的时间大量出菇，经济效益反而比春节前还要高。

4. 高效栽培模式的选择

根据双孢蘑菇的品种特性、当地气候特点及出菇过程中不需要光线的特点，因此，栽培模式可灵活选择，不可千篇一律，死搬硬套，造成不必要的损失。南方气候具有气温高、湿度大等特点，双孢蘑菇生产周期较短，栽培场所一般可选择大拱棚、层架式菇房栽培（图 4-2）；北方气候具有气温低、干燥等特点，栽培场所一般可选择塑料大棚、层架式菇房、土制菇房等（图 4-3）。当然闲置的窑洞、房屋、养鸡棚、林地、地沟棚、养蚕棚等场所也可用于双孢蘑菇的栽培（图 4-4）。

图 4-2　层架式菇房

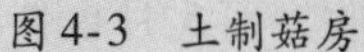

图 4-3　土制菇房

图 4-4　林地菇棚

5. 培养料的堆制发酵

由于双孢蘑菇菌丝不能利用未经发酵分解的培养料，因此培养料必须经过发酵腐熟，发酵的质量直接关系到栽培的成败和产量。

【提示】　培养料的堆制发酵是双孢蘑菇栽培中最重要而又最难把握的工艺，发酵是双孢蘑菇栽培中的关键技术，准备了好的原材料，选择了合理的配方后，还要经过科学而严格的发酵工艺，才能制作出优质的培养基，为高产创造基础条件，这三个要素缺一不可。同时，发酵中建堆及翻堆过程是整个双孢蘑菇栽培中劳动量最大的环节，但技术简单易行。

培养料一般采用二次发酵也称前发酵和后发酵技术。前发酵在棚外进行，后发酵在消毒后的棚内进行，前发酵大约需要 20 天，后发酵需要 5 天左右。全部过程需要 22 ~ 28 天。二次发酵的目的是进一步改善培养料的理化性质，增加可溶性养分，彻底杀灭病虫杂菌，特别是在搬运过程中进入培养料的杂菌及害虫。因此二次发酵也是关键的一个环节。

在后发酵（料进菇房）前，要对出菇场所进行一次彻底消毒杀虫，用水浇灌一次，通风，当地面不黏时，把生石灰粉均匀撒于地面，每平方米地面撒 0. 5kg 并划锄，进料前 3 天，再按每立方米用 10mL 的甲醛溶液消毒，进料前通风，保证棚内空气新鲜，以利于操作。

（1）发酵机理 详见平菇栽培。

（2）发酵方法 在双孢蘑菇培养料堆制发酵过程中温度、水分的控制，翻堆的方法，时机的把握决定着发酵的质量。

1）培养料预湿。有条件时可浸泡培养料1~2天，捞出后控去多余水分直接按要求建堆。浸泡水中要放入适量石灰粉，每立方水放石灰粉15kg。

在浸稻麦草时，可先挖一个坑，大小根据稻麦草量决定，坑内铺上一层塑料薄膜，再加水，放入石灰粉。边捞边建堆，建好堆后，每天在堆的顶部浇水，以堆底有水溢出为标准，经3~4天麦秸（稻草）基本吸足水分。

棉柴因组织致密、吸水慢和吃水量小等原因，水分过小极易发生“烧堆”，所以棉秆、粪肥要提前2~3天预湿。预湿的方法：开挖一沟槽，内衬塑料薄膜，然后往沟里放水，添加水量1%的石灰。把棉柴放入沟内水中，并不断拍打，使之浸泡在水中1~2h，待吸足水后捞出。检查棉柴吃透水的方法是抽出几根长棉柴用手掰断，以无白心为宜。

2）建堆。料堆要求宽2m、高1.5m，长度可根据栽培料的多少决定，建堆时每隔一米竖一根直径10cm左右、长1.5m以上的木棒，建好堆后拔出，自然形成一个透气孔，以增加料内氧气，有利于微生物的繁殖和发酵均匀（图4-5）。

图4-5 培养料堆制发酵

堆料时先铺一层麦草或稻草（大约25cm厚），再铺一层粪，边铺边踏实，粪要撒均匀，照此法一层草一层粪地堆叠上去，堆高至1.5m，顶部再用粪肥覆盖。将尿素的1/2均匀撒在料堆中部。

【注意】

① 为防止辅料一次加入后造成流失或相互反应失效，提倡分次添加，石膏与过磷酸钙能改善培养料的结构，加速有机质的分解，故应在第一次建堆时加入，石灰粉在每次翻堆时根据料的酸碱度适量加入。

② 粪肥在建堆前晒干、打碎、过筛。若用的是鲜粪，来不及晒干，可用水搅匀，建堆时分层泼入，不能有粪块。

③ 堆制时每层要浇水，要做到底层少浇、上部多浇，以第二天堆周围有水溢出为宜。建堆时要注意料堆的四周边缘尽量陡直，料堆的底部和顶部的宽度相差不大，只有这样堆内的温度才能保持的较好。料堆不能堆成三角形或近三角形的梯形，因为这样不利于保温。在建堆过程中，必须把料堆边缘的麦草、稻草收拾干净整齐。不要让这些草秆参差不齐地露在料堆外面。这些暴露在外面的麦秸草很快就会风干，完全没有进行发酵。

④ 第一次翻堆时将剩余的石膏、过磷酸钙均匀撒入培养料堆中。

3）翻堆（前发酵）。翻堆的目的是使培养料发酵均匀，改善堆内空气条件，调节水分，散发废气，促进微生物的继续生长和繁殖，便于培养料得到良好的分解、转化，使培养料腐熟程度一致。

翻堆时不要流于形式，否则达不到翻堆的目的，应把料堆最里层和最外层翻到中间，把中间的料翻到里边和外层。翻堆时发现整团的稻、麦草或粪团要打碎抖松，使整个料堆中的粪和草掺匀，绝不能原封不动堆积起来，否则达不到翻堆的目的。

在正常情况下，建堆后第二天料堆开始升温，大约第三天料温升至70℃以上，大约维持3天后料温开始下降，这时进行第一次翻堆，将剩余的石灰、石膏粉、磷肥，边翻堆边撒入，要撒匀。重新建好堆后，待料温升到70℃以上时，保持3天，进行第二次翻堆，每次翻堆方法相同。一般翻堆3次即可。

【注意】

① 从第二次翻堆开始，在水分的掌握上只能调节，干的地方浇水，湿的地方不浇水，防止水分过多或过少。每次建好堆若遇晴天，要用草帘或玉米秸遮阴，雨天要盖塑料薄膜，以防雨淋，晴天后再掀掉塑料薄膜，否则影响料的自然通气。

② 在实际操作中，以上天数只能作为参考。如果只按天数算，料温达不到70℃以上，同样也达不到发酵的目的。每次翻堆后长时间不升温，要检查原因，是水分过大还是过小，透气孔是否堵塞。如果水分过大，建堆时面积大一些，让其挥发多余水分，如果水分过小，建堆时要适当补水。若发现料堆周围有鬼伞，要把这些料翻堆时抖松弄碎掺入料中，经过高温发酵杀死杂菌。

③ 每次翻堆要检查料的酸碱度，若偏酸可结合浇水撒入适量石灰粉，使 pH 保持在 8 左右。发酵好的料呈浅咖啡色，无臭味和氨味，质地松软，有弹性。

④ 培养料进棚前的最后一次翻堆不要再浇水，否则会影响发酵温度及效果。

4）后发酵（二次发酵）。后发酵是双孢蘑菇栽培中防治病虫害的最后一道屏障，目的是最大限度地降低病菌及虫口基数，也能起到事半功倍的效果，否则，后患无穷。同时，要完成培养料的进一步转化，适当保持高温，使放线菌和腐殖霉菌等嗜热性微生物利用前发酵留下的氮、酰胺及三废为氮源进行大量繁殖，最终转化成可被蘑菇利用的菌体蛋白，完成无机氮向有机氮的转化。此外，微生物增殖、代谢过程产生的代谢产物、激素、生物素均能很好地被双孢蘑菇菌丝体所利用，同时创造的高温环境可使培养料内及菇棚内的病虫害得以彻底消灭。

后发酵可经过人为空间加温（层架栽培），使料加快升温速度。如果用塑料大棚栽培，通过光照自然升温就可以了（图 4-6）。后发酵可分 3 个阶段：

① 升温阶段。在前发酵第三次翻堆完毕的第 2 ~4 天内，趁热入

棚，建成与菇棚同向的长堆，堆高、宽分别为1.3m、1.6m左右。选一个光照充足的日子，把菇棚草帘全部拉开，使料温快速达到60～63℃、气温55℃左右，保持6～10h，这一过程又称为巴氏灭菌。10月以后，如果温度达不到指标，则需用炉子或蒸汽等手段强制升温。

② 保温阶段。控制料温在50～52℃，维持4～5天，此时，每天揭开棚角小通风1～2h，补充新鲜空气，促进有益微生物繁殖。

③ 降温阶段。当料温降至40℃左右时，打开门窗通风降温，排出有害气体，此时后发酵结束。

图4-6　双孢菇后发酵

5）三次发酵。三次发酵是近年来推广的双孢蘑菇增产技术措施之一。研究表明，运用三次发酵法能增加产量，减少病虫、杂菌的危害，出菇早，菇形好，次菇少，品质高，潮次明显，转潮快。有条件的地区可采取三次发酵，具体做法如下：

在二次发酵结束后，待其温度自然降至30℃时，才能通风。通风完全后（通风不足，禁止人员进入，以防止中毒事件发生），将培养料均匀摊铺于各个出菇床面，上下翻透抖松，然后平整料面，常温保持48h让未杀死的芽孢经过培养长成营养体后，再重新密闭菇房，通入蒸汽升温至60℃保持8h，再降温至48～57℃保持48h，让其自然降温至30℃时，再打开门窗通风，当料温稳定在28℃左右，同时外界气温在30℃以下时，可进行播种。

6）优质发酵料的标准。

① 质地疏松、柔软、有弹性，手握成团，一抖即散，腐熟均匀。

② 草形完整，一拉即断，为棕褐色（咖啡色）至暗褐色，表面有一层白色放线菌，料内可见灰白色嗜热性纤维素分解霉、浅灰色绵状腐殖霉等微生物菌落。

③ 无病虫杂菌，无粪块、粪臭、酸味、氨味，原材料混合均匀，具蘑菇培养料所特有的料香，手握料时不黏手，取小部分培养料在清水中揉搓后，浸提液应为透明状。

④ 培养料 pH 为 7.2～8.0，含水量为 63%～65%，以手紧握指缝间有水印，欲滴下的状况为佳。

⑤ 培养料上床后温度不回升。

6. 播种、发菌与覆土

（1）菇房消毒 不管新菇房还是老菇房，在培养料进房前还是进房后都要进行消毒杀菌处理。用 0.5% 的敌敌畏溶液喷床架和墙壁，栽培 111m^2 蘑菇的菇房用量为 2.5kg，然后紧闭门窗 24h。

（2）铺料 后发酵结束后，把料堆按畦床大体摊平，把料抖松，将粪块及杂物拣出，通风降温，排出废气，使料温降至 28℃ 左右。铺料时提倡小畦铺厚料，以改善畦床通气状况，增加出菇面积，提高单产，一般床面宽 1～1.2m，料厚 25～30cm。

（3）播种 按每平方米 2 瓶（500mL/瓶）的播种量（一般为麦粒菌种），把总量的 3/4 先与培养料混匀（底部 8cm 尽量不播种），用木板将料面整平，轻轻拍压，使料松紧适宜，用手压时有弹力感，料面呈弧形或梯形，以利于覆土；后把剩余的 1/4 菌种均匀撒到料床上，用手或耙子耙一下，使菌种稍漏进表层，或在菌种上盖一层薄麦草，以利于定植吃料，不致使菌种受到过干或过湿的伤害。

（4）覆盖 播种结束，应在料床上面覆一层用稀甲醛消过毒的薄膜，以保温保湿，且使料面与外界隔绝，阻止杂菌和虫害的入侵。2～3 天后，薄膜的近料面会布满冷凝水，此时应在外面喷稀甲醛后翻过来，使菌种继续在消毒的保护之中，而冷凝水被蒸发掉，如此循环。我国传统的覆盖方法是用报纸调湿覆盖（图

图 4-7 报纸覆盖保湿

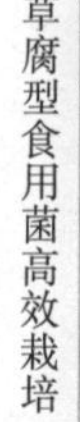

4-7)，这种方法需经常喷水，很容易造成表层干燥。

（5）发菌 此时应采取一切措施创造菌丝生长的适宜条件，促进菌丝快速、健壮生长，尽快占领整个料床，封住料面，缩短发菌期，尽量减少病虫害的侵染，这是发菌期管理的原则。播种后2~3天内，菇房以保温保湿为主，促进菌种萌发定植。3天左右菌丝开始萌发，这时应加强通风，使料面菌丝向料内生长。

【窍门】>>>>

发菌期间要避免表层菌种因过干或过湿而死亡。菇棚干燥时，可向空中、墙壁、走道洒水，以增加空气湿度，减少料内水分挥发。

（6）覆土

1）理想的覆土材料应具有喷水不板结，湿时不发黏，干时不结块，表面不形成硬皮和龟裂，蓄水力强等特点，以有机质含量高的偏黏性壤土、林下草炭土最好。生产中一般多用稻田土、池塘土、麦田土、豆地土、河泥土等，一般不用菜园土，因其含氮量高，易造成菌丝徒长，结菇少，而且易藏有大量病菌和虫卵。

土应取表面15cm以下的土，经过烈日曝晒，杀灭虫卵及病菌，而且可使土中一些还原性物质转化为对菌丝有利的氧化性物质。覆土最好呈颗粒状，小粒0.5~0.8cm，粗粒1.5~2.0cm，掺入1%的石灰粉，喷水调湿，土的湿度用手捏不碎、不黏。

2）覆土。菌丝基本长满料的2/3，这时应及时覆土（图4-8），常规的覆土方法分为覆粗土和细土两次进行。粗土对理化性状的要求是手能捏扁但不碎，不黏手，没有白心为合适。有白心、易碎为过干；黏手的为过湿。覆盖在床面的粗土不宜太厚，

图4-8 覆土

以不使菌丝裸露为度，然后用木板轻轻拍平。覆粗土后要及时调整水分，喷水时要做到勤、轻、少，每天喷4~6次，2~3天把粗土含水量调到适宜湿度，但水不能渗到料里。覆粗土后的5~6天，当土粒间开始有菌丝上窜，即可覆细土。细土不用调湿，直接把半干细土覆盖在粗土上，然后再调水分。细土含水量要比粗土稍干，有利于菌丝在土层间横向发展，提高产量。整个覆土层的厚度在3cm左右。过厚容易出现畸形菇和地雷菇；太薄容易出现长脚菇和薄皮菇，易开伞。

（7）覆土后管理 覆土以后管理的重点是水分管理，覆土后的水分管理称为"调水"，调水采取促、控结合的方法，目的是使菇房内的生态环境能满足菌丝生长和子实体形成。

1）粗土调水。粗土调水是一项综合管理技术。管理上既要促使双孢蘑菇菌丝从料面向粗土生长，同时又要控制菌丝生长过快，防止土面菌丝生长过旺，包围粗土造成板结。因此，粗土调水应掌握"先干后湿"这一原则，粗土调水工艺：粗土调水（2~3天）→通风状菌（1天）→保湿吊菌（2~3天）→换气促菌（1~2天）→覆细土。

2）细土调水。细土调水的原则与粗土调水的原则是完全相反的。细土调水的原则是"先湿后干，控促结合"。其目的是使粗土中的菌丝生长粗壮，增加菌丝营养积蓄，提高出菇潜力。其调水工艺：第一次覆细土后即进行调水，1~2天内使细土含水量达18%~20%，其含水量应略低于粗土含水量。喷水时通大风，停水时通小风，然后关闭门窗2~3天。当菌丝普遍串上第一层细土时，再覆第二次干细土或半干半湿细土，不喷水，小通风，使土层呈上部干、中部湿的状态，迫使菌丝在偏湿处横向生长。

（8）耙平 覆土后第八天左右，因大量调水导致覆土层板结，要采取"耙平"工艺：用几根粗铁丝拧在一起，一端分开，弯成小耙状，松动畦床的覆土层，改善其通气及水分状况，且使覆土层混匀，使断裂的菌丝遍布整个覆土层。

（9）发菌期常见问题的原因及防控措施

1）播种后菌丝不萌发、不吃料，生长不良，甚至萎缩死亡。播种后造成此状况的原因如下：

① 菌种：所使用的菌种老化、退化；质量欠佳；受高温或高湿伤害；携带病虫杂菌；温型不适等。因此，菇农一定要慎重购种。

② 培养料：培养料配制不当，碳氮比失调导致含氮不足或氮肥过量，会造成原料分解不足或腐熟过度，使营养贫乏，或培养料酸化，或产生大量氨气等有害气体，使菌种难以定植生长并受伤害。应合理配制培养料，严格按照发酵工艺进行，含氮化肥要在第一次翻堆时加入，播种前要排除废气，并检查酸碱度。

③ 湿度：播种前培养基过湿或过干，过湿造成菌丝供氧不足，活力下降；过干，菌丝吃料困难，失水萎缩。播种后覆膜发菌的，因揭膜通风不及时，使表层菌种“淹死”。要注意掌握培养料水分，在第三次翻堆时，可采用摊晾或加水的办法进行调节。

④ 温度：发菌温度过高或过低。后发酵不彻底，导致播种后堆温升高；播种前料温未降至30℃以下；发菌期棚温过高等均会造成高温“烧菌”。棚（料）温低于8℃以下，菌种也很难生长。

⑤ 虫害：受螨虫、线虫等害虫的危害。当每平方米虫口密度达50万只时，会使菌丝断裂、萎缩、死亡。因此，要严格按照发酵工艺进行，尤其是后发酵；对覆土进行消毒。

2）覆土后菌丝徒长。菌床覆土后，绒毛状菌丝生长旺盛，常冒出土面，形成一种致密、不透水的白色“菌被”，消耗了养分，阻碍了正常出菇。主要原因如下：

① 培养料配制不当，氮素过量；或培养料腐熟过度，速效成分多，播种后营养生长过旺。

② 遇高温、高湿环境，通风不良；播种期偏早，播种后料温长时间处于20℃以上，有利于菌丝生长，而不利于子实体形成。

③ 使用气生型品种时，在制种过程中过多挑取了气生菌丝；生产种培养温度过高，瓶口上部气生菌丝过多。

④ 覆土层水分内干外湿。

当菌丝长出覆土层时，要加强通风，降低温度、湿度，并及时喷“结菇水”，以利于原基形成。喷水不要太急，宜在早晚凉爽时喷。一旦发现菌丝徒长，要及时用小刀或竹片轻微搔菌或挑掉菌被，并重新盖一层覆土。

3）覆土调水后菌丝不上土。覆土后 5～10 天菌丝不上土，呈灰白色、细弱，严重者床面见不到菌丝，甚至料面发黑。主要原因如下：

① 用水过急或过大、水渗入培养料，造成料层与土层菌丝脱节，产生“夹层”。

② 25℃以上高温连续调水，通风又不及时，菌丝较长时间处于高温高湿缺氧状态，使菌丝衰退、变黄、失去活力。

③ 土层含水量过少的假湿现象。

④ 菇房保温性能差或床面土层受风过量。

⑤ 料面或土层喷药过多或过浓，产生药害。

⑥ 病虫害侵染与破坏所致。

⑦ 土层酸碱度差异大。

7. 出菇管理

覆土后 15～18 天，经适当地调水，原基开始形成，这些小菌蕾经过管理开始长大、成熟，这个阶段的管理就是出菇管理，按照双孢蘑菇出菇的季节又可分为秋菇管理、冬菇管理和春菇管理。

（1）秋菇管理　双孢蘑菇从播种、覆土到采收，需要 40 天左右的时间。秋菇生长过程中，气候适宜，产量集中，一般占总产量的 70%，其管理要点是在保证出菇适宜温度的前提下，加强通风，调水工作是决定产量的关键所在，既要多出菇、出好菇，又要保护好菌丝，为春菇生产打下基础。

1）水分管理。当床面的菌丝洁白旺盛，布满床面时要喷重水，让菌丝倒伏，这时喷水也称“出菇水”，以刺激子实体的形成。此后停水 2～3 天，加大通风量，当菌丝扭结成小白点时，开始喷水，增大湿度，随着菇量的增加和菇体的发育而加大喷水量，喷水的同时要加强通风。

当双孢蘑菇长到黄豆大小时，须喷 1～2 次较重的“出菇水”，每天一次，以促进幼菇生长。之后，停水 2 天，再随菇的长大逐渐增加喷水量，一直保持即将进入菇潮高峰，再随着菇的采收而逐渐减少喷水量。

【提示】 水分管理技术是一项细致、灵活的工作，为整个秋菇管理中最重要的环节，有“一斤水，一斤菇”的说法。调水要注重“九看”和“八忌”。

调水的“九看”：

① 看菌株：贴生型菌株耐湿性强，出菇密，需水量大，同等条件下，调水量要比气生型菌株多。

② 看气候：气温适宜时应当多调水；偏高或偏低时，要少调水、不调水或择时调水。如果棚温达22℃以上，应在夜间或早晚凉爽时调水；棚温在10℃以下，宜在中午或午后气温较高时调水；晴天要多喷水，阴天少喷。

③ 看菇房：菇房或菇棚透风严重，保湿性差，要多调水，少通风。

④ 看覆土：覆土材料偏干，黏性小，沙性重，持水性差，调水次数和调水量要多些。

⑤ 看土层厚度：覆土层较厚，可用间歇重调的方法；土层较薄，应分次轻调。

⑥ 看菌丝强弱：若覆土层和培养料中的菌丝生长旺盛，可多调水。其中结菇水、出菇水或转潮水要重调；反之，菌丝生长细弱无力，要少调、轻调或调维持水。

⑦ 看蘑菇的生长情况：菇多、菇大的地方要多调水，菇少、菇小的地方要少调水。

⑧ 看菇床位置：靠近门、窗处的菇床，通风强、水分散失快，应多调水；四角及靠墙的菌床，少调水。

⑨ 看不同的生长期：结菇水要狠，出菇水要稳，养菌期要轻，转潮水要重。

调水的“八忌”：

① 忌调关门水：调水时和调水后，不可马上关闭门窗，避免菌床菌丝缺氧窒息衰退；防止菇体表面水滞留时间过长，产生斑点或死亡。

② 忌高温时调水：发菌期棚温在25℃以上，出菇期在20℃

以上时，不宜过多调水。高温高湿，易造成菌丝萎缩、菇蕾死亡、死菇增多、诱发病害等。

③ 忌采菇前调水：要进行2h以上的通风后，方能进行采菇。否则，易使菇体变红或产生色斑。

④ 忌寒流来时调重水：避免菌床降温过快、温差过大，导致死菇或硬开伞。气温下降后，菇的生长速度与需水量随之下降，水分蒸发也减少，多余水分易产生“漏料”和退菌。

⑤ 忌阴雨天调重水：避免菇房因高湿状态而导致病害发生或菇体发育不良。

⑥ 忌施过浓的肥水、药水和石灰水：防止产生肥害、药害，避免渗透作用使菌丝细胞出现生理脱水而萎缩，造成菇体死亡或发红变色。

⑦ 忌菌丝衰弱时调重水：防止损害菌丝，使菌床产生退菌。

⑧ 忌不按季节与气温变化调水：秋菇要随气温的下降和菇的生长量灵活调水；冬菇要控水；春菇要随气温的升高而逐渐加大调水量。

2）温度管理。温度是双孢蘑菇生长过程中一个重要的因素，创造菇房内适宜的出菇温度是秋菇夺取高产的关键。秋菇管理前期气温高，当菇房内温度在18℃以上时，要采取措施降低棚内温度，如夜间通风降温、向棚四周喷水降温、向棚内排水沟灌水降温等。秋菇管理后期气温偏低，当棚内温度在12℃以下时，要采取措施提高棚内温度，一般提高棚内温度的方法有采取中午通风提高温度、夜间加厚草苫保持棚内温度，或用黑膜、白膜双层膜提高棚内温度等措施。

3）通风管理。双孢蘑菇是一种好气性真菌，因此菇房内要经常进行通风换气，不断排除有害气体，增加新鲜氧气，有利于双孢蘑菇的生长。菇房内的二氧化碳含量为0.03%~0.1%时，可诱发原基形成，当二氧化碳含量达到0.5%时，就会抑制子实体分化，超过1%时，菌盖变小，菌柄细长，就会出现开伞和硬开伞现象。

【提示】 秋菇管理前期气温偏高，此时菇房内如果通风不好，将会导致子实体生长不良，甚至出现幼菇萎缩死亡的现象。此时菇房通风的原则应考虑以下两个方面：一是通风不提高菇房内的温度，二是通风不降低菇房内的空气湿度。因此，菇房的通风应在夜间和雨天进行，无风的天气南北窗可全部打开；有风的天气，只开背风窗。为解决通风与保湿的矛盾，门窗要挂草帘，并在草帘上喷水，这样在进行通风的同时，也能保持菇房内的湿度，还可避免热风直接吹到菇床上，避免使双孢蘑菇发黄而影响产品质量。

秋菇管理后期气温下降，双孢蘑菇子实体减少，此时可适当减少通风次数。菇房内空气是否新鲜，主要以二氧化碳的含量为指标，也可从双孢蘑菇的子实体生长情况和形态变化确定出氧气是否充足，如通风差的菇房，会出现柄长盖小的畸形菇，说明菇房内二氧化碳超标，需及时进行通风管理。

4）采收。出菇阶段，每天都要采菇，根据市场需要的大小采，但不能开伞。采菇时要轻轻扭转尽量不要带出培养料。随采随切除菇柄基部的泥根，要轻拿轻放，否则碰伤处极易变色，影响商品价值。

5）采后管理。每次采菇后，应及时将遗留在床面上的干瘪、变黄的老根和死菇剔除，否则会发霉、腐烂，易引起绿色木霉和其他杂菌的侵染和害虫的滋生。采过菇的坑洼处再用土填平，保持料面平整、洁净，以免喷水时，水渗透到培养料内影响菌丝生长。

（2）冬菇管理 双孢蘑菇冬季管理的主要目的是保持和恢复培养料内和土层内菌丝的生长活力，并为春菇打下良好的基础。长江以北诸省，12 月底～第二年 2 月底，气候寒冷，构造好、升温快、保温性能强或有增温设施的菇棚可使其继续出菇，以获丰厚回报，但在控温、调水和通风等方面与秋菇、春菇管理有较大差异，要根据具体的气温灵活掌握，不可死搬硬套。升温、保温性能差的简易棚，棚内温度一般在5℃以下，菌丝体已处于休眠状态，子实体也失去应有的养分供给而停止生长，此时应采取越冬管理，否则会入不敷出，且影响春菇产量。

1）水分管理。随着气温的逐渐降低，出菇越来越少，双孢蘑菇的新陈代谢过程也随之减慢，对水分的消耗减少，土面水分的蒸发量也在减少，为保持土层内有良好的透气条件，必须减少床面用水量，改善土层内透气状况，保持土层内菌丝的生命力。

【提示】冬季气温虽低，但北方气候干燥，床面蒸发依然很大，必须适当喷水。一般5～7天喷1次水，水温以25～30℃为宜。不能重喷，以使细土不发白、捏得扁、搓得碎为佳，含水量保持在15%左右。要防止床土过湿，避免低温结冰，冻坏新发菌丝。

若菌丝生长弱，可喷施1%葡萄糖水1～2次，喷水应在晴天中午进行。寒潮期间和0℃以下时不要喷水，室内温度最好控制在4℃以上。室内空气相对湿度可保持自然状态，结合喷水管理，越冬期间还应喷1～2次2%的清石灰水。

2）通风管理。冬季要加强菇房保暖工作，同时还要有一定的换气时间，保持菇房内空气新鲜。菇房北面窗户及通风气洞要用草帘等封闭，仅留小孔。一般每天中午开南窗通风2～3h；当气温特别低时，通风暂停2～3天，使菇房内温度保持在2～3℃。

3）松土、除老根。

① 松土的作用。松土可改善培养料表面及覆土层通气状况，减少有害代谢物；同时清除衰老的菌丝和死菇，有利于菌丝生长。菌丝生长较好的菌床，冬季进行松土和除老根工作，对促进第二年春菇生产有良好作用。

② 松土的类型。双孢蘑菇料内菌丝有壮弱之分，两种类型松土应区别对待：

第一种：土层与料层中菌丝比较壮，色泽洁白，无病虫害，应采用“小动”的办法处理。即秋菇生产结束后，把土层内发黄的老根和死菇剔除干净，对暴露菌丝的床面补土，再用两齿耙从覆土层面向料底撬动几下，增加料层的透气性，使新鲜空气进入料内，利于菌丝的再生。

第二种：土层菌丝衰退，与土层相接处的料层菌丝有夹层，甚至已变黑，有杂菌发生。但夹层下的料层中仍然有较好的菌丝，底部菌丝白色较浓密。应采用“大动”的办法处理。在春节前，先把土层铲出菇棚，再将有菌丝发黑或有杂菌的料清除。若有发酵料，调节好酸碱度和含水量，补在有菌丝的床面上，然后重新覆土，调节土层湿度以偏干为佳。若没有剩余的发酵料则在料面喷一些促进菌丝生长的营养液，进行追肥，然后重新覆土，调节土层含水量偏干一些。按上述办法加以处理后，菌丝一般可复壮，并大大提高产量。

③ 松土的具体措施。在1月先停水7天左右，将覆土挑松，边挑边将土中的枯黄菌丝、发黄的菇根、老菌块、死菇等去除掉，随即拍平。注意不要损伤大量白色菌丝和粗土周围的菌丝，否则会影响春菇产量。再将细土盖上铺平，如果土层薄可补充部分新土。

土层不厚的可补加一层新细土。在加细土之前，可喷20%~50%经煮沸的稀粪尿水1~2次，使粗土得到充足的营养，以补充秋菇生产的营养消耗。松土10天左右，当菌丝萌发生长时，再盖1~2cm厚的细土。若土中菌丝生长一般，老根不多的菌床，不必刮细土，可先停水2天，粗、细土一起松动，拣去老根及死菇即可。若培养料上层菌丝萎缩，中下层菌丝较好，可先停水数天，去土后剥去上层无菌丝的培养料，加铺一薄层培养料，并配合施1次2%的葡萄糖液，然后分别盖上粗、细土。

④ 松土后管理。松土及除老根后，需及时补充水分以利于发菌。“发菌水”应选择在温度开始回升以后喷洒，以便在有适当水分和适宜的温度下，促使菌丝萌发、生长。“发菌水”要一次用够，用量要保证恰到好处，即用2~3天时间，每天1~2次喷湿覆土层而又不渗入料内，防止用量不足或过多，使菌丝不能正常生长。喷水后应适当进行通风。菌丝萌发后，一定要防止西南风袭击床面，以免引起土层水分的大量蒸发和菌丝干瘪后萎缩。

（3）春菇管理 2月底~3月初，日平均气温回升到10℃左右，此时进入春菇管理。春菇管理和秋菇管理相比有几个不利的条件。首先，越冬后双孢蘑菇菌丝的生命力比秋菇有所下降，培养料内养分也相应减少。其次，秋季气温变化由高到低，整个气温的变化趋势与双孢蘑菇菌丝体和子实体生长对温度的要求相一致，而春季天气变化正好相反，且天气变化无常，忽高忽低。因此，春菇的管理更需谨慎从事，一旦管理不当，容易造成菌丝变黄萎缩、死菇和病虫害的大面积发生。

1）水分管理。春菇前期调水应勤喷轻喷，忌用重水。随着气温的升高，双孢蘑菇陆续出菇后，可逐渐增加用水量。把握出菇时间尤为重要，出菇过早，易受冻害；出菇过迟，则会因温度过高造成死亡。一般气温稳定在12℃左右，调节出菇水，就能正常出菇。出菇后期，菌床会变酸性，可定期喷施石灰水进行调节。

2）温、湿、气的调节。春季气候干燥，温度变化较大，因而要特别注意加强菇房的保温、保湿工作。尤其在我国北方地区，春菇管理前期应以保温保湿为主，通风宜在中午进行，防止昼夜温差过大，使菇房保持在一个较为稳定的温湿环境，有利于双孢蘑菇的生长。春菇管理后期防高温、干燥，通风宜在早、晚进行。通风时严防干燥的西南风吹进菇房，以免引起土层菌丝变黄萎缩，失去结菇能力。

8. 出菇期的生理病害

(1) 出菇过密且小　菌丝纽结形成的原基多，子实体大量集中形成，菇密而小（彩图19）。

[主要原因]　出菇重水使用过迟，菌丝生长部位过高，子实体在细土表面形成；出菇重水用量不足；菇房通风不够。

[防治措施]　出菇水一定要及时和充足；在出菇前就要加强通风。

(2) 死菇　双孢蘑菇在出菇阶段，由于环境条件的不适，在菇床上经常发生小菇蕾萎缩、变黄直至死亡的现象，严重时床面的小菇蕾会大面积死亡（彩图20）。

[主要原因]　出菇密度大，营养供应不足；高温高湿，二氧化碳积累过量，幼菇缺氧窒死；机械损伤，在采菇时，周围小菇受到碰撞；培养基过干，覆土含水量过小；幼菇期或低温季节喷水量过多，导致菇体水肿黄化，溃烂死亡；用药不当，产生药害；秋菇时遇寒流侵袭，或春菇棚温上升过快，而料温上升缓慢，造成温差过大，导致死菇；秋末温度过高（超过25℃），春菇气温回升过快，连续几天超过20℃，此时温度适合菌丝体生长，菌丝体逐渐恢复活

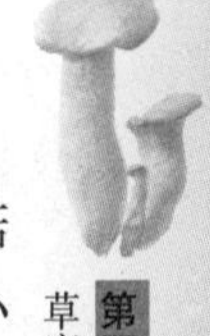

性，吸收大量养分，易导致已形成的菇蕾产生养分倒流，使小菇因养分供应不足而成片死亡；严冬棚温长时间在0℃以下，造成冻害而成片死亡；病原微生物侵染和虫害，螨虫、跳虫、菇蚊等泛滥。

[防治措施] 根据当地气温变化特点，科学地安排播种季节，防止高温时出菇；春菇后期加强菇房降温措施，防止高温袭击；土层调水阶段，防止菌丝长出土面，压低出菇部位，以免出菇过密；防治病虫杂菌时，避免用药过量造成药害。

(3) 畸形菇 常见的畸形菇有菌盖不规则、菌柄异常、草帽菇、无盖菇等（彩图21）。

[主要原因] 覆土过厚、过干，土粒偏大，对菇体产生机械压迫；通风不良，二氧化碳浓度高，出现柄长、盖小、易开伞的畸形菇；冬季室内用煤加温，一氧化碳中毒产生的瘤状凸起；药害导致畸形；调水与温度变化不协调而诱发菌柄开裂，裂片卷起；料内、覆土层含水量不足或空气湿度偏低，出现平顶、凹心或鳞片。

[防治措施] 为防止畸形菇发生，土粒不要太大，土质不要过硬；出菇期间要注意菇房通风；冬季加温火炉应放置在菇房外，利用火道送暖。

(4) 薄皮菇 薄皮菇症状为菌盖薄，开伞早，质量差（彩图22）。

[主要原因] 培养料过生、过薄、过干；覆土过薄，覆土后调水轻，土层含水量不足；出菇期遇到高温、低湿，调水后通风不良；出菇密度大，温度高，湿度大，子实体生长快，成熟早，营养供应不上。

[防治措施] 控制出菇数量，菇房通气，降低温度，能有效地防止薄皮早开伞现象。

(5) 硬开伞 症状为提前开伞，甚至菇盖和菇柄脱离（彩图23）。

[主要原因] 气温骤变，菇房出现10℃以上温差及较大干湿差；空气湿度高而土层湿度低；培养基养分供应不足；菌种老化；出菇太密，调水不当。

[防治措施] 加强秋菇后期保温措施，减少菇房温度的变幅；增加空气湿度，促进菇体均衡生长。

(6) 地雷菇 结菇部位深，甚至在覆土层以下，往往在长大时才被发现（彩图24）。

［主要原因］ 培养基过湿、过厚或培养基内混有泥土；覆土后温度过低，菌丝未长满上层便开始扭结；调水量过大，产生“漏料”，土层与料层产生无菌丝的“夹层”，只能在夹层下结菇；通风过多，土层过干。

［防治措施］ 培养料不能过湿、不能混进泥土，避免料温和土温差别太大；合理调控水分，适当降低通风量，保持一定的空气相对湿度，以避免表层覆土太干燥，促使菌丝向土面生长。

（7）红根菇 菌盖颜色正常，菇脚发红或微绿（彩图25）。

［主要原因］ 用水过量，通风不足；肥害和药害；培养料偏酸；采收前喷水；运输中受潮、积压。

［防治措施］ 出菇期间土层不能过湿，加强菇房通风。

（8）水锈病 表现为子实体上有锈色斑点，甚至斑点连片（彩图26）。

［主要原因］ 床面喷水后没有及时通风，出菇环境湿度大；温度过低，子实体上水滴滞留时间过长。

［防治措施］ 喷水后，菇房应适当通风，以蒸发掉菇体表面的水分。

（9）空心菇 症状为菇柄切削后有中空或白心现象（彩图27）。

［主要原因］ 气温超过20℃时，子实体生长速度快，出菇密度大；空气相对湿度在90%以下，覆土偏干。菇盖表面水分蒸发量大，迅速生长的子实体得不到水分的补充，就会在菇柄产生白色疏松的髓部，甚至菌柄中空，形成空心菇。

［防治措施］ 盛产期应加强水分管理，提高空气相对湿度，土面应及时喷水，不使土层过干；喷水时应轻而细，避免重喷。

（10）鳞片菇

［主要原因］ 气温偏低，前期菇房湿度小，空气干，后期湿度突然拉大，菌盖便容易产生鳞片（彩图28）；但有时，鳞片是某些品种的固有特性。

［防治措施］ 提高菇房内的空气相对湿度，尽量避免干热风吹进菇房或直吹出菇床面。

（11）玫冠病 玫冠病是一种畸形菇。这种菇失去了它的正常形

状，菌盖边缘向上翻翘，菌褶密集地暴露在菌盖上面，有时菌盖边缘上翘后垂直而拥挤地竖立在菌盖上面，露出水红色直立的菌褶，形状像玫瑰色的鸡冠，故名“玫冠病”。

［主要原因］ 由汽油、柴油、酚类化合物、沥青、农药等污染的覆土、水或空气造成的，或某些杀虫剂使用过量；蒸汽也会刺激子实体出现这种畸形生长。

［防治措施］ 发现玫冠病后要仔细查找培养料，什么部位有特殊气味存在，就可能有某种有毒物质，要立即小心地清除这部分料，在清除掉这类污染源后，双孢蘑菇又会恢复正常生长。

（12）群菇 许多子实体参差不齐地密集成群菇（彩图 29），既不能增加产量，又浪费养分和不便于采菇。

［主要原因］ 使用老化菌种；采用穴播方式。

［防治措施］ 可采用混播法；在覆土前把穴播的老种块挖出，用培养料补平。

四 双孢蘑菇工厂化生产技术要点

在欧美各国，双孢蘑菇生产的特点是高度专业化，生产工业化，菌种、培养料、发酵和栽培等工序分别由专业的公司和菇场完成，各工序的参数控制非常严格，各菇场蘑菇的单产水平均较高。目前，国内一些蘑菇工厂引进和借鉴国外蘑菇工业化生产技术，在培养料发酵和蘑菇栽培等环节精确按参数控制，使蘑菇单产水平接近了国外的标准，并摆脱了季节性束缚，实现了周年生产（图 4-9）。

图 4-9 双孢蘑菇工厂化生产车间

1. 生产工序

从工艺技术方面看，我国现有双孢蘑菇工厂化栽培企业的工艺流程、主要生产设施、设备各有不同，根据工艺流程顺序、工序特点归纳，基本情况见表 4-1。

表 4-1　双孢蘑菇生产工序及特点

主要工序	生产方式及主要设备	主 要 特 点
混合预湿	1. 用大型混料机械混料预湿	投资大，效率高，对原料有要求
	2. 用铲车、泡料池混料预湿	投资小，需要有一定的预湿场地
一次发酵	1. 用翻堆机在发酵棚内发酵	简单节能，占地大，质量不匀
	2. 用一次发酵隧道发酵	发酵质量好，占地小，投资较大
二次发酵	1. 在菇房内通蒸汽消毒和后发酵	能耗高，消毒和后发酵不匀，菇房利用率低，菇房损害大
	2. 在二次发酵隧道内消毒发酵	节能，消毒和后发酵质量好
上料、卸料方式及菇床架	1. 拉布式机械化上料、卸料，需要配备高标准的菇床架	铺料均匀，效率高，不易污染，投资大，生产成本高
	2. 压块打包后人工上料、卸料，可配一般结构的菇床架	铺料均匀，效率高，不易污染，打包投资大，热缩膜成本高
	3. 传送带上料、卸料，人工铺平压实，可配一般结构菇床架	效率较高，投资较小，生产成本较低，人工铺平压实有不匀现象
	4. 人工搬运上料、卸料，可配一般结构菇床架	投资小，效率低，劳动强度大，人工铺平压实有不匀现象
菇房空气调节系统	1. 水冷却（加热）方式，集中制冷（热）水，每个菇房安装风机盘管	安全可靠，便于维护，夏季菇房湿度不易控制
	2. 单体式水源冷（热）空调机组，每个菇房一台，可分别制冷制热	结构简单，造价适中，每个菇房可按工艺要求，灵活转换制冷制热模式，夏季菇房除湿效果好
	3. 单体式制冷机组，每个菇房一台，只能制冷，冬季取暖需另配热源	结构简单，造价低，夏季菇房除湿效果好，冬季需要另配供热系统

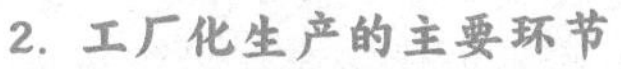

2. 工厂化生产的主要环节

（1）发酵隧道

1）拉布式隧道。通风地板是在地下通风空间上面安装水泥横梁，每个横梁之间要留出一定通风间隙，在水泥横梁上面铺两层高

强度尼龙布，将发酵料装在尼龙布上面，出料使用专用设备拉动上层尼龙布，将发酵好的培养料移出隧道。此法的优点是出料快捷卫生，不踩压成品料，通风均匀风阻小，风机电耗少，发酵料质量好；缺点是需要有两层高强度尼龙布，要有专用的出料设备，隧道造价高。这种二次发酵隧道也可用作隧道发菌（或称三次发酵）。

2）打孔式隧道。在地下通风空间上面安装开了孔的水泥板。此法的优点是可利用铲车出料，操作方便；缺点是通风阻力相对较大，如果设计施工不精确会导致隧道两端通风量不匀，地下通风空间内不易清理。国内前几年做了一些这样的二次发酵隧道，应用效果不明显，主要原因是通风系统设计不够精确。

3）通风管道式隧道。这种隧道的地下通风是采用塑料管加喇叭口气嘴制成（图4-10）。其优点是结构简单便于维护，通风均匀，进出料方便；缺点是要求风机的送风压力较大，电耗较高。

图4-10 通风管道式隧道

4）专用通风板式隧道。该隧道地下通风采用专用小风阻通风板，其优点是风阻小，需要的送风压力低，风机电耗少，操作简单，温度均匀；缺点是设计施工复杂，造价较高。

（2）上料方式 对于上料方式，目前主要有拉布式机械上料、压块打包式上料、传送带式上料、人工上料4种：

1）拉布式机械上料。通过上料设备把播好菌种的培养料均匀铺平压实在尼龙网布上，并将其拉到菇床架的床面上。这种上料方式的优点是料面平整压实均匀，上料速度快不易污染，卸料容易；缺点是要有专用的上料设备，对菇床架的要求比较高，投资很大，适合大型栽培企业。

2）压块打包式上料。将二次发酵好的培养料播好菌种后，通过压块打包设备加工成菌包，用机械或人工摆放到菇床架上。这种上料方式的优点是菌包运输方便，便于上料不易污染，对菇床架的要求不高；缺点是要有专用的压块打包设备，要消耗大量热缩膜，投资大，生产成本高。此方式只适用于大型培养料生产基地与出菇房距离较远或出菇房分散且周边硬化场地空间不大的情况。

3）传送带式上料。将二次发酵好的培养料播好菌种后，通过传送带把散料送到菇床架上，用人工铺平并压实（也可用压实设备）。这种上料方式的优点是对菇床架要求不高，投资较小，生产成本较低；缺点是人工铺平压实有不匀现象。

4）人工上料。人工搬运上料、卸料，投资小，效率低，容易污染，劳动强度大，人工铺平压实有不匀现象。

（3）菇房空气调节控制系统 对于菇房的空气调节控制系统，工厂化栽培的出菇房一定要有能够制冷和供热的空调设备，同时还要有能够调节室内空气成分（二氧化碳含量）和湿度（夏季比较重要）的调控设备。在我国应用比较成功的主要有以下3种：

1）水冷却式中央空调系统。采用集中制冷（热）水，通过管道送到各个菇房的风机盘管内，各个房间分别调节。这种空调系统的优点是安全可靠，便于维护，房间较多时投资相对减小；缺点是夏季菇房湿度不易控制，蘑菇的含水量偏高，不易保鲜。这种空调系统适用于菇房较多，不以鲜销为主的大型双孢蘑菇栽培企业。

2）单体式水源冷（热）空调机组。每个菇房设一套，可分别制冷制热。这种空调系统的优点是安全可靠，节能效率高，便于控制，夏季菇房除湿效果好，蘑菇的含水量容易控制，易于保鲜，特别适合以鲜销为主的双孢蘑菇栽培企业；缺点是菇房多时投资会增加。

3）单体式制冷空调机组。每个菇房设一套，只能制冷，这种空调系统的优点是安全可靠，便于控制，夏季菇房除湿效果好，蘑菇易于保鲜，适合以鲜销为主的双孢蘑菇栽培；缺点是只能夏季使用，且菇房多时投资也会增加。

（4）栽培技术要点

1）培养料的配比。

① 常用培养料。工厂化的双孢蘑菇生产常用的原料有麦草、稻

草、鸡粪、牛粪、饼肥、石膏、磷肥等。原料的选择，即要考虑营养，又要考虑到培养料的通透性，麦草和鸡粪是首选原材料。

② 培养料要求。新鲜无霉变，麦草含水量18%~20%，含氮量0.4%~0.6%，以黄白色草茎长者为佳。鸡粪要尽量得干，不能有结块，含水量30%左右，含氮量4%~5%，以雏鸡粪最好，蛋鸡粪次之。石灰、石膏等辅料，要求无杂质，不含没有必要的重金属，特别是镁含量不宜过高，氧化镁（MgO）含量控制在1%以下。

③ 培养料配制原则。培养料配制时，首先要计算初始含氮量，然后确定粪草比，最后确认培养料中碳和氮的比例。以粪草培养料配方为主的初始含氮量控制在1.5%~1.7%之间。以合成培养料配方为主的初始含氮量控制在2.0%左右。培养料配制的粪草比不能超过5∶5，否则游离氨气将很难排尽。

【提示】 关于培养料配制中碳和氮的比例，国内资料一致推荐碳氮比为（30~33）∶1，这种比例是与国内相应的生产条件所适应的，在工厂化生产的培养料配制中碳氮比应为（23~27）∶1，这种碳氮比的配制将在料仓和隧道系统中发挥优势。培养料配制中碳氮比在生理作用层面上，碳源主要供应微生物生长所需的能量，氮源主要参与微生物蛋白质合成，合成微生物内部的构造物质。对微生物生长发育来讲，培养基中碳氮比是极其重要的，对双孢蘑菇而言尤其关键，碳氮比例为（23~27）∶1的培养料，在料仓和隧道系统中，有利于促进培养料发酵的有益微生物的生长发育，促进培养料的腐熟分解。在料仓中，培养料中的碳氮比逐渐降到(21~26)∶1；在隧道中培养料中的碳氮比逐渐降到（14~16）∶1，此时的碳氮比有利于蘑菇菌丝的生长发育，菌丝的良好生长为以后的蘑菇高产打下必要的基础。在培养料的堆制过程中，含氮量过低，会减弱微生物的活动，堆温低，延长发酵时间；含氮量偏高时，会造成氨气在培养料中的积累，将抑制蘑菇菌丝的生长。因此，在配制培养料时，主料和辅料的用量必须按一定比例进行。

④ 推荐配方。麦草1000kg，鸡粪1400kg，石膏110kg。其中麦草水分18%，含氮量0.48%；鸡粪水分45%，含氮量3.0%。培养料中初始含氮量1.6%，碳氮比为23∶1。

2）培养料的堆制发酵。

① 场地要求。工厂化双孢蘑菇生产的培养料发酵在菌料厂内完成，菌料厂封闭运行，分原料储备区、预湿混料区、一次发酵区和二次发酵区4个部分，对场地的要求是地势高、排水畅通、水源充足，菌料厂的地面都应采取水泥硬化，并根据生产需求设计合理的给水排水系统，菌料厂的布局细节暂不做论述。

② 发酵用水。符合饮用水的卫生标准，用自来水或深井水，同时排水系统要有防污染设置，对排水要充分净化，发酵用水的质量控制指标是pH为7～8，氮含量尽量低，浸料池水的含氮量每批料都需要测量。

③ 堆制发酵。双区制的双孢蘑菇工厂，采取二次发酵技术，用料仓进行为期16天的一次发酵，用隧道进行为期7～9天的二次发酵。双区制双孢蘑菇培养料堆制发酵流程为：

原料预处理→培养料预湿处理→混料调制→一次发酵→隧道二次发酵→降温上料播种。

【提示】 三种发酵方式：

① 室外自然发酵。此方式是最早经历的阶段，目前在国内大部分采用的室外自然发酵堆肥方法，花费的时间较长，堆肥混合不均匀，受外界因素的影响较大，堆肥发酵阶段温度很难控制。

② 仓式发酵。对室外自然发酵的大改进，由室外转移至室内进行发酵，可以是封闭也可以是半封闭的状态，进料跟传统的种植模式一样，也是由装载机来完成。主要是通过控制进入堆肥的空气来控制整个发酵进程，人工控制进入整个堆肥的空气流量来调整发酵速度，仓式发酵的最大进步是在发酵仓内的地板下装入管道式通风系统，通风面积达30%，由外界送风可以直接通过地板自下而上垂直加压进入堆肥，从而保证堆肥发酵温度的均一，进而可以使全部堆肥完全、充分并且均匀进行发酵。

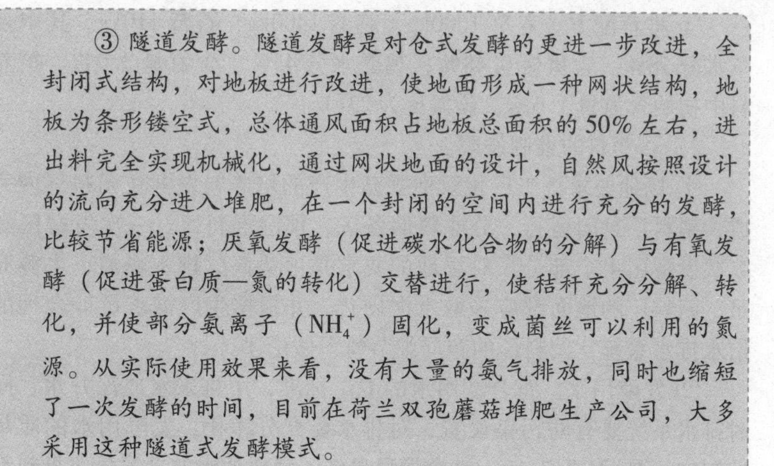
③ 隧道发酵。隧道发酵是对仓式发酵的更进一步改进，全封闭式结构，对地板进行改进，使地面形成一种网状结构，地板为条形镂空式，总体通风面积占地板总面积的50%左右，进出料完全实现机械化，通过网状地面的设计，自然风按照设计的流向充分进入堆肥，在一个封闭的空间内进行充分的发酵，比较节省能源；厌氧发酵（促进碳水化合物的分解）与有氧发酵（促进蛋白质—氮的转化）交替进行，使秸秆充分分解、转化，并使部分氨离子（NH_4^+）固化，变成菌丝可以利用的氮源。从实际使用效果来看，没有大量的氨气排放，同时也缩短了一次发酵的时间，目前在荷兰双孢蘑菇堆肥生产公司，大多采用这种隧道式发酵模式。

3）栽培设施条件。控温菇房车间采用钢塑结构或砖混结构建造，封闭性、保温性及节能性好，利于控温、保湿、通风、光照和防控病虫害（图4-11）。单库菇房大小以10m×6m×4m为宜，中架宽1.3m，边架宽0.9m，层间距0.5m，底层离地面0.2m以上，架间走道0.7m。按冷库标准要求进行建造，制冷设备与冷库大小相匹配，配置制冷机及制冷系统、风机及通风系统和自动控制系统；应有健全的消防安全设施，备足消防器材；排水系统畅通，地面平整。

图4-11　工厂化菇房外观

【提示】　工厂化生产区与生活区分隔开，生产区应合理布局，堆料场、拌料装料车间、制种车间、发酵车间、接种室、发菌室与控温菇房、包装车间、成品仓库、下脚料处理场各自隔离又合理衔接，防止各生产环节间交叉污染。

4）上料、发菌。

① 准备。上料前结合上一个养殖周期用蒸汽将菇房加热至70～80℃维持12h，撤料并清洗菇房，上料前控制菇房温度在20～25℃，要求操作时开风机保持正压。

② 上料。用上料设备将培养料均匀地铺到床架，同时把菌种均匀地播在培养料里，每平方米大约0.6L（占总播种量的75%），料厚22～25cm，上完料后立即封门，床面整理平整并压实，将剩余的25%菌种均匀地撒在料面，盖好地膜。地面清理干净，用杀菌剂和杀虫剂或二合一的烟雾剂消毒一次。

③ 发菌。料温控制在24～28℃，相对湿度控制在90%，根据温度调整通风量。每隔7天用杀虫杀菌剂消毒一次。14天左右菌丝即可长好，覆土前2天揭去地膜，消毒一次。养殖菇房内二氧化碳含量在1200mg/kg左右。

④ 病虫害防治。此期间病虫害很少发生，对于出现的病害要及时将培养料清除出菇房做无害化处理；虫害（主要为菇蝇、菇蚊）在菇房外部设立紫外灯或黑光灯进行诱杀。菇房内定期结合杀菌用烟雾剂熏蒸杀虫即可。

5）覆土及覆土期发菌管理。

① 覆土的准备。草炭土粉碎后加25%左右的河沙，用福尔马林、石灰等拌土，同时调整含水量在55%～60%，pH在7.8～8.2，覆膜闷土2～5天，覆土前3～5天揭掉覆盖物，摊晾。

② 覆土。把覆土材料均匀铺到床面，厚度4cm。环境条件同发菌期一致；菌丝爬土后连续3天加水，加到覆土的最大持水量。

③ 搔菌。菌丝基本长满覆土后进行搔菌，2天后将室温降到15～18℃，进入出菇阶段。

6）出菇。

① 降温。进入出菇阶段后，24h内将料温降到17～19℃，室温降到15～18℃，空气相对湿度在92%，二氧化碳含量低于800mg/kg。

② 出菇。保持上述环境到菇蕾至黄豆粒大小，降低湿度至80%～85%，其他环境条件不变；当双孢蘑菇长到花生粒大小后增加加水量（图4-12）。

③ 采摘。蘑菇大小达到客户要求后即可采摘，每潮菇采摘3～4

天，第四天清床，将所有的蘑菇不分大小一律采完（图 4-13），采后清理好床面的死菇、菇脚等。清床后根据覆土干湿和菇蕾情况加水 2～3 次，二潮菇后管理同第一潮菇。

图 4-12　双孢蘑菇工厂化出菇

图 4-13　机械化采菇

④ 清料。三潮菇结束后，及时清理废菌料，并开展菌糠生物质资源的无害化循环利用。对生产场地及周围环境定期冲刷、消毒，菇房通入蒸汽使菇房温度达到 70～80℃，维持 12h，降温后撤料开始下一周期的生产。

【注意】 工厂化生产的双孢蘑菇应推行产品包装标志上市，建立质量安全追溯制度及生产技术档案，生产记录档案应保留 3 年以上。生产技术档案包括以下几个方面：

① 产地环境条件：空气质量，水源质量，菇房设施材料、结构及配套设备、器具等。

② 生产投入品使用情况（包括栽培料配方中原辅材料、肥料、农药及添加剂、所用菌种、拌料及出菇管理用水等）：包括名称，来源，用法和用量，使用和停用的日期等。

③ 生产管理过程中（从备料、预湿、一次发酵、二次发酵、播种、发菌、出菇，到采收）双孢蘑菇病虫害的发生和用药防治情况。

④ 双孢蘑菇采收日期、采收数量、商品菇等级、包装、加工。

⑤ 生产场所（菇棚、菇房）名称、栽培数量、记录人、入档日期。

第二节　鸡腿菇高效栽培技术

鸡腿菇［*Coprinus comatus*（Mull. ex Fr.）S. F. Gray］　又名鸡腿蘑、毛头鬼伞，属真菌门、担子菌亚门、层菌亚纲、伞菌目、伞菌科、鬼伞属。20 世纪 70 年代西方国家开始人工栽培鸡腿菇，我国在 20 世纪 80 年代开始人工栽培，并将野生鸡腿菇驯化成人工栽培种。近年来种植规模迅速扩大，已成为我国大宗栽培的食用菌之一。目前，山东、河北、福建等省已经从单一栽培模式发展为多种栽培模式，可以在室内栽培、棚内栽培，也可利用防空洞、土洞、林下进行反季节栽培；可以阳畦栽培，也可以床架栽培、工厂化栽培；可以生料栽培，也可以发酵料、熟料栽培；在原料上可以利用农业和工业生产中的下脚料，如秸秆、稻草、棉籽壳、废棉、酒糟、酱渣、甘蔗渣、木糖醇渣栽培鸡腿菇。出菇后的菌袋废料，可制作生物有机肥料，也可以用作畜禽饲料或生产沼气原料，畜禽粪便又可用作培养鸡腿菇辅料，因此可形成农业生产的良性循环，属于环保型的产业，具有广阔的发展前景。

鸡腿菇营养丰富，据报道，100g 干品中含粗蛋白质 25. 4g，脂肪 3. 3g，总糖 58. 8g，纤维 7. 3g，灰分 12. 5g，热量值 346kcal（1cal = 4. 1868J）。蛋白质中含有 20 种氨基酸，其中人体必需的 8 种氨基酸全具备。鸡腿菇也是一种药用菌，有益胃、清神、助食、消痔、降血糖等功效，对糖尿病有辅助疗效。据《中国药用真菌图鉴》载，鸡腿菇的热水提取物对小鼠肉瘤 S-180 和艾氏癌抑制率分别为 100% 及 90%。鸡腿菇还有治疗糖尿病的功效，长期食用对降低血糖浓度、治疗糖尿病有较好疗效。另外经常食用鸡腿菇有助消化、增进食欲，特别对治疗痔疮效果明显。

一　鸡腿菇生物学特性

1. 形态特征

(1) 菌丝体　鸡腿菇菌丝在母种培养基上，初期呈灰白色、浓密、整齐，随着菌丝的不断生长，后期呈灰褐色；在原种培养基（麦粒、玉米粒及其他稻壳等）上呈灰白色，有轻微爬壁现象，长时

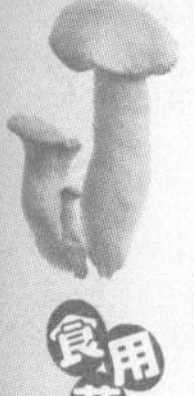

间保藏菌丝会分泌黑色素。

（2）子实体 鸡腿菇的菌盖初呈圆柱形至卵圆形，随着菌盖长大，菌盖表面产生较大的鳞片状物（彩图30）；开伞后边缘菌褶很快溶化成墨汁状液体。菌柄白色、圆柱状中空、较脆、上部较细、基部较粗，直径一般为1~5cm，其直径与品种及生长环境条件有密切关系；菌柄长一般为5~25cm，也因品种及生长环境条件而异。

2. 生长发育条件

（1）营养条件 鸡腿菇是腐生性真菌，其菌丝体利用营养的能力特别强，纤维素、葡萄糖、木糖、果糖等均可利用。但在生产中为使其生长正常和加快生长速度，提高产量和商品质量，还是应适当添加一些氮素营养，如麦麸、豆饼粉等，一般培养料的碳氮比在(20~40)∶1即可。

（2）环境条件

1）温度。鸡腿菇是一种中温偏低型菇类，菌丝生长的温度范围为3~35℃，最适温度为26℃，其菌丝抗寒能力特强，能忍受-30℃低温。温度低，菌丝生长缓慢，呈现稀绒毛状；温度高，菌丝生长快，呈现绒毛状，气生菌丝发达，基内菌丝变稀。当温度超过37℃时，菌丝会自溶，导致生产失败。

子实体形成需低温刺激，当温度降到20℃以下、9℃以上时，鸡腿菇菇蕾即会破土而出。鸡腿菇子实体生长温度范围为9~30℃，一般低于8℃、高于30℃时，子实体不易形成，即使勉强现蕾，也会很快老化，且产量、品质都很差。在9~30℃范围内，随温度升高，子实体品质下降，最佳出菇温度为20℃。在12~18℃范围内，温度越低，子实体发育越慢，个头大，个个像鸡腿，甚至像手榴弹。20℃以上菌柄易伸长、菌盖易开伞。人工栽培时，温度在16~24℃子实体发生最多，产量最高。

2）湿度。菌丝生长时基料含水量以65%左右为宜，春季拌料因空气干燥，水分蒸发快，水分可适当调高一些；秋季栽培因高温季节发菌，水分可适当降至60%以下。为确保发菌成功，发菌期间相对空气湿度应控制在70%左右，出菇时空气相对湿度应控制在80%~90%，湿度过低易使子实体过早翻卷鳞片；过高易引发某些病害，包括褐色斑点病等生理性病害。

3）光照。适宜的光照强度有利于子实体形成，如无一定强度的散射光刺激，子实体生长很慢；如果光照太强，子实体生长受抑制，且质地差，干燥、变黄，降低商品价值。理想的光照强度为500～800lx，在这样的光照强度下出菇快、产量高、品质好，不易感染杂菌。一般认为菌丝生长不需要光，但微弱的光不影响菌丝生长。

4）空气。鸡腿菇是一种好氧性腐生菌，一生中都需要较好的通风条件，尤其是出菇阶段，更要加强通风，保持菇棚内空气新鲜，当菇棚内“食用菌气味”很小甚至没有时，鸡腿菇子实体如同在野生条件下，其生长发育才良好。

5）酸碱度。鸡腿菇不论菌丝生长阶段还是子实体生长阶段，适宜的pH为7左右，过高或过低，均会对菌丝生长有抑制作用。但在生产中，为了防止杂菌滋生，往往将pH调至大于8，虽然不太适宜，但经过一段时间生长之后，培养料pH会被菌丝自动调至7。

6）土壤。鸡腿菇菌丝体长满培养料后，即使达到生理成熟，如果不予覆土处理，便永远不会出菇，这是鸡腿菇的重要特性之一。鸡腿菇子实体生长前提条件之一是必须覆土，覆土要求中性或偏碱性，且覆土材料要经过消毒、杀菌、灭虫处理。

覆土主要作用：①控制温度，起隔热和遮阴作用；②调节湿度，减少菇畦内水分蒸发，有利于水分管理；③覆土后由于加大了对栽培料的压力、缩小了栽培料的空隙，有利于菌丝吃料、穿透和交织；④土壤中含有N、P、K等营养成分以及土壤微生物代谢产物，可改进及平衡栽培料的营养供给，使鸡腿菇顺利出菇。

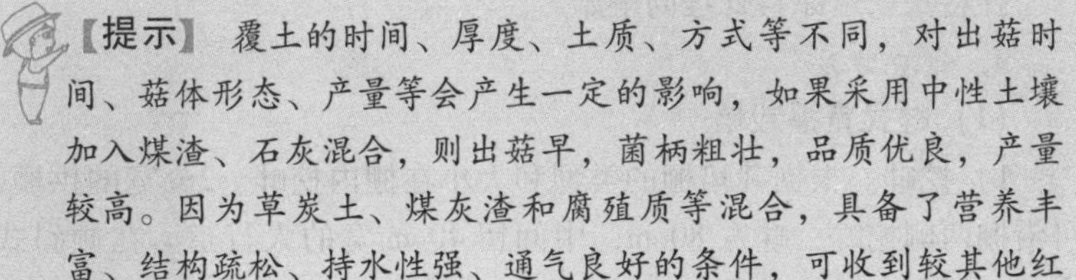

【提示】 覆土的时间、厚度、土质、方式等不同，对出菇时间、菇体形态、产量等会产生一定的影响，如果采用中性土壤加入煤渣、石灰混合，则出菇早，菌柄粗壮，品质优良，产量较高。因为草炭土、煤灰渣和腐殖质等混合，具备了营养丰富、结构疏松、持水性强、通气良好的条件，可收到较其他红壤土、黏土更好的效果。

二 鸡腿菇高效栽培技术要点

1. 栽培季节

我国北方省份如果利用大棚、半地下或地下式的菇棚、拱棚等设施，可春、秋两季栽培。春栽可在2～6月，秋栽宜在8～12月出菇，也可利用山洞、土洞、林地进行反季节栽培。

2. 培养料配方

1）棉籽壳96%，尿素0.5%，磷肥1.5%，石灰2%。

2）稻草、玉米秸各40%，牛、马粪15%，尿素0.5%，磷肥1.5%，石灰3%。

3）玉米芯95%，尿素0.5%，磷肥1.5%，石灰3%。

4）玉米芯90%，麸皮7%，尿素0.5%，石灰2.5%。

5）菇类菌糠80%，马粪（或牛粪）15%，尿素0.5%，磷肥1.5%，石灰3%。

6）菇类菌糠50%，棉籽皮38%，玉米粉7.5%，尿素0.5%，石灰4%。

7）玉米秸88%，麸皮8%，尿素0.5%，石灰3.5%。

8）玉米秸及麦秸各40%，麸皮15%，磷肥1%，尿素0.5%，石灰3.5%。

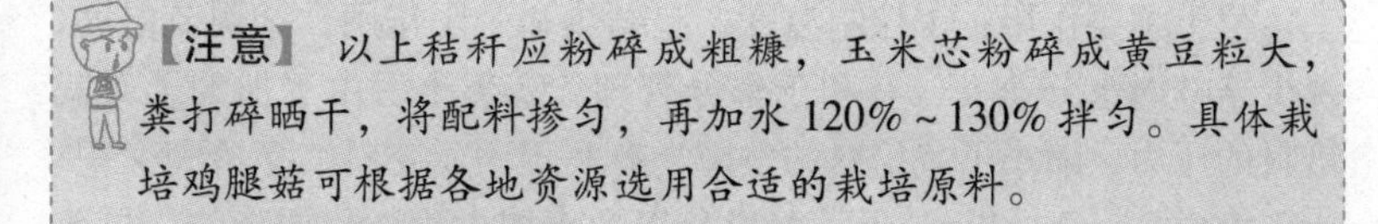

【注意】 以上秸秆应粉碎成粗糠，玉米芯粉碎成黄豆粒大，粪打碎晒干，将配料掺匀，再加水120%～130%拌匀。具体栽培鸡腿菇可根据各地资源选用合适的栽培原料。

3. 拌料及栽培原料处理

拌料及栽培原料处理同平菇。

4. 栽培方法

(1) 畦式直播栽培

1）挖畦。根据栽培棚的类型和大小在棚内挖畦。2m宽的拱棚，可沿棚两侧挖畦，畦宽80cm，中间留40cm宽的人行道。在倾斜式半地下棚内，沿棚向留三条人行道，每条40cm，平分成4个长畦，每畦宽95cm左右（图4-14）；或者在靠近北墙处留一条0.7m左右的人行道，南北向挖畦，畦宽1m，两畦之间留40cm人行道。在地上棚中，靠北墙留一条宽0.7～0.8m的人行道，南北向挖畦，畦宽1m，两畦之间留40cm宽人行道。在以上3种棚内挖畦时，将挖出的土筑于人行道上及畦两端，使畦深为20cm。

2）铺料、播种。挖好畦后，在畦底撒一薄层石灰，将拌好的生料或发酵料铺入畦中，铺料约7cm厚时，稍压实，撒一层菌种（菌种掰成小枣大），约占总播种量的1/3，畦边播量较多；然后铺第二层料，至料厚约13cm时，稍压实，再播第二层菌种，占总播种量的1/3（总播种量占干料重的15%），再撒一层料，约2cm厚，将菌种盖严，稍压实后，覆盖塑料薄膜，将畦面盖严、发菌。

图4-14　鸡腿菇畦式直播

3）发菌期管理。播种覆膜后，保持畦内料温在20℃左右，如果料温高于28℃，应及时揭膜散温，但应注意勿使料面干燥。如果畦内料过湿，也应揭膜散潮。当料面出现菌丝时，每天掀动薄膜1～2次，进行通风换气，使畦面空气清新。正常情况下15～20天料面即发满菌丝。发菌期如果出现杂菌，应及时清除，以免蔓延。

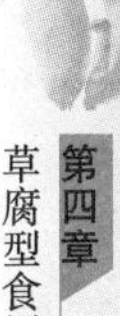

4）覆土。理想的覆土材料应具有喷水不板结、湿时不发黏、干时不结块、表面不形成硬皮和龟裂等特点，一般多用稻田土、池塘土、麦田土、豆地土、河泥土、林地土等，一般不用菜园土，因其含氮量高，易造成菌丝徒长，结菇少，并且易藏有大量病菌和虫卵。

土应取表面15cm以下的土，并且经过烈日曝晒，以杀灭虫卵及病菌，而且可使土中一些还原性物质转化为对菌丝有利的氧化性物质。覆土最好呈颗粒状，小粒0.5～0.8cm，粗粒1.5～2.0cm，掺入1%的石灰粉，喷甲醛及0.05%的敌敌畏，堆好堆，盖上塑料薄膜闷

24h。然后，掀掉薄膜，摊开土堆，等散发完药味后即可覆土。土的湿度以手握成团，抖之即散为好。

鸡腿菇菌丝生长发育成熟后，不接触土壤不形成子实体，因此料面发满菌丝后应及时覆土，覆土层约3cm厚，分3天每天1次用清水喷至覆土最大持水量，覆土层上可覆盖塑料薄膜进行发菌，切忌覆土后喷水过大。

（2）袋式栽培

1）拌料、装袋播种、发菌。鸡腿菇生料、发酵料栽培可选用低压聚乙烯塑料袋，规格为（40~50）cm×（25~28）cm，可装干料1~1.7kg；也可用大袋，其规格为70cm×60cm，可装5kg干料（图4-15），拌料、装袋播种、发菌同平菇；鸡腿菇熟料栽培可选用低压聚乙烯袋，其规格为（20~22）cm×（40~45）cm，可装干料2.0kg，拌料、装袋、灭菌、接种、发菌同香菇。

图4-15　鸡腿菇大袋栽培

2）覆土。鸡腿菇菌丝体抗老化能力强，可较长时间存放，因此，可根据栽培场所和市场需求来决定脱袋及覆土时间。

鸡腿菇袋式栽培覆土分为脱袋覆土（图4-16）和不脱袋覆土（图4-17）两种方式。脱袋覆土方式同平菇全覆土栽培；不脱袋覆土一般是把发满菌菌袋的扎口绳去掉，拉直袋口，然后在菌袋上端覆土2~3cm，盖膜保温保湿，养菌出菇。

图 4-16　鸡腿菇脱袋覆土出菇

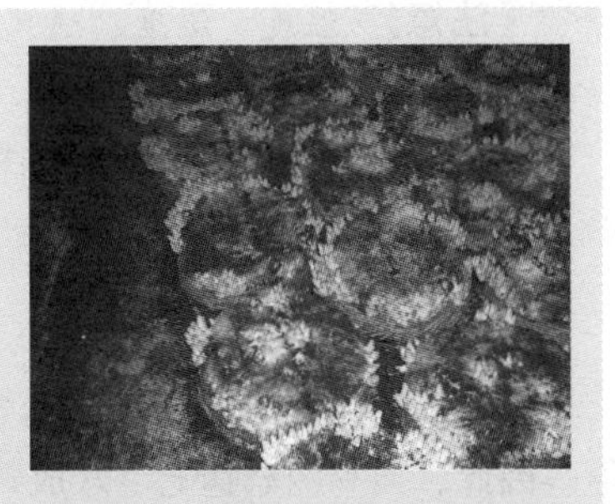
图 4-17　鸡腿菇不脱袋覆土出菇

【窍门】>>>>

不脱袋覆土的优点是减少了挖畦、脱袋的工序，解决了覆土量大的难题，省工、省时，且节省土地；且可利用多种场地，如各种床架、畦床、防空洞、土洞、庭院空地、房顶平台等，出菇时间安排灵活，菌袋污染少，并且易及时清除污染袋。其缺点是生物转化率低，2～3 潮菇不易形成。

5. 出菇管理

覆土后，加强对湿度的管理，使土层湿润，保持空间相对湿度为 75% 以上。当菌丝长出覆土层时，就要适当降温，尽量创造温差，减少通风，降低湿度，及时喷"结菇水"，以利于原基形成。喷水不要太急，宜在早晚凉爽时喷。气温高时，每天喷水 1～2 次，要掌握"菇蕾禁喷，空间勤喷；幼菇（菌柄分化）酌喷，保持湿润；成菇（完全分化）轻喷"的科学用水方法。

适当增加散射光强度进行催蕾，避免直射光照射，以使菇体生长白嫩；并注意将薄膜两端揭开通小风，刺激菌丝体纽结现蕾。实践证明，适当缺氧能使子实体生长快而鲜嫩，菇形好。若大田栽培，4～5 月应加盖双层遮阳网，若在树林或果树下栽培，加一层遮阳网，避免直射光的照射。菇蕾形成后，经精心管理，过 7～10 天，子实体达到八成熟，菌环稍有松动，即可采收。

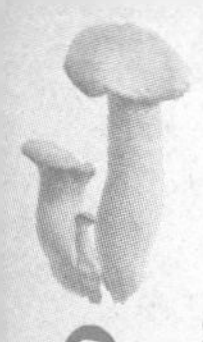

【注意】 温度、湿度、通风、光照是关系鸡腿菇产量和质量的主要因素，几种因素既相互矛盾又相辅相成。通风降温不要忘记保持湿度，保温保湿不要忘记通风，根据不同季节，进行科学管理。

6. 采收及采后管理

鸡腿菇成熟开伞后，子实体很快自溶，呈墨汁状，失去商品价值。因此，当鸡腿菇达七、八成熟，菌盖尚紧包菌柄时即应及时采收（图4-18）。采收时用手捏住菇柄基部左右转动后轻轻拔出，勿带出基部土壤。

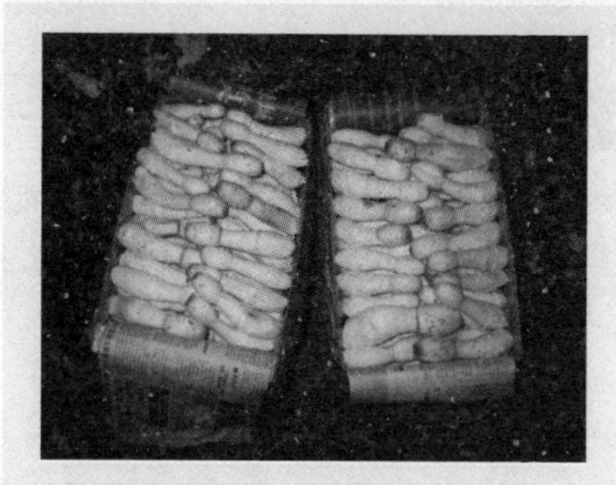
图4-18　鸡腿菇采收

采收后应及时清理畦面，勿留残菇和老化菌根，并一次性补足水分，用土覆平采菇留下的孔、洞和缝隙，保湿养菌直至下潮菇出现。一般可采收4~5潮菇，生物学效率可达100%以上。

三 鸡腿菇主要病害及防治

1. 鸡爪菌

鸡爪菌即叉状炭角菌，是近年来危害严重的一种寄生性病原真菌，主要发生在鸡腿菇的子实体生长阶段，其子实体酷似鸡爪，俗称为“鸡爪菌”（图4-19）。

（1）发生原因 鸡腿菇菌丝生长时，受土壤中杂菌菌丝侵扰，二者结合扭结发生变态，长成鸡爪菇。发生时呈暗褐色、尖细、基部相连，其菌丝与鸡腿菇争夺养分并抑制鸡腿菇菌丝生长，造成鸡腿菇严重减产，甚至绝产。鸡爪菌多在夏初及二潮菇后大量发生，阴暗、温度高、湿度大、通风不良、菌床水分多时易诱发此病。病源为培养基或覆土中携带的病原菌。

（2）无公害防治

图 4-19 鸡爪菌

1）使用优质菌种。

2）原材料必须新鲜、干燥、无霉变。

3）培养料中加入0.1%～0.2%的50%多菌灵或克霉王等，抑制杂菌生长。

4）堆积发酵要彻底，最好进行熟料栽培。

5）选用覆土要慎重，必要时进行消毒处理。

6）在气温偏高的季节栽培时，最好进行不脱袋覆土出菇，避免相互传染。

7）管理上注意降温、降湿、加大通风、避免菇棚内积水。

8）春末夏初或夏秋高温季节栽培时发病率高，一般选在9～10月种植为好。

9）一旦发现鸡爪菌要及时挖除，防止孢子成熟和扩散。

2. 腐烂病

腐烂病是由细菌引起的常见病害，危害较重。染病子实体初为褐色，后菌盖变黑腐烂，最终只残留菌柄。高温高湿、通风不良时易诱发此病，夏季反季节栽培时发病率高。

无公害防治：投料前用石灰水、烧碱等对菇棚进行消毒；空气湿度及覆土含水量要稍低；发病初期可用农用链霉素（含量100～200mg/kg）防治；及时拔除病菇，以防传染。

3. 褐斑病

褐斑病在染病初期，子实体菌柄和菌盖上出现褐色斑块，逐渐扩大，最终使整个菇体变褐。覆土层和环境的湿度过大及出菇期间喷水不当易诱发此病，夏季反季节栽培时易发生。

无公害防治：出菇期覆土含水量不宜过高，以土壤不黏手、表

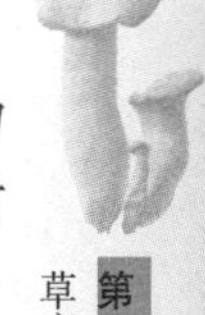

层土露白为宜；出菇期尽量避免向幼菇上喷水，环境湿度大时，应加强通风降湿。

4. 褐色鳞片菇

褐色鳞片菇表现为菌盖表面鳞片多，呈褐色，是一种生理病害。主要原因是光照过强、湿度偏低。预防该病发生，出菇期间应做好遮光管理，使其处在弱光下生长，避免强光照，相对湿度在80%～85%之间，若低于70%时要及时向墙壁和地面喷水。

第三节 草菇高效栽培技术

草菇［*Volvariella volvaea*（Bull. ex Pr.）Sing.］又名兰花菇、美味草菇、美味苞脚菇、中国蘑菇，属真菌门、担子菌纲、伞菌目、光柄菇科、小苞脚菇属。我国是世界上生产草菇最多的国家，产量居世界首位。据考证，草菇最早栽培于我国，距今已有200多年的历史，清道光二年（1822年）《广东通志》就有关于“南花菇”的记载，广东南华寺的僧侣，以稻草加牛粪堆制腐烂后做栽培料，用生长过草菇的腐草作为接种材料，在夏季的湿热条件下栽培出菇。后由华侨将草菇栽培技术传至日本、韩国、马来西亚、菲律宾、泰国、新加坡、印度、印度尼西亚等地，后来又传到非洲的尼日利亚和马达加斯加，近年来一些欧美国家也开始栽培。

草菇不仅味道鲜美，而且营养价值也很高，鲜草菇蛋白质含量为3.37%，脂肪2.24%，矿物质（氧化物）0.91%，还原糖1.66%，转化糖0.95%。草菇中含有丰富的维生素C（抗坏血酸），每100g鲜草菇就含有206.27mg，比富含维生素的水果、蔬菜高很多。此外，草菇中还含有一种叫作异种蛋白的物质，可以增强机体的抗癌能力；草菇所含的含氮浸出物嘌呤碱，又能抑制癌细胞的生长。同时，夏天食用草菇又有防暑去热的作用，因此，草菇是一种营养丰富的“保健食品”。

一 草菇生物学特性

1. 形态特征

草菇是一种腐生真菌，由营养器官（菌丝体）和繁殖器官（子实体）两部分构成。

（1）菌丝体 草菇菌丝体呈白色或黄白色，半透明，具有丝状分枝。根据其发育程度和形态特征可分为初生菌丝和次生菌丝两种。

1）初生菌丝。初生菌丝是由担孢子萌发形成的，菌丝有隔膜，呈分枝状。每个细胞内含有一个核，核平均大小为1.5～2.5μm。有些初生菌丝能形成厚垣孢子。

2）次生菌丝。初生菌丝互相融合，完成同宗配合而形成次生菌丝。次生菌丝的每个细胞内含有两个核。次生菌丝粗壮，生长快，往往形成很多厚垣孢子。

（2）子实体 成熟的草菇子实体由菌盖、菌褶、菌柄和菌托四部分组成（彩图31）。

1）菌盖。菌盖是子实体的最上部分。菌盖呈钟形，成熟时平展开，直径6～20cm，表面平滑，灰褐色或鼠灰色，中间凸起处色较深，向四周渐变为浅灰色，有的菌盖表面出现放射状的深灰色条纹。

2）菌褶。菌褶位于菌盖的底面，呈肉红色，有250～380片，长短交错，呈辐射状排列，与菌柄离生。菌褶是担孢子的发生场所。每个菌褶由3层交织的菌丝体组成。里层菌丝体交织得比较疏松，叫作菌髓；中层菌丝体交织得比较紧密，叫作子实亚层；外层即菌褶的两侧，叫子实层，它是菌丝体的末端细胞，产生担子和担孢子。每个担子顶端通常有4个小梗，每个小梗上着生一个担孢子。担孢子初期白色，成熟后变成水红色或红褐色，表面光滑，椭圆形或卵形，平均长度为7～9μm、宽4.5～6.5μm，担孢子是单核的。每个成熟的草菇产生担孢子的数量很大，从几亿到几十亿不等。

3）菌柄。菌柄着生于菌盖下面的中央，与菌托相连接，具有支撑菌盖、运输营养物质和水分的作用，菌柄白色，内实，含较多的纤维素。菌柄的长度为5～18cm，直径0.5～1.5cm，上细下粗，没有菌环。

4）菌托。菌托位于菌柄下端，是子实体的最下部分。菌托是子实体发生初期的保护物，称为包被，是柔软的薄膜，包裹着菌盖和菌柄。后期由于菌柄伸长，包被破裂而残留于菌柄基部。菌托的基部具有吸收营养物质的根状菌索。

2. 生长发育条件

(1) 营养条件 草菇是一种腐生真菌，依靠分解吸收培养料中的营养为主，其生长发育过程中需要的营养物质，可分为碳源、氮源、矿物质和维生素4类。

1）碳源。主要有糖类，如葡萄糖、蔗糖、淀粉、纤维素和半纤维素等。在草菇栽培中，常用富含纤维素的稻草、麦秸、棉籽壳、废棉作为碳素营养源。草菇菌丝生长过程中产生的各种酶，将纤维素、半纤维素分解成单糖，然后吸收利用。因此，凡含有纤维素的材料，均可作为草菇的培养料。

2）氮源。主要是有机含氮化合物如蛋白质和氨基酸，还有无机含氮化合物硫酸铵、硝酸铵（对硝态氮利用很差），培养料中氮源不足会影响草菇菌丝生长，用稻草、麦秸栽培草菇，在培养料中适当添加一些含氮素较多的麸皮，可促进菌丝生长，缩短出菇期，提高产菇量。培养料中添加氮源时，以添加5%麸皮效果较好，用畜禽粪要经过发酵处理。添加尿素补充氮源，一定要注意使用的浓度，一般用量不超过0.1%~0.2%，浓度过高，因产生氨气多，会抑制菌丝生长，往往引起鬼伞等杂菌大量发生。

3）矿物质。钾、镁、硫、磷、钙等矿物质是草菇生长发育所必需的，但在一般含纤维素原料中已有足够的含量，无须补充。草菇生长还需要铁、铜、钼、锌、钴、锰等微量元素，这些在普通水中的含量就能满足需要，不需要另外添加。

4）维生素。一般麸皮、米糠中维生素含量较多，在培养料中加入这些原料可以解决草菇所需的维生素。

(2) 环境条件

1）温度。草菇原产于热带和亚热带地区，长期的自然选择使它具有独特的喜高温的特性。草菇对温度的要求，因不同生育期而有所不同。孢子萌发的最适温度为35~40℃，低于25℃或高于45℃，孢子都不萌发。菌丝生长的温度范围为20~40℃，最适温度为35℃，在15℃生长极微弱，10℃停止生长，5℃以下，菌丝很快死亡。所以，草菇菌种不应放在冰箱中保存，以免被冻死。子实体发生的最适温度为28~34℃，在适温范围内，菌蕾在偏高温度中发育快，很易开伞，菇体小而质次；在偏低的温度中，长势好，不易开伞，菇体大而质优。夏季气温高，最好在树荫下栽培，温度调节到25～28℃。初夏和早秋昼夜气温变化大，夜间要注意保温，防止温度骤然下降，造成菌蕾萎缩烂掉。

【提示】 栽培草菇除了注意空气温度外，更应注意培养料内的温度，堆料后由于微生物的发酵产生“生物热”，料温上升，有时达到50～60℃，要特别注意料温的控制，把料温调节在32～38℃为好，低于28℃或高于45℃，草菇子实体都不能形成。

2）水分。水分是影响草菇生长发育的重要条件之一，培养料中的含水量直接影响草菇的生长发育。水分不足使菌丝和菌蕾干枯死亡；水分过多，培养料通气不良，抑制呼吸过程，影响代谢活动正常进行，使菌丝和菌蕾大量死亡，导致病虫害滋生和蔓延。实践表明，培养料的含水量为70%～75%，空气相对湿度为85%～90%，适于菌丝和子实体的生长。若湿度长期处在95%以上，菇体容易腐烂，引起杂菌和病虫害繁殖，小菌蕾萎缩死亡。

3）空气。草菇是好气性真菌，氧气不足，二氧化碳积累太多，菇蕾呼吸受到抑制，导致生长停止或死亡。当空气中二氧化碳含量超过1%时，对草菇生长发育就能产生抑制作用。所以草菇栽培过程中，培养料含水量不宜太高，草被不宜太厚，塑料薄膜覆盖不要过严，注意定期进行通风，及时排除污浊气体，保持空气新鲜。出菇阶段更应注意通风，以满足菌丝生长发育和子实体形成所需要的新鲜空气。

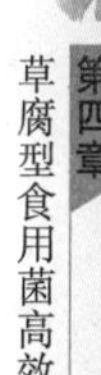

4）光照。草菇生长发育需要有一定的散射光，适量的光照可促进子实体的形成。据试验观察，以500～1000lx的光照强度，每天照射12h以上有利于菌丝生长和子实体发育。草菇不需要直射光，强烈的阳光严重抑制草菇生长。因此，露天栽培必须覆盖草被，搭荫棚或挂草帘，防止太阳光直射。

5）酸碱度。草菇喜偏碱性环境，培养料的pH以8～9为宜，偏酸性的培养料对草菇菌丝体和菇蕾生育均不利。为了满足草菇对pH

的要求，在配料时应加入一定量的石灰粉或用1%石灰水浸泡原料。

二 草菇高效栽培技术要点

1. 栽培季节

草菇属高温型真菌，在生长过程中要求气温稳定在23℃以上，只有这样才有利于菌丝生长和子实体形成。在自然季节，室外栽培温度难于人工控制，只有选择好栽培适期，才能满足草菇生长发育适宜的温度。据山东省中南部地区的气象观测，从5月下旬~9月中旬，塑料地棚内的温度可保持在22~31℃，在此期间，用棉籽壳栽培草菇，一般于播种后第二天菌丝萌发，第三天菌丝吃料，第9~12天采收第一潮菇，可连续收菇2~3潮，生长期为25~30天，生物学效率达24.8%~32.3%。在山东省中部和南部地区，5月下旬~9月中旬可作为草菇的适宜栽培日期，北部地区推迟到6月上旬为适期，栽培期为110天左右，其他地区可根据当地气温变化确定栽培适期。

2. 栽培原料及处理

草菇培养料主要有棉籽壳、废棉、麦秸和稻草，以废棉最好，棉籽壳次之，麦秸和稻草稍差。栽培过平菇、金针菇、银耳的棉籽壳废料，以及陈旧棉籽壳和污染料，经过适当处理也可用来种草菇。

（1）棉籽壳 棉籽壳的质量直接影响到栽培的成败，要选用绒毛多的优质棉籽壳，最好是刚加工后存放时间短的新鲜棉籽壳。栽培前，先在日光下曝晒2~3天，每100kg棉籽壳加入石灰粉5kg，用180kg清水拌匀后，堆闷一夜；也可在棉籽壳中加入麦秸30%~40%，麸皮3%~5%，然后进行堆积发酵。在阳光充足的地方，地面平铺10cm厚麦秸，把堆闷一夜的棉籽壳堆积在麦秸上。料少时，堆成1m高的圆堆；料多时，堆成高1m、宽1m的长形堆。用木棍通气孔至料底，进行好气发酵。料堆中心温度上升到60℃时，维持24h后进行翻堆，使上下、里外发酵均匀。当培养料颜色呈红褐色，长有白毛菌丝，有发酵香味，无霉及氨臭味，发酵即可结束，发酵时间3~5天。发酵好的培养料应立即栽培，放置过久，易引起杂菌污染。

（2）废棉 废棉是轧花厂、棉纺厂、弹花厂废弃的下脚料，俗称飞绒或破籽棉，含有大量纤维素，是栽培草菇的优质培养料。废棉的保温、保湿性能好，但透气性较差。使用前应先将其放入 pH 为 10 ~ 12 的石灰水中浸泡一夜，然后捞出沥干后堆积发酵（方法同棉籽壳）。

（3）麦秸 要选用当年收割、未经雨淋、未变质的麦秸。麦秸的表皮细胞组织中含有大量硅酸盐，质地比较坚硬，且蜡质多，吸水性差，不易软化。使用前需经过破碎、浸泡碱化和发酵处理。

1）破碎。将整捆麦秸散开铺在地上，用石碾或车轮滚压，使之破碎，质地变软。

2）浸泡软化。将压碎的麦秸用石灰水浸泡，促使麦秸软化和吸水。可挖一个长方形平底坑，坑的大小视麦秸的数量而定。坑内平铺一层塑料薄膜，再分层撒入碎麦秸，不断注入 2% 石灰水，用脚踩踏，使麦秸浸透，浸泡时间为一昼夜（有条件的可砌水泥池）。

3）堆积发酵。将浸泡的麦秸捞出堆成垛，垛高 1.5m，宽 1.5m，长度不限。当麦秸堆中心温度上升到 60℃ 左右时，保持 24h，然后翻堆，将外面的麦秸翻入堆心，使堆内外发酵均匀。翻堆后中心温度再上升到 60℃ 左右时，再保持 24h，发酵即可终止，发酵时间一般为 3 ~5 天。应控制好发酵的时间和温度，防止发酵过度，造成腐生菌大量繁殖，消耗养分。发酵结束，检查发酵麦秸的质量，优质发酵麦秸的标准：麦秸质地柔软，表面脱蜡，手握有弹性感，金黄色，有麦秸香味，无异味，有少量的白毛菌丝，含水量为 70% 左右，偏碱性（pH 为 9 左右）。

（4）稻草 应选用隔年优质稻草，要足够干、无霉变、呈金黄色。这种稻草营养丰富，发酵时间长，杂菌少。使用前，将稻草曝晒 1 ~2 天，然后放入 1% ~2% 石灰水中浸泡半天，用脚踩踏，使其柔软、紧实并充分吸水后，捞出即可用于栽培。

（5）污染料 指棉籽壳贮放受潮、发霉、结块的污染料，陈旧料，栽培平菇的污染料。先将受潮发霉的料块打碎，在太阳光下摊开曝晒 3 ~5 天，添加 10% ~20% 麦秸（发酵过的），3% ~5% 麸皮或 2% ~3% 鸡粪和 10% ~20% 圈肥。鸡粪和圈肥经曝晒，打碎，过筛去掉其中粪块，然后加入 pH 为 14 的石灰水拌料，堆积发酵 3 天。

(6) 食用菌栽培废料

1）平菇、银耳废料。将块料压碎或晾干后压碎，加入3%~5%石灰粉和少量新鲜棉籽壳，用水拌匀，堆闷半天后堆积发酵3天。

2）金针菇废料。废料脱袋打碎晒干后存放。使用前，加入5%~10%麸皮、1%磷肥和3%石灰，加水拌匀后发酵3~5天，当料面现有白色放线菌菌丝，有香味时，就可用于栽培。

3. 栽培场地选择

北方春夏季节风多雨多，且气温不稳定，在室外栽培草菇，受自然气候影响，温度与湿度不易人工控制，很难达到理想产量。要获得草菇高产，必须有保护性栽培设施，栽培设施一般以夏季休闲的塑料大棚较为实用，其建造容易，费用少，能达到保温、保湿和调节通风光照的要求，给草菇生长发育创造适宜的小气候环境。

4. 栽培方式的选择、播种

为保持适宜的料温和增加出菇面积，栽培草菇要选择适宜的栽培方式，大面积栽培比较理想的方式有下列几种。

(1) 立式压块栽培法 栽培时，将长70cm、宽22cm、高35cm的木模子放在畦床上，先在木模框内铺一层发酵好的培养料，适当压平，四周撒上一圈菌种；接着上面再铺一层培养料，再撒一层菌种，第二层菌种应撒在整个料面上；上面再盖一层薄培养料，以刚盖住菌种为止，共铺3层培养料、2层菌种，菌种用量为培养料干重的5%。培养料铺完后，去掉木模子，就成了一个立式料块。料块与料块之间应有20cm以上的间距，以利于通风透光和子实体生长。料块大小，可根据其营养、温度和有效出菇面积而定。麦秸料块，以干重5kg左右为宜；棉籽壳、废棉为3~4kg。在压制麦秸料块时，要用力压实，用脚踩踏，使料块坚实、空隙缩小，有利于草菇菌丝吃料、蔓延和扭结。立式堆料，也可用无底的废铁筒或用铁板（木板）制作圆筒，将培养料做成圆柱形料块，圆柱形料块比长方形的出菇面大，可增产20%左右。

(2) 畦栽法 畦床宽80~100cm，长度不限。做床时，先将畦床挖10cm左右深，把土围于四周筑埂，做成龟背形床面，埂高30cm左右，周围开小排水沟。播种前2天，将畦床灌水浸透。播种前一天，畦床及其四周撒石灰粉消毒。播种时，将发酵好的麦秸、棉籽壳铺入畦内（每平方米按干料20kg下料）。铺平后将麦秸踩踏一遍，再在料面上均匀地捅些透气孔。然后把菌种撒在料面上，菌种用量为5%~8%。菌种撒完后，轻轻压一遍，上面再覆盖一层薄料，然后在畦埂上盖塑料薄膜。

（3）波形料垄栽培法 将培养料在畦床床面上横铺或纵铺成波浪形的料垄（图4-20），料垄厚15~20cm（气温高铺薄些，气温低铺厚些），垄沟料厚10cm左右，表面撒上菌种封顶，用木板轻轻按压，使菌种与料紧密接触。波形料垄栽培，可充分发挥表层菌种优势，防止杂菌侵染，使发菌迅速，出菇集中、整齐，提高出菇率和成菇率。菌种用量，一般为培养料总量的5%左右，有条件时可适当增加接种量，有助于增产。

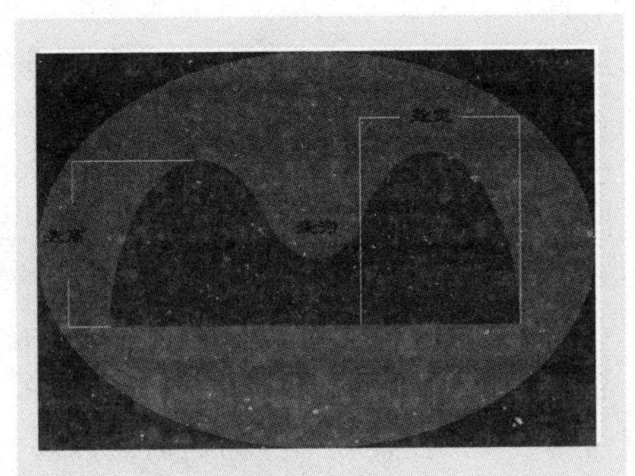

图4-20 波形料垄栽培法示意图

（4）梯形菌床栽培法 顺着畦床纵向将培养料做成宽25cm，高20cm的上窄下宽的梯形菌床。菌种层播3层，表层撒满料面，用薄料覆盖。梯形菌床，有利于调节料温，防止高温伤菌，改善床面通风透光状况，有利于草菇子实体形成和生长。

（5）小草把堆草栽培法 用稻草栽培草菇，一般以小草把堆草为好。其优点是省草、简便，堆草紧实整齐，产量高。方法：取一把用石灰水浸泡过的稻草（约0.5kg干稻草），扭成“8”字形，拦腰扎紧，做成小草把。堆草时，将草把弯头朝外，一捆捆排紧在畦床上，中间填入浸湿的乱稻草，用脚踩实，使堆心稍高。排好第一层草把后，在离外沿10~12cm处，撒上一圈麸皮（或畜禽粪），然后在麸皮的外圈，播入一圈菌种。第一层播后，接着堆第二层，第二层稻草把的外沿向内缩进5cm左右，依然弯头向外排列，中间空

隙填满乱稻草，踩实，播种。第二层堆完播种后，堆第三层，第三层草把同样向内缩进5cm，弯头向外，中间填满，踩实。第三层播种与一、二层不同，在整个表层撒布麸皮和菌种。播完后堆第四层，堆法和前三层相同，但不再播种。这样堆成上小下大的长条梯形。草堆大小视季节而定，初夏和早秋稍大些，有利于增温保温，宽1m，高0.7m；夏季气温高，草堆宜小一些，防止发酵产生高温伤害菌丝，一般宽0.7m，高0.5m。菌种用量为5%左右，表层多播，促使表层多出菇。堆草播种完毕，接着进行踩踏和淋水，使草堆含水量达70%~75%，太高会影响草堆的通气性，不利于草菇菌丝生长；太低草堆温度过低，会影响菇蕾形成。最后，草堆顶上加盖厚为20cm的乱稻草，使草堆呈龟背状。

（6）二次接种栽培法 草菇菌丝生长速度快，极容易老化而使生命力减弱，采用二次接种有利于增产。具体做法：采用棉籽壳、废棉栽培时，在采收第一潮菇后，撬松料面，用石灰水泼浇湿透，调整pH到8~9，在料面撒菌种，菌种上面盖一薄层发酵过的棉籽壳（或废棉），按常规管理出菇。也可在采收一、二潮菇后，将料块翻起来，把底层培养料翻到表层，用1%石灰水喷洒、补水，调整酸碱度，再在表面第二次接种，接种量为2%~3%，一般可增产30%左右。

【窍门】>>>>

稻草栽培，可在堆草播种后3~4天，在草层空隙间再塞入菌种，进行二次播种，菌种量为第一次用量的20%左右。这样，当第一次播种采完第一潮菇后，第二次播入的菌种又从草堆中生长，继续出菇。

5. 栽培管理

（1）覆土 在培养料面覆盖一薄层土，既能减少料中水分散失，又能为草菇生长发育提供营养，覆土可在播种后2~3天进行（图4-21）。覆土选用肥沃的沙壤土，覆土厚度一般掌握在0.7~1cm，看气温高低和土粒大小而定。气温低，土粒粗时可厚一些，以利于保温；反之则薄一些，以利散热。

播种后是否覆土，应根据气温变化情况而定。在春末气候变化较大、气温不稳定的情况下，覆土可以增产，可是在气温较高而稳定时，覆土却会减产。

图 4-21　草菇覆土栽培

（2）覆膜管理　覆膜管理是草菇栽培的一项新技术措施，实践证明具有显著的增产作用。草菇接种后，在料块、菌床和草堆四周，用塑料薄膜覆盖，可提高和稳定料温，保持湿度，增加料面四周小气候中二氧化碳浓度，促使有益微生物繁殖，促进草菇菌丝生长。覆膜在接种后立即进行，宜早不宜迟。为防止薄膜紧贴料面，影响菌种正常呼吸，可在料面撒放一些经石灰水消毒的稻草和麦秸。覆膜后要注意检查料温变化，如果料温超过40℃，应及时揭膜降温。夏季气温高，薄膜要适当架空或揭开一角，以防料温骤升，烧伤菌丝。当出现菇蕾后，应及时将覆盖的薄膜揭去，或将地膜支起，以防菇蕾缺氧闷死。

（3）增温和控温　草菇属高温型菌类，菌丝生长发育适宜的气温（周围空间温度）为30～32℃，适宜的料温（堆温）为35～38℃，掌握好适宜的温度是草菇栽培成败的关键。一般情况下，气温高，料温也高，而提高料温，改善小气候环境，又可以弥补气温低的不足。料温的高低，与培养料的种类、堆料厚度、培养料的营养成分以及料面有无覆盖有关。在气温适宜时，接种后2～4天，料温不断升高，当料块中间温度升高到35～40℃时，料块表面的温度一般为32～35℃，与草菇菌丝生长适宜温度趋于一致。草菇接种后，每天要定期观测料温，控制和掌握好料温变化。若料温太高，超过40℃，应及时将盖在料块上的地膜掀开，通风散热，降低料温；料温过低，应采取增温保温措施，在料面上盖草被或覆盖双层塑料薄膜。白天揭开草帘利用太阳热能提高棚温，发菌期间菇棚（房）温

度应维持在25℃以上，如温度低于20℃则料温难以上升，菌丝难以萌发生长。在初夏和早秋季节，气温变化大，要注意菇棚（房）保温，防止夜间温度骤然下降，使正发育的菌丝受到伤害，发生枯萎。

草菇子实体形成与发育一般料温维持在30～35℃，菇棚（房）温度以28～32℃为宜。出菇阶段，温度适当低一些，子实体生长慢，开伞迟，菇形大，菇肉厚实，质量好。盛夏季节，气候炎热，白天受太阳光照晒，菇棚温度往往升高到35℃以上，应及时通风散热。一旦菇棚内温度过高时，可向棚外覆盖的草帘上喷凉水降温。

（4）保湿和增湿 室外畦栽草菇的保湿与增湿管理，一般采取灌水与喷水相结合的形式。播种前几天将畦床灌水湿透，播种后头几天料块上覆盖的地膜一般不要揭开，以减少料内水分蒸发，使培养料含水量保持在70%～75%。当湿度不够时，可以采取向畦沟内灌水的方法，使畦床潮湿，增加空间相对湿度，灌水时一定注意不能浸湿料块。室内栽培草菇，菇房保湿性能好，一般空气相对湿度可保持在75%～80%，发菌期间不需要喷水补湿。湿度过高，容易促使鬼伞类杂菌大量繁殖。

草菇出菇期间，空气相对湿度以90%左右为宜。湿度太高，影响菇体表面水分的交换，容易引起子实体腐烂和遭受病害；湿度太低，子实体发育受阻碍，菇蕾不易形成，已形成的菇蕾也会枯死。为维持菇棚有较好的湿度，仍采取畦沟灌水与喷水相结合的办法，不宜直接向料块喷水，尤其在刚见到菇蕾时，严禁向菇蕾喷水。对幼菇不要喷重水，且在喷水后进行通风换气，防止菇体积水。一旦料块过干必须补水时，一定要喷清水，喷头向上，轻喷、勤喷。喷水的水温要与气温相近（与料温不能相差4℃以上），以防水温过凉喷后料温下降，引起幼菇死亡。

（5）通风 草菇是一种好气性真菌，在菌丝生长期一般只需少量通风，每天中午短时间打开菇棚（房），通风15～20min，把盖在料块上的地膜掀起一角透气就可以了。过多通风会使温度、湿度降低，影响草菇菌丝生长。在出菇阶段，应加强通风，刚见菇蕾时，应马上揭去覆盖料面的塑料薄膜，或将薄膜架高，让料面通风。子实体形成时，菌丝的生理活动最旺盛，若小气候环境中二氧化碳含量增高到0.3%～0.5%，子实体发育将会受到抑制；当二氧化碳含量继续增高至1%时，草菇就停止生长。长期闷热不通风，二氧化碳浓度过高，往往出现包膜缺口的畸形菇，影响产品质量，甚至造成大批幼菇枯萎死亡。为满足子实体生长需要的氧，菇棚（房）应增加通风次数，延长通风时间。室内栽培，应将菇房的地窗和门打开，加强气体对流，以保持室内空气新鲜。

出菇期间的通风，往往与保湿增湿发生矛盾，菇棚（房）内空气流通加快，促使水分蒸发加快，湿度下降，影响草菇生长发育。因此，应把通风与喷水保湿结合进行。具体做法：通风前先向地面、空间喷雾，然后通风20min左右，每天2～3次。这样既能起到通风作用，又能保持菇棚（房）内适宜湿度，使出菇迅速、整齐（图4-22）。

（6）光照 光照对草菇生长也有明显的影响，发菌初期光线宜暗些；出菇时，适量光照可促进子实体的形成，没有光照或光照不足，不易形成子实体。栽培草菇，通常在栽培后第四天就要求有光线照射，一直维持到采菇结束。但不易有直射阳光照射，以免晒死幼菇。

图4-22 草菇出菇

（7）追肥和调整酸碱度 草菇在生长过程中消耗了大量养分，产生了大量有机酸，培养料酸度增高，影响草菇继续出菇。可在第一潮菇采收后，补施一些营养液，调整培养料的pH，使之呈偏碱性，以延长采菇期，提高产菇量。方法：1）向料堆喷洒3%石灰清液，给予补水和调整pH；2）喷洒0.1%尿素和麸皮水（按100L水中加10kg麸皮，煮后过滤，取滤液50kg加清水50L混合后使用），尿素用量为0.1%～0.2%，用量过多，则产氨量增加，容易发生鬼伞杂菌。

6. 采收

(1) 草菇子实体发育阶段　草菇子实体发育可以分为6个阶段，即针头期、细纽期、纽期、蛋期、伸长期和成熟期（图4-23）。

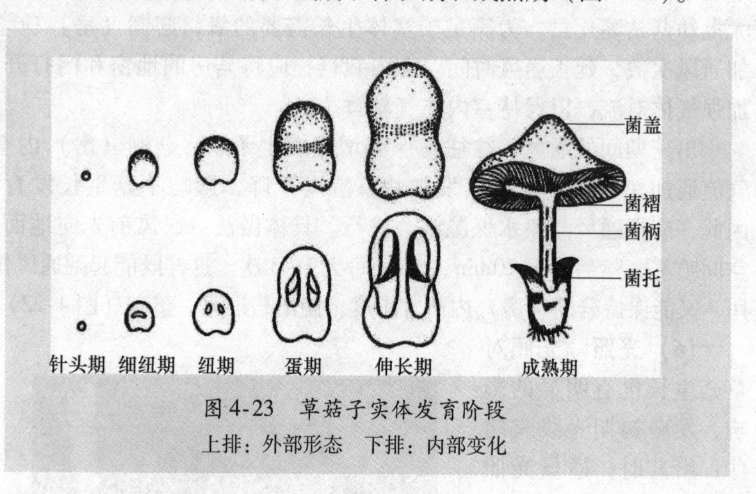

图4-23　草菇子实体发育阶段
上排：外部形态　下排：内部变化

1）针头期。次生菌丝体扭结后，出现一个像针头大小的小菇蕾，这一阶段叫针头期。这时，组织尚未分化，整个结构还是一个菌丝体细胞小团。

2）细纽期。针头阶段经过2~3天，小“针头”发育成一个圆形小纽扣大小的幼菇，叫作细纽期。这时，组织已开始分化，切开幼菇，可见幼小菌盖和初形成的菌褶。

3）纽期。子实体继续增大，除菌盖、菌褶外，形成了菌柄，进入纽扣阶段。

4）蛋期。在纽期以后，子实体顶部由尖变圆，整个菇体变为卵形，发育成蛋期。这时，子实体像卵圆形的鹌鹑蛋，顶部深灰色，其余部分为浅灰色。

5）伸长期。菌柄顶着菌盖向上伸长，突破包被伸展出来，菌柄几乎达到成熟时的长度。

6）成熟期。这时菌盖张开平展，形如伞状。菌褶由白色变为肉红色，担孢子成熟，菌盖表面银灰色，有一丝丝深灰色条纹，菌柄白色，子实体发育成熟。

（2）采收 在正常情况下，菌种质量好，管理得当，播种后7~10天，培养料面上就可以看到小菇蕾。菇蕾刚长出时，呈现灰白色，一两天后迅速长大如鸟卵，3~4天后大如鹌鹑蛋。当草菇由基部较宽、顶部稍尖的宝塔形变为卵形，菇体饱满光滑，由硬实变松，颜色由深变浅，包膜未破裂，菌盖、菌柄没有伸出时采收最好（彩图32）。这时菇味鲜美，蛋白质含量高，品质最好。开伞的草菇，质量降低。因此，草菇应在包被没有破裂的蛋期及时采收。

【提示】 草菇生长速度很快，到了蛋期以后，往往一夜之间就会开伞，所以应该特别注意及时采收，一般早、午、晚各采收一次。采收草菇，动作要轻，应一手按住草菇生长的部位，一手将草菇左右旋扭，轻轻摘下。切忌拔取，以免牵动菌丝，弄乱料堆，影响以后出菇。如果是丛生菇，最好是等大部分都适合采收时，再一起采摘，以免因采收个别菇而造成大量幼菇的死亡。采收后的草菇，仍在继续生长发育，应立即进行处理，处理方法可视当地的具体条件而定。当刚采下的鲜草菇用小刀削去菇体基部的杂物，立即送市场鲜销，或送罐头厂制作罐头，或速冻，或烘干制成干草菇。根据外贸出口需要，也可制作盐渍草菇。

三 草菇栽培中常见的问题及其防治

草菇栽培过程中，往往出现生长异常，降低成菇率，影响产量和品质，造成经济损失，常见的有以下6种异常状况。

1. 菌丝徒长

草菇菌丝生长阶段，在料面形成大量白色绒毛状气生菌丝，有的成为一层白色菌膜，使菌丝营养生长不能及时转入生殖生长，菇蕾出现推迟，成菇少，产量低。这种状况一般是因为料堆覆膜时间过长，覆盖过严，缺乏定期揭膜透气所致，在气温高、料温高、湿度大、二氧化碳浓度高的小气候环境影响下，刺激菌丝徒长。

草菇接种后，覆膜时间一般应控制在3～4天之内，3～4天后视菌丝生长情况，白天应定期揭膜或将薄膜用木棒支起，进行适度通风降温降湿，促使菌丝往料内延伸，增加料内菌丝生长量，防止料面气生菌丝过度生长。

2. 菌种现蕾

草菇接种2～3天后裸露料面的菌种上出现很多白色菇蕾，影响菌丝吃料和向料内生长。多见于接种后塑料大棚未及时覆盖草帘遮阴，棚内光线过强，菌种受强光的刺激，使一部分菌丝扭结，过早形成菇蕾；用菌龄过老的菌种接种也容易在菌种上过早产生菇蕾。防治的办法是栽培时要选用菌龄短的菌种接种，接种时菌种外覆盖一薄层培养料，不使菌种外露；发菌初期，棚上覆盖草帘遮阴，防止强光刺激形成菌蕾。

3. 脐状菇

草菇子实体形成过程中，因缺氧使外包膜顶部生长异常，出现整齐的圆形缺口，形似脐（图4-24）。脐状菇主要发生在通风不良、二氧化碳浓度过高的出菇场地，如为了保温保湿而覆盖严密的塑料大棚和通风条件差的菇房。草菇子实体形成期间，管理上应定期进行通风，及时排出积聚的二氧化碳，保持空气新鲜，防止脐状菇的产生。

图4-24　脐状菇

4. 子实体长出白毛

在已分化的草菇子实体周围表面长出一丛丛白色浓密的绒毛状菌丝，影响子实体生长成熟，重者引起子实体萎缩死亡。主要是通气不好缺氧所致，多见于料面覆盖的塑料薄膜没有定期揭开进行通气。这种现象一经发现，应立即揭去薄膜，加强通风换气，绒毛菌丝即可自行消退，子实体仍能继续生长。

5. 子实体生长过速

在适温范围内，草菇子实体由纽扣期进入成熟期，一般需经过2~3天；但遇到高温环境，则出现生长过速，往往在十几个小时出现开伞。大批子实体菇型变小，菇肉薄，菇体轻，若不能及时采摘，就会产生大批开伞菇，影响产量和品质。夏季室外种菇正值高温季节，白天气温过高时应适时将菇棚的塑料薄膜卷起，通风散热，必要时可在棚顶的草帘上喷凉水降低棚温。

6. 幼菇枯萎

幼菇因条件不适宜停止生长发生枯萎死亡。

（1）主要原因有以下几种

1）气温骤降。多见于初夏和早秋气温多变季节，寒潮的侵袭使气温骤然降至20℃以下，使刚形成的幼菇生长突然停止，发生枯萎死亡。

2）床温下降。由于菇蕾形成过晚或生长第二潮菇时，培养料的营养已被消耗，床温降至30℃以下，不适合幼菇生长。

3）中断营养。如采菇时松动幼菇，引起菌丝断离，或害虫啃食损伤菇体组织，中断菇体营养来源。

（2）防治办法

1）稳定出菇温度。当寒潮来临之时，夜间应将菇棚盖严，棚外加盖草帘保温，晚间停止喷水，使棚内温度保持在23℃以上。

2）掌握床温，促使适时出菇。床温的持续时间，因培养料不同而有较大差别。以棉籽壳、废棉和稻草为原料，床温持续时间长，一般为20~25天；以麦秸为原料，床温保持在30℃的时间只有10~14天。管理上应根据不同原料的床温变化特点，掌握适宜床温出菇。

3）合理采菇。采菇时一定要轻，切忌用力硬拔，以免牵动周围幼菇。对丛生菇，应将整丛大小菇一起用刀割下，不宜采大留小。

4）防治害虫。马陆是北方草菇栽培的一大害虫，它群集于料面啃食菌丝和菇体，往往引起大批幼菇死亡。除治马陆，出菇前可在草堆四周喷洒敌敌畏和鱼藤精，驱杀效果很好。

第四节　大球盖菇高效栽培技术

大球盖菇（*Stropharia rugosoannulata*）属担子菌门、伞菌纲、伞菌目、球盖菇科，又名皱环球盖菇。大球盖菇为草腐菌，主要利用稻草、麦秸、玉米秸秆、大豆秆等农作物下脚料进行生料栽培。其栽培周期短，从出菇到收获结束仅需 40 天左右；产量高，每平方米投料 25 ~ 30kg，可收获鲜菇 15 ~ 25kg。可利用温室大棚反季节栽培，也可利用成年混杂林地、退耕还林杨树林地、松树林地、果园、大田小拱矮棚等进行间作或套种。

大球盖菇是国际菇类交易市场上较突出的十大菇类之一，也是国际粮农组织（FAO）向发展中国家推荐栽培的特色品种之一。鲜菇肉质细嫩，营养丰富，有野生菇的清香味，口感极好；干菇味香浓，可与香菇媲美，有“山林珍品”之美誉。

国内市场除鲜销外，也可以进行真空清水软包装加工和速冻加工，另外其盐渍品、切片干品在国内外市场潜力也极大。

一　大球盖菇生物学特性

1. 形态特征

（1）菌丝体　在 PDA 培养基上，菌落形态有绒状、毡状和絮状，有的有同心轮纹，有的有放射纹，有的菌丝生长旺盛、浓密、菌落平坦、圆形，有的则相反。

（2）子实体　子实体单生、丛生或群生，中等至较大，单个菇团可达数千克重。菌盖近半球形，后扁平，直径 5 ~ 45cm。菌盖肉质，湿润时表面稍有黏性。幼嫩子实体初为白色，常有乳头状的小凸起，随着子实体逐渐长大，菌盖渐变成红褐色至葡萄酒红褐色或暗褐色，老熟后褪为褐色至灰褐色（彩图 33）。有的菌盖上有纤维状鳞片，随着子实体的生长成熟而逐渐消失。菌盖边缘内卷，常附有菌幕残片。菌肉肥厚，色白。菌褶直生，排列密集，初为污白色，后变成灰白色，随菌盖平展，逐渐变成褐色或紫黑色。菌柄近圆柱形，靠近基部稍膨大，柄长 5 ~ 20cm，柄粗 0.5 ~ 4cm，菌环以上污白，近光滑，菌环以下带黄色细条纹。菌柄早期中实有髓，成熟后逐渐中空。菌环膜质，较厚或双层，位于柄的中上部，白色或近白色，上面有粗糙条纹，深裂成若干片段，裂片先端略向上卷，易脱落，在老熟的子实体上常消失。

2. 生长发育条件

（1）营养条件 营养物质是大球盖菇生命活动的物质基础，也是获得高产的基本保证。大球盖菇对营养的要求以碳水化合物和含氮物质为主。碳源有葡萄糖、蔗糖、纤维素、木质素等，氮源有氨基酸、蛋白胨等。此外，还需要微量的无机盐类。实际栽培结果表明，稻草、麦秆、木屑等作为培养料，能满足大球盖菇生长所需要的碳源。栽培其他蘑菇所采用的粪草料以及棉籽壳反而不适合作为大球盖菇的培养基。麸皮、米糠可作为大球盖菇氮素营养来源，不仅补充了氮素营养和维生素，也是早期辅助的碳素营养源。

（2）环境条件

1）温度。

① 菌丝生长阶段。大球盖菇菌丝生长温度范围是5～36℃，最适生长温度是24～28℃，在10℃以下和32℃以上生长速度迅速下降，超过36℃，菌丝停止生长，高温延续时间长会造成菌丝死亡。在低温下，菌丝生长缓慢，但不影响其生命力。当温度升高至32℃以上时，虽还不致造成菌丝死亡，但当温度恢复适宜温度范围，菌丝的生长速度已明显减弱。在实际栽培中若发生此种情况，将影响草堆的发菌，并影响产量。

② 子实体生长阶段。大球盖菇子实体形成所需的温度范围是4～30℃，原基形成的最适温度是12～25℃。在此温度范围内，温度升高，子实体的生长速度增快，朵型较小，易开伞；而在较低的温度下，子实体发育缓慢，朵型常较大，柄粗且肥，质优，不易开伞。子实体在生长过程中，遇到霜雪天气，只要采取一定的防冻措施，菇蕾就能存活。当气温超过30℃以上时，子实体原基难以形成。

2）水分。水分是大球盖菇菌丝及子实体生长不可缺少的因子。基质中含水量的高低与菌丝的生长及长菇量有直接的关系，菌丝在基质含水量为65%～80%的情况下能正常生长，最适含水量为70%～

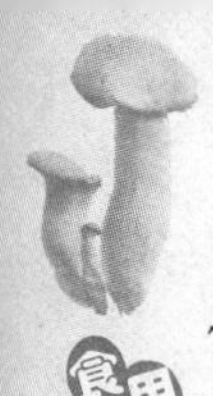

75%。培养料中含水量过高，菌丝生长不良，表现稀疏、细弱，甚至还会使原来生长的菌丝萎缩。在南方实际栽培中，常可发现由于菌床被雨淋后，基质中含水量过高而严重影响发菌，虽然出菇，但产量不高。子实体发生阶段一般要求环境相对湿度在85%以上，以95%左右为宜。菌丝从营养生长阶段转入生殖生长阶段必须提高空气的相对湿度，方可刺激出菇，否则菌丝虽生长健壮，但空间湿度低，出菇也不理想。

3）光线。大球盖菇菌丝的生长可以完全不要光线，但散射光对子实体的形成有促进作用。在实际栽培中，栽培场选半遮阴的环境，栽培效果更佳。主要表现在两个方面：一是产量高；二是菇的色泽艳丽，菇体健壮，这可能是因为太阳光提高了地温，并通过水蒸气的蒸发促进基质中的空气交换以满足菌丝和子实体对营养、温度、空气、水分等的要求。但是，如果较长时间的太阳光直射，造成空气相对湿度降低，会使正在迅速生长而接近采收期的菇柄龟裂，影响商品的外观。

4）空气。大球盖菇属于好气性真菌，新鲜而充足的空气是保证其正常生长发育的重要环境条件之一。在菌丝生长阶段，对通气要求不敏感，空气中的二氧化碳含量可达0.5%~1%；而在子实体生长发育阶段，要求空间的二氧化碳含量要低于0.15%。当空气不流通、氧气不足时，菌丝的生长和子实体的发育均会受到抑制，特别在子实体大量发生时，更应注意场地的通风，只有保证场地的空气新鲜，才有可能获得优质高产。

5）酸碱度。大球盖菇在pH 4.5~9之间均能生长，但以pH为5~7的微酸性环境较适宜。在pH较高的培养基中，前期菌丝生长缓慢，但在菌丝新陈代谢的过程中，会产生有机酸，而使培养基的pH下降。菌丝在稻草培养基自然pH条件下可正常生长。

6）土壤。大球盖菇菌丝营养生长阶段，在没有土壤的环境能正常生长，但覆土可以促进子实体的形成。不覆土，虽也能出菇，但时间明显延长，这和覆盖层中的微生物有关。覆盖的土壤要求含有腐殖质，质地松软，具有较高的持水率。覆土切忌用沙质土或黏土。土壤的pH以5.7~6.0为好。

二 大球盖菇高效栽培技术要点

1. 栽培季节

大球盖菇适温广，在4～30℃均可出菇，除6～9月气温超过30℃不利于出菇外，其余季节都可出菇。在温室大棚内反季节栽培要在10月中旬起开始投料播种，12月或元旦起开始大量出菇，春节前出完二潮菇，正月期间出三潮菇，二月期间出四潮菇。这几个出菇的高峰期正值节日，市场价格高、效益好，是投料栽培的黄金时节。如果投料播种过早，大棚内温度高，容易热害伤菌，造成栽培失败。在林地、果园、向日葵、玉米地套种栽培，应在9月末起开始投料播种，10月下旬开始出菇，在上冻前出1～2潮菇，越冬后第二年春天再出三潮菇。

2. 配方

1）单独使用稻草或稻壳或麦秸或玉米秸秆100%，营养土适量。

2）稻草或麦秸50%，稻壳50%，营养土适量。

3）玉米秸秆（粉碎）50%，稻壳50%，营养土适量。

4）稻壳85%，木屑15%，营养土适量。

5）稻壳70%，大豆秆（粉碎）30%。

6）稻壳（稻草）85%，草炭土15%。

【窍门】>>>>

两种以上原料混合使用，可相互补充各自的营养不足，利于提高菌丝质量，从而提高产量。麦秸、玉米秸秆、豆秆等质地较硬、较长的原料最好用铡草机切成2～4cm碎渣片或将秸秆铺在平地上，用三轮车等进行碾压扁平后使用；稻壳不需要提前处理。同时要求植物秸秆是不霉变的新原料。

3. 培养料处理

自然气温20℃以下，单独使用麦秸（稻草）处理后，可以生料栽培。栽培料处理方法：可将秸秆投入沟池中，引入干净水进行浸泡，48h后捞出沥水；也可以将秸秆铺在地面，采用多天喷淋方式使秸秆吸足水分，每天多次喷浇水并翻动，使其吸水均匀。用手抽取

有代表性的秸秆拧紧，若草中有水滴渗出而水滴是断线的，表明含水量在70%~75%，此时可以铺料播种了。

【注意】 在自然气温高于23℃的夏末秋初播种，或原料不新鲜、有霉变时，栽培原料需要进行发酵处理。

4. 高效栽培

（1）栽培环境处理 清理杂草及其他植物根茎，平整土地，栽培前用旋耕机将地翻一次，土层呈颗粒状最好。翻耕前要对地面、棚顶、后墙及周边环境进行一次灭菌杀虫处理，减少病虫危害，用克霉灵等杀菌剂和辛硫磷杀虫剂进行处理。

（2）做畦 栽培场地内做畦，畦床宽1.3m、深4~5cm，将土放在畦床的作业道上，以备覆土用。畦面呈中间略高的龟背形以防积水，畦面撒石灰至见白即可。作业道宽40~50cm。

（3）铺料、播种 当培养料含水量在70%~75%，料温在25℃以下时进行铺料播种，铺料播种分2次完成。

首先铺8cm厚、1.2m宽的培养料，然后将1.2m的料床分成两垄，两垄间距12cm左右，双垄南北两头用料封围，以增加投料量、出菇量，并且便于灌水。料层要平整，厚度均匀，宽窄一致。将菌种掰成核桃大小块状，每个单垄横向播3穴，间距10cm，顺垄3行穴播，菌种间隔10cm。完成第一层播种后，在每个单垄上再铺8cm厚的培养料，整理成拱形垄状，然后将菌种按入表层料内2cm深处，顺垄3行穴播，菌块间距10cm，用手或耙子将穴内菌块用料盖严，两垄间距12cm左右的沟内料厚3cm，利于沟内大量出菇。

两垄侧面呈斜面坡形，不能立陡，防止覆土时滑落。一畦双垄通过技术标准整形后，用木板轻轻拍平，使菌种和培养料紧密接触，部分菌种落入草中，利于早封面，避免杂菌侵染。

（4）覆土及覆草遮盖 覆土可利用作业道上的土，覆土厚度2.5cm。覆土后从料垄两侧面扎两排3~5cm粗的孔洞至料垄中心下部床面，孔洞呈品字形，间隔15~20cm，以使料垄中心有充足的氧气，并防止料垄中心升温“烧菌”。覆土后要在遮光不好的林地采用横向覆盖麦草（稻草）的方法来避光、保湿、防雨；在出菇期采用麦草（稻草）顺床覆盖的方法用于浇水时料垄表层充分吸水（图4-25）。覆草要到位，料垄边缘要封盖严密，以不见覆土为准，防止阳光直射土层向料内传导热量。遮蔽度大的林地可不用覆盖麦草（稻草）。

（5）发菌管理 早春投料播种由于自然气温低，料垄中部不易升温，发菌安全率高。但在夏季或初秋播种，播种覆草后要布设雾化喷水设施，采用雾化喷水带进行喷水增湿降温。覆草要保持湿润，但不能用过大水喷浇使水浸入培养料内。

图4-25 覆土及覆草遮盖

播种后15～25天料温易急剧升高，如果发现料温超过25℃，就要用铁叉子插入料垄底部向上掘起，使料垄表层裂缝，利于散热透氧。当菌丝长至培养料2/3时，培养料内的菌丝开始进入土层，要求覆土层保持湿润，不能用大水喷浇，否则菌丝不易上土。如果土层过于干燥，菌丝更不易进入土层，以致出菇迟缓。如果在秋季高温进行发菌，作业道沟必须勤灌水，以降低床温，防止高温退菌，但水不能过多，以防流入垄畦底淹死菌丝。

经30～40天菌丝可布满覆土层，覆土层内和基质表层菌丝束分枝增粗，通过营养后熟阶段后即可出菇。

（6）出菇管理 覆土层中有粗菌束延伸，菌丝束分枝上有米粒大小白状物是幼菇菇蕾，是出菇前兆。保持覆草湿润，并移动覆草，让爬生在覆草上的菌丝倒伏，迫使从营养阶段向生殖阶段转化。

1）水分管理。大球盖菇子实体生长适宜相对湿度为90%～95%，诱导幼菇发生时，水分要少喷、勤喷。黄豆大小幼菇出现后，以保持覆土层及覆草湿度为主，每天小水喷浇，不能大水喷浇，否则造成幼菇死亡。如果正在迅速膨大生长的子实体得不到充足的水

分和空气相对湿度，则生长缓慢，有的造成子实体菌盖或菌柄裸裂。

2）温度管理。大球盖菇出菇适宜温度为10～25℃，低于4℃或超过30℃不能出菇。温度低时，生长缓慢，但菇体肥厚，不易开伞，腿粗盖肥。温度高虽然生长快，但朵小，盖薄柄细，易开伞，遮阴不好的林地要将覆草覆盖厚些（图4-26），但覆草要膨松、不紧密，用叉子挑悬空透进一定量的光线，还能有效防止因林地风大吹干裸露的菇体。天气在晚秋初冬温度降低时更要加厚覆盖管理，利于在上冻前多出一潮菇。

（7）采收 大球盖菇以尚未开伞的菇体口感最佳，因此子实体内幕菌膜尚未破裂前要及时采收（图4-27）。若采收过迟，菌盖展开、菌褶变为暗紫色、菌柄中空，将失去商品价值。采摘时要注意不要松动边缘幼菇，防止死亡。采收后在畦上留下的基部洞穴要用土填平。

图4-26 大球盖菇林下栽培

图4-27 大球盖菇采收

（8）转潮管理 采摘后的菇畦要停水2～3天，让菌丝休养生息，充分储蓄养分。并检查料垄中心的培养料是否偏干，如果偏干，可采用两垄间灌水浸入料垄中心或采取料垄扎孔洞的方法来补水，但不能大水长时间浸泡或一律重水喷灌，避免大水淹死菌丝体，使培养料腐烂退菌。

第五章
珍稀食用菌高效栽培

第一节 灵芝高效栽培技术

灵芝（*Ganoderma lucidum*）又名赤芝、红芝、木灵芝、菌灵芝、万年蕈、灵芝草等，属担子菌纲、多孔菌科、灵芝属。灵芝扶正固本，可增强免疫功能，提高机体抵抗力，灵芝多糖是灵芝的主要有效成分之一，具有抗肿瘤、免疫调节、降血糖、抗氧化、降血脂与抗衰老作用。灵芝盆景以形色奇特的灵芝子实体为主，配以相宜的山、石或草、木等，在家居中摆上一盆灵芝，不仅可以观赏，而且可以“驱邪”，目前已成为高品位的艺术收藏品及馈赠佳品。

目前在中国大陆、香港、台湾以及日本，韩国，东南亚等国家和地区已掀起了一股灵芝热，关于灵芝的开发和科研层出不穷。山东省冠县店子乡是我国灵芝的主要产区，面积5000多亩，年产灵芝7000多吨，占全国的1/3。我国已经成为灵芝的主要生产国和出口国，由于灵芝文化在中国深入人心，普遍接受且品味极高，使灵芝文化对业已形成的灵芝产业产生巨大的良性推动作用，而蓬勃发展的灵芝产业反过来又促进了灵芝文化进一步从神话到普通人，二者形成良性循环。从灵芝栽培，到灵芝深加工，再到灵芝医药，这是一条环保、低碳、可持续发展的途径，符合现代农业的发展特征。

一 灵芝生物学特性

1. 形态特征

（1）菌丝体 灵芝母种菌丝白色、浓密、短绒状，气生菌丝旺盛，常分泌褐色色素溶于培养基中；原种、栽培种表面易形成坚韧的菌被，菌被初白色，后渐变为黄色。

（2）子实体 灵芝的子实体由菌盖和菌柄组成（彩图34），为一年生的木栓质。菌盖呈肾形、半圆形或接近圆形，颜色红褐、红紫或紫色，表面有一层漆样光泽，有环状同心棱纹及辐射状皱纹。

2. 生长发育条件

（1）营养条件 灵芝是以死亡倒木为生的木腐性真菌，对木质素、纤维素、半纤维素等复杂的有机物质具有较强的分解和吸收能力。由于灵芝本身含有许多酶类，如纤维素酶、半纤维素酶及糖酶、氧化酶等，能把复杂的有机物质分解为自身可以吸收利用的简单营养物质，因此木屑和一些农作物秸秆（棉籽壳、甘蔗渣、玉米芯等）都可以用来栽培灵芝。

（2）环境条件

1）温度。灵芝属高温型菌类，菌丝生长范围15～35℃，最适宜温度为25～30℃，菌丝体能忍受0℃以下的低温和38℃的高温。子实体原基形成和生长发育的温度是10～32℃，最适宜温度是25～28℃，在这个温度条件下子实体发育正常，长出的灵芝质地紧密，皮壳层良好，色泽光亮。高于30℃培养的子实体生长较快，个体发育周期短，质地较松，皮壳及色泽较差；低于25℃时子实体生长缓慢，皮壳及色泽也差；低于20℃时，培养基表面菌丝易出现黄色，子实体生长也会受到抑制；高于38℃时，菌丝即将死亡。

2）水分。子实体生长期间需要较高的水分，但不同生长发育阶段对水分的要求不同。在菌丝生长阶段要求培养基的含水量为65%，空气相对湿度为65%～70%；在子实体生长发育阶段，空气相对湿度应控制在85%～95%，若低于60%，2～3天刚刚生长的幼嫩子实体就会由白色变为灰色而死亡。

3）空气。灵芝属好气性真菌，空气中二氧化碳含量对它生长发育有很大影响。如果通气不良、二氧化碳积累过多，则影响子实体的正常发育。当空气中二氧化碳含量增至0.1%时，会促进菌柄生长和抑制菌伞生长；当二氧化碳含量达到0.1%~1%时，子实体虽然生长，但多形成分枝的鹿角状；当二氧化碳含量超过1%时，子实体发育极不正常，无任何组织分化，不形成皮壳。

【提示】 在生产中，为了避免畸形灵芝的出现，栽培室要经常开门开窗通风换气，但是在制作灵芝盆景时，可以通过对二氧化碳含量的控制，培养出不同形状的灵芝盆景。

4）光照。灵芝在生长发育过程中对光照非常敏感，光照对菌丝体生长有抑制作用，菌丝体在黑暗中生长最快。虽然光照对菌丝体发育有明显的抑制作用，但是对灵芝子实体生长发育有促进作用，子实体若无光照难以形成，即使形成了，其生长速度也非常缓慢，容易变为畸形灵芝。菌柄和菌盖的生长对光照也十分敏感，光照强度为20~100lx时，只产生类似菌柄的凸起物，不产生菌盖；光照强度为300~1000lx时，菌柄细长，并向光源方向强烈弯曲，菌盖瘦小；光照强度为3000~10000lx时菌柄和菌盖正常。

【窍门】>>>>

人工栽培灵芝时，可以人为地控制光照强度，进行定向和定型培养出不同形状的商品药用灵芝和盆景灵芝。

5）酸碱度。灵芝喜欢在偏酸的环境中生长，要求pH范围为3~7.5，pH以4~6最适。

二 灵芝高效栽培技术要点

1. 栽培配方

1）杂木屑73%，麸皮25%，糖1%，石膏1%。

2）杂木屑75%，麸皮23%，糖1%，石膏1%。

3）棉籽壳50%，木屑28%，麸皮20%，糖1%，石膏1%。

4）棉籽壳36%，木屑36%，麸皮26%，糖1%，石膏1%。

5）棉籽壳80%，米糠15%，黄豆粉3%，糖1%，石膏1%。

6）棉籽壳78%，玉米粉20%，糖1%，石膏1%。

7）棉籽壳44%，木屑44%，麸皮10%，糖1%，石膏1%。

【注意】

① 料水比以1:(1.2~1.3) 为适，否则在出芝期培养料极易干缩失水，影响产量和质量。

② 料要吃透水，拌好后要堆闷1~2h，然后再翻一次堆，用手捏从指缝中有4~6滴水即含水量为65%。

2. 堆料

将拌好的培养料堆积在撒过石灰的地面上，堆成规格为高1.2m、宽1.5m和长度自定的长方形堆体。当料温达到60℃时，保持24h后，便可进行第一次翻堆；当料温再次达到60℃时再维持24h，此时堆料基本结束。

3. 装袋

常压灭菌可以用低压聚乙烯（15~17)cm×(30~33)cm的袋子，高压灭菌需要用高压聚丙烯袋子，可以手工装袋也可以使用机器装袋以提高工作效率。需要注意两点，一是两头不要装得太满，要留出接种的空间；二是两头要清洁干净，以免杂菌感染。

4. 灭菌

装好袋要及时灭菌，灭菌码袋时要袋与袋之间留有空隙。高压灭菌要放净冷空气，以免造成“假升压”以致灭菌不彻底，当压力达到0.15MPa保持2~2.5h；常压灭菌待温度升到100℃时维持10~12h，自然冷却。将灭菌的培养料出锅送入接种室冷却，30℃以下便可接种。

5. 接种

4人一组，1人负责接种，3人负责解口、系口，密切合作。

6. 发菌管理

在灵芝栽培中，培养强壮的菌丝体是获得高产的保证。将接种后的菌袋转入培养室，横放于发菌架上，如果室温超过28℃和料温超过30℃，需通过增加通风降温次数，使温度稳定在25~28℃之间。此外，室内要保持黑暗，因为强光可严重抑制灵芝菌丝的生长（图5-1）。当两端菌丝向料内生长到6cm以上时，可将扎口绳剪下，以促进发菌和菌蕾形成，从接种到长出菌蕾一般需要25天左右。

7. 出芝管理

图5-1 灵芝菌袋发菌

目前灵芝出芝方式主要有菌墙式（图5-2）和地畦式（图5-3）两种，主要介绍一下菌墙式。菌墙式栽培法具有投料多、占地少、空间利用率高、管理集中、温湿度好控制等优点。灵芝袋养菌满袋后，按90～100cm为一行摆好，高为6～7层，南北行，开始打眼开口，开口以1元硬币大小为适。开口后大棚马上封严，此时温度控制在27～30℃（不要低于25℃、高于35℃），增加湿度，地面上明水，光线以散射光线为好，上面的草帘刚对接，每个草帘都有散射光下射为好，也就是“三分阳七分阴”的花花太阳。2～3天以后，空气相对湿度为85%～90%，通风逐渐增大，温度27～30℃，出芝时温度一直保持27～30℃（不小于25℃，不大于35℃）。

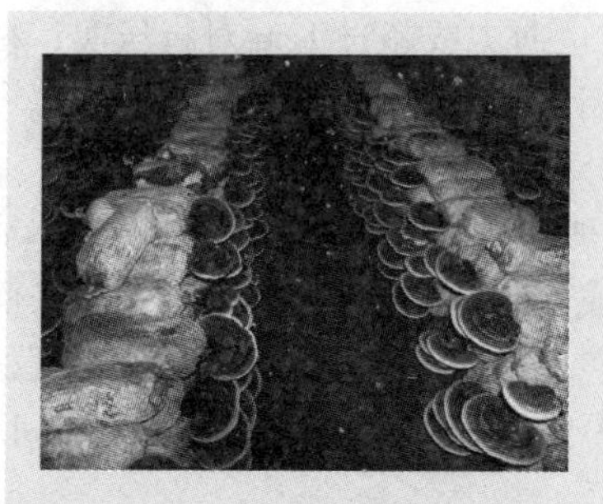

图5-2 灵芝菌墙式出芝

图5-3 灵芝地畦式出芝

8. 采收

当灵芝菌盖充分展开，边缘的浅白色或浅黄色基本消失，菌盖开始革质化，呈现棕色，开始弹射孢子，经7天套袋收集孢子后就

应及时采收。此时如果不采收，则影响第二潮灵芝子实体的形成。采收时用锋利的小刀，在菌柄0.5~1cm处割取，千万不可连菌皮一起拔掉，以免引起虫害病害蔓延，同时第二潮灵芝子实体也难以形成。采收后的培养料，经过数天休养后，喷施一次豆浆水，数天后就会长出第二潮灵芝子实体。将采收的灵芝清洗干净，放在塑料布或竹帘上晒干，或使用烘干机烘干。

三 灵芝孢子粉的套袋收集

1. 收集袋的制作

制袋比较费工，必须提早进行，免得错过时间造成损失，一般每人每天可制作200~300个。选用透气性较好的8开干净纸张（大小为39cm×27cm），制作方法分以下4步进行。

1）先将边长39cm留出2cm用作粘贴胶水，然后对折成18.5cm黏合成高27cm，周长37cm的圆筒。

2）将筒高27cm对折中线，然后选任意一端再向中线对折，得1/4即6.75cm做袋底。

3）将所得的1/4的两边边线向圆筒内折，并使两条线分别与内线对齐，得圆筒底部的平面，另两边等长，各为5cm。

4）将任意一等边向底边中线对折并超过中线1cm，将底部的封闭部分粘贴上胶水，然后把另一边也向中线超过1cm对折压实，粘成高20cm、周长37cm、底部全封闭的长筒食品袋状即完成。

2. 套袋时间

灵芝原基发生至子实体成熟一般需要30天左右，一旦子实体成熟，孢子也陆续开始释放。子实体成熟的标准是菌盖边缘白色生长圈已基本消失，菌盖由黄色变成棕黄色和褐色，菌管开始成熟并出现棕色丝状孢子或菌柄基部有棕色孢子粉出现，这时即进入套袋最佳时间。

3. 套袋方法

套袋前排去积水降低湿度，同时用清洁的毛巾将套袋的灵芝周围擦干净，然后套上袋子至灵芝的最底部。套袋必须适时，做到子实体成熟一个套一个，分期分批进行。若套袋过早，菌盖生长圈尚未消失，以后继续生长与袋壁粘在一起或向袋外生长，造成局部菌管分化困难影响产孢；若套袋过迟，则孢子释放后随气流飘失，影响产量。一般每万袋需陆续套袋10～15天结束。

4. 套袋后管理

(1) 保湿 灵芝孢子发生后仍需要较高的相对湿度，以满足子实体后期生长发育的条件，促使多产孢。室内常喷水，必要时仍可灌水，控制相对湿度达90%。

(2) 通气 灵芝子实体成熟后，呼吸作用逐渐减少，但套袋后局部二氧化碳浓度也会增加，因此仍需要保持室内空气清新。一般套袋半个月后子实体释放孢子可占总量的60%以上。

5. 收集

根据早套袋早采收，晚套袋晚采收的原则，套袋后20天就可采收。采集后的孢子粉摊入垫有清洁光滑白纸的竹匾内，放在避风的烈日下曝晒2天，用厚度为0.0004cm的聚乙烯袋密封保存。

四 灵芝盆景制作技术

灵芝根据品种其子实体颜色可表现出红、紫、黄、白、黑、青6种颜色，常见的为红色或紫色。菌盖有圆形、半圆形、扇形和无盖的鹿角形等，表面有环状、云状、梭状及辐射状皱纹，色彩绚丽，形态奇特优美，可以培养出千姿百态可供观赏的灵芝。我国是世界上最早认识、研究、应用灵芝的国家，自古以来就视灵芝为长寿健康、吉祥如意、高尚尊贵、神圣庄严的象征。利用灵芝制作成盆景，其独特的观赏价值和象征意义将成为盆景家族中的一个新亮点。

灵芝盆景的制作是将现代生物学技术和传统盆景造型艺术结合起来的一种新兴工艺，根据灵芝的生物学特性，通过对灵芝生长环境条件的控制，结合人工嫁接技术及化学药物处理手段，培育出具有不同形态的灵芝，再配以山石、树桩、枯木等即成为姿态万千、古朴典雅、品味极高的优美工艺品（图5-4）。

图5-4 灵芝盆景

1. 灵芝盆景造型的生物学原理

掌握灵芝盆景造型的生物学特性，是灵芝造型的基础，也是运用其他造型手段方法的根本。对灵芝造型就是对自然生长灵芝加入人工控制的方式，通过控制灵芝生长的温度、湿度、光照、空气等条件，让灵芝生长出需要的形态。

（1）温度控制原理 灵芝子实体在18～30℃之间均能分化，但菌盖形成的最低温度为22℃，一般在22～25℃最适宜。温度在24℃以内，菌盖较厚；超过28℃则菌盖较薄，生长也较迅速；灵芝子实体在10～20℃的环境中，只长菌柄不易长盖。在这一基础上，若营养充足，菌柄则粗壮；若营养不足，菌柄就细小。

（2）湿度控制原理 灵芝子实体发育过程中处于湿度达到95%以上的高湿环境中，会存在两大生物障碍，一是空气的流通受到影响，氧气不足；二是子实体的蒸腾作用受阻，进而使菌丝对营养的运输受到阻碍，灵芝子实体的生长速度减缓，发育出现畸形，出现很多瘤状凸起的小球。在这一基础上能培育出一体多盖或灌木丛生状。

（3）空气控制原理 充足的空气是子实体分化菌盖的条件之一，因为充足的氧气是子实体旺盛呼吸的基础，菌丝体才能分解更多的营养输送到菌盖部位，为其生长奠定基础。要保证菌盖良好生长，二氧化碳含量就要低于0.1%，即以人在室内感觉空气比较清新为标准，加强通风换气是氧气充足的关键手段。

【提示】 在高浓度的二氧化碳条件下，菌盖则难以生长，不易开展，易产生出多少不一的分枝，继续保持这一环境，分枝将不断伸长。原因是当灵芝子实体没有充足的氧气时，子实体的前端呼吸受阻，生长点前移而使菌柄拉长。一般二氧化碳含量在0.1%以上，这样的环境人呼吸感觉发闷，要做到这一点就要减少通风或不通风。

（4）光照控制原理 光照能刺激灵芝子实体的分化和促进其发育。在充足散射光的情况下，菌盖能良好地发育扩展；较暗的光线能抑制菌盖的扩展，也可以完全黑暗，但必须间断性地给予微量的散射光，否则会影响灵芝子实体的新陈代谢。灵芝子实体（菌柄）的趋光性很强，在有光源的一侧灵芝生长点生长较慢，背光一面的生长点生长较快，这样灵芝子实体就向光源的方向生长。

2. 灵芝盆景制作所需条件

栽培场所要求干净、通风良好、交通水电方便、便于操作管理，最好的场所是在室内或塑料大棚内进行。灵芝造型的最佳季节为5～12月，这期间外界气温适合灵芝的生长发育。灵芝造型时还需要准备一些工具，如大小不等的塑料袋、牛皮纸袋、刀片、钢针、钢夹、丝绳、加热器、电吹风机、加湿器、转动或移动台灯、大头针、钳子、镊子、白乳胶、强力胶、清漆（喷漆）等。

3. 灵芝盆景品种的选择和栽培模式选择

一般选择的盆景灵芝品种有赤芝、紫芝、无孢灵芝、鹿角灵芝等造型本身就比较怪异的品种，这样在造型的时候就可以利用其本身的生长造型，再适当给予一些人为控制，就能达到事半功倍的效果。制作盆景的灵芝品种姑且称之为“盆景灵芝”或“造型灵芝”，可以用玻璃瓶、塑料袋或段木进行栽培。其菌丝体培养阶段按常规方式进行管理，待原基出现后，再根据不同需要进行特殊管理。

4. 灵芝造型的各种手段

（1）生物手段

1）菌柄弯曲。采用生物手段使菌柄弯曲得自然、大方。灵芝子实体（菌柄）的趋光性很强，根据这一特点，控制菌柄向人为方向弯曲，通过移动子实体或改变光源方向和强度，可使菌柄长出各种弯曲的形态。但有的子实体形状如盘根错节的枯树枝，通过这一方法弯曲的形态不易或难以改变。

2）鹿角状菌柄。当培养温度、湿度、光照均能满足灵芝生长要求时，若二氧化碳积累过多，含量达到0.1%以上时，菌柄上就会生成许多分枝，越往上分枝越多，而且渐渐变细，菌柄顶端始终不形成菌盖，从而形成鹿角状分枝（图5-5）。

3）菌盖加厚。对形成菌盖而未停止生长的灵芝，在通气不畅的条件下培养即形成加厚菌盖，此后继续保持此条件，菌盖加厚部分可延伸出二次菌柄，再给以通风条件，二次菌柄上又可形成小菌盖。

4）双重菌盖。给生长旺盛期的幼嫩菌盖套上1个纸筒，让光线自顶上射入，菌盖会停止横向生长而从盖面上生长出1个小凸起，继续培养凸起即可延伸成菌柄，此时去掉纸筒继续在适宜条件下培养，保持培养瓶原放位置方向不变，凸起即分化出菌盖，从而成为双重菌盖。

图5-5　鹿角灵芝

5）瘤状凸起。当子实体原基形成后，人为控制给予高温高湿环境，使其子实体发育出现畸形，出现很多瘤状凸起的小球，在这一基础上能培育出一体多盖或灌木丛生之状。

（2）机械手段

1）嫁接技术。当生物手段不能满足造型的整体要求时，嫁接是最好的辅助手段。嫁接时的天气选择最好是在阴天或雨后初晴的傍晚进行，空气湿度较高（85%～95%）和温度适合（26～28℃）是子实体伤口快速愈合最适合的条件，禁止在晴天的中午和雨天进行。嫁接时品种必须相同，嫁接后可用丝绳、丝布、铁夹、铁丝夹（用铁丝做成的V形夹）、大头针、书钉等采用缠绕、夹死等方法牢固成一体。嫁接后的灵芝在未成活前严禁喷水，嫁接成活后即可按常规方法进行管理。

① 直接靠接。就是将2个灵芝生长点靠紧固定在一块儿，过5～7天就牢固地长拢在一起。一般选择在幼嫩阶段子实体白色生长点十分清楚且活力旺盛时，其靠接成功率较高。在十分熟前白色生长点还有，但活力不强，甚至有些发黄的情况下靠接的成功率很低。

② 处理后靠接。在生长点已经过去的部位上，需补充从其他培养基移过来的子实体时，应进行认真处理。将稍带点肉质的表皮，用锋利的消过毒的刀片削掉，再将接穗的齐断面紧靠在一起，经24h二者各自重新长出菌丝相互连接，再过5～7天便可较为牢固地生长

在一起。

2）人工菌柄弯曲。菌柄弯曲虽然可以通过灵芝的趋光性来达到，但有时用时较长，对亟待弯曲的菌柄，采用人工方法更为快捷。在灵芝子实体未进入全木质时可用人工手段使其向人为方向弯曲，可采用石块、砖等挤、靠，也可用绳、铁丝牢拉，还可用定型式的木套、钢筋、铁丝套固定弯曲。

3）人工修刻。用经消毒过的锋利刀片，一是把不需要的整体去掉；二是把造型中过长的部分去掉；三是在子实体旺盛生长阶段刀刻成需要的形状，经其生长愈合后与自然生长的基本一样，这一手段是灵芝造型技术精髓的一部分，运用得当将会取得较好的效果。

4）刺激再生。当灵芝子实体的某一部位没有按要求长出实体，可通过刺激造型法来完成。如用火焰灭菌处理好的钢针或刀尖，将要求部位挑破，继续培养以长出菌柄、菌盖。

5）局部定型。灵芝盆景在按预想培育的过程中，有的型已长到位，但生长点还在，为避免出现跑型现象，采用局部定型法，利用电吹风吹出的热风或电加热器的热量对需定型部位进行加热，使其水分蒸发，生长受到阻碍，而达到缓慢生长或不长的效果。

（3）化学手段 利用化学手段进行灵芝盆景的造型，是一项难掌握、对一般造型不太适用的方法，但若运用得当也会发挥出其他手段不易达到的效果。

1）化学药剂杀控造型。利用75%的酒精或0.1%的高锰酸钾涂擦正在生长的菌柄或菌盖某一部位，杀伤这部分组织，则会出现柄粗或分偏枝或分侧枝的子实体生长现象；若全部涂擦还会出现停止生长的现象。

2）利用营养激素促进造型。利用500倍的植保素或其他一些生长刺激素，对近似老化的组织进行涂擦，可以使其恢复一定的机能，对其嫁接和继续生长都有一定的作用。

5. 灵芝盆景定型干化

当灵芝造型确定后，立刻进入定型处理和干化处理。首先，将灵芝造型用毛刷加清水刷净子实体上的孢子粉及尘埃等，然后置室内自然蒸发掉外部水分，但不可在阳光下晒；其次，将灵芝造型从

培养基上小心地取下来，置于干燥的室内保持形状不变，使子实体风干，不可在阳光下曝晒或用其他加热的方法定型，否则子实体会因失水快而不饱满。干化是自然过程，决不可急于求成，当子实体的含水量为15%~20%时，干化就已基本达到标准。将干化好的灵芝造型喷上漆，再将其晾干。喷漆后灵芝子实体造型具有很强的光泽度，颜色鲜明（图5-6）。

图5-6 灵芝盆景定型

6. 灵芝盆景入座成形

灵芝盆景是以盆中灵芝子实体来体现大自然美的艺术品，选择合适的底座与之搭配，用强力胶水将其黏结成一体，并用泡沫、白云石、处理过的苔藓等作为填充物，再配以山石、树桩、枯木等，使其与灵芝造型搭配出和谐、幽雅、有风趣的艺术气息，成为一件优美的工艺品（彩图35）。

第二节 真姬菇高效栽培技术

真姬菇［*Hypsizygus marmoreus*（Peck）H. E. Bigelow］又名玉蕈、斑玉蕈，属担子菌亚门、层菌纲、伞菌目、白蘑科、玉蕈属。真姬菇外形美观，质地脆嫩，味道鲜美，具有海蟹味，在日本称之为“蟹味菇”“海鲜菇”。真姬菇营养丰富，每100g鲜菇中含粗蛋白质3.22g、粗脂肪0.22g、粗纤维1.68g、碳水化合物4.56g，灰分1.32g，磷、铁、锌、钙、钾、钠的含量非常丰富，维生素B_1、维生素B_2、维生素B_6的含量也较一般菇类高，是一种非常珍贵的食用菌。

真姬菇的蛋白质中氨基酸种类齐全，包括8种人体必需氨基酸，其中赖氨酸、精氨酸含量高于一般菇类，对青少年增智、增高起着重要作用。真姬菇子实体中提取的β-1,3-D葡聚糖具有很高的抗肿瘤活性，而且从真姬菇中分离得到的聚合糖酶的活性也比其他菇类要高许多，其子实体热水提取物和有机溶剂提取物有清除体内自由基作用，因此，有防止便秘、抗癌、防癌、提高免疫力、预防衰老的独特功效。

一 真姬菇生物学特性

1. 形态特征

（1）菌丝体 真姬菇的菌丝体白色、绒毛状，气生菌丝不旺盛、不分泌黄色液滴、不形成菌皮，在培养过程中可产生节孢子和厚垣孢子。

（2）子实体 真姬菇子实体丛生，每丛 15～50 株不等；有时散生，散生时数量少而菌盖大。菌盖幼时半球形，边缘内卷后逐渐平展，直径 4～15cm，近白色至灰褐色，中央带有深色大理石状斑纹（彩图 36）。菌褶近白色，菌柄呈圆头状直生，密集至稍稀。菌柄长 3～10cm，粗 0.3～0.6cm，偏生或中生。孢子卵形至近球形，显微镜下透明，成堆时白色。

2. 生长发育条件

（1）营养条件 真姬菇是一种低温型的木腐菌，栽培原料比较广，如木屑、玉米芯、甘蔗渣和棉籽壳等都可作为主要原料，以用棉籽壳的产量最高。在栽培过程中需加少量的辅料，如米糠、麸皮、大豆皮、棉籽饼和玉米粉等，可以提高单产。

（2）环境条件

1）温度。真姬菇与滑菇、香菇和平菇等一样具有变温结实特性。菌丝发育温度范围为 9～30℃，适温 22～24℃；子实体原基分化 4～18℃，生长适温为 10～14℃。

2）水分。真姬菇培养料含水量以 65% 左右为宜。因其发菌时间较长，培养料会逐渐失水变干，出菇前应补充水分，使含水量达 70%～75%。菇蕾分化期，菇房相对湿度应调节到 98%～100%。菇体发育时，菇房相对湿度应为 90%～95%。

3）光线。真姬菇菌丝生长阶段不需要光线，但菇蕾分化阶段应有弱光刺激。子实体生长时有向光性，如在地下室或山洞栽培真姬菇，每昼夜应开日光灯 10～15h。

4）空气。真姬菇生长的各个阶段都需要新鲜空气。培养料的粒度要粗细搭配，防止过湿。为防止菇房的二氧化碳过浓，原基大量发生时每天应通风4～8次。

5）酸碱度。菌丝生长阶段的最适pH为6.5～7.5。

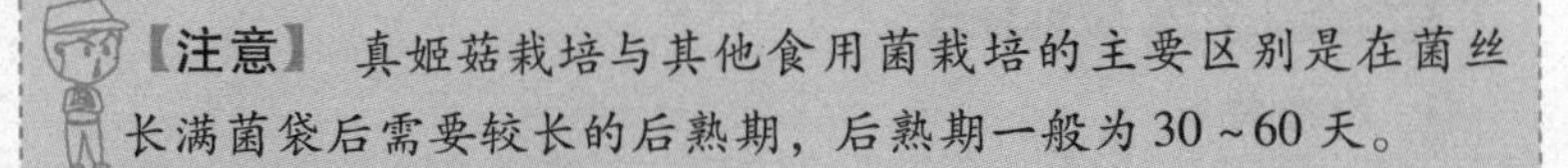

【注意】 真姬菇栽培与其他食用菌栽培的主要区别是在菌丝长满菌袋后需要较长的后熟期，后熟期一般为30～60天。

二 真姬菇高效栽培技术要点

1. 栽培季节

由于真姬菇为低温型菇类，出菇季节在深秋至春季较适宜。我国北方地区安排在10月开始生产菌袋，11月上旬～第二年4月出菇较好。

2. 栽培配方

1）玉米芯60%，棉籽壳30%，玉米面6%，尿素1%，糖1%，石膏1%，过磷酸钙1%。

2）玉米秸粉50%，棉籽壳30%，玉米面10%，菜籽饼6%，尿素1%，糖1%，石膏1%，过磷酸钙1%。

3）棉籽壳50%，木屑35%，麸皮7%，玉米面7%，石膏粉1%。

4）阔叶树木屑75%，麦麸15%，玉米粉3%，黄豆粉3%，石膏1.7%，石灰1%，蔗糖1%，磷酸二氢钾0.2%，硫酸镁0.1%。

5）甘蔗渣（鲜）95%，石膏粉1%，石灰粉3%，过磷酸钙1%。

6）酒糟（新）70%，木屑20%，玉米面6%，石灰3%，石膏粉1%。

3. 接种、发菌

将培养料的含水量调到65%，进行常压或高压蒸汽灭菌，冷却至28℃左右后按无菌操作规程接种，接种后将菌袋搬入发菌室内培养。

瓶栽采用6行6层式长垛排列，袋栽采用“井”字形多层式排列。切忌大垛堆积，以免高温“烧菌”。发菌温度控制在20～23℃，空气相对湿度调至60%～70%，培养室二氧化碳含量控制在0.4%以下，在黑暗或弱光下发菌。真姬菇的菌丝长满料后不会马上扭结现原基，必须在自然条件下越季保存，待贮足营养物质、达到生理成熟后，在适宜温度下才能出菇。菌丝达到生理成熟的标志是色泽由纯白色转为土黄色。

4. 出菇管理

将生理成熟的菌袋移送到出菇房。排放方法多样，有立放于床架的，也有卧倒叠放于地沟两侧的，然后依下列次序进行。

（1）搔菌 打开袋口，搔去料面四周的老菌丝，目的是促使原基从料面中间接种块处成丛地形成，使以后长出的幼菇向四周发展，形成菌柄肥实、菌盖完整、菌肉肥厚的优质菇。搔菌后往料面注入清水，2～3h后，倒去尚未被吸收的水。

（2）催蕾 在袋口盖上潮湿的报纸或粗白布，同时降温至13～15℃，增加通风量，促使菇蕾形成。一般经10～15天，料面上可以看见针头状的灰褐色菇蕾。菇蕾出现的中期需10～30lx的光照。因为在近黑暗条件下，菇蕾出现缓慢而且会发生杂菌，即使出现菇蕾，数目也很少，造成出菇不良。菇蕾出现的后期需50～100lx的光照。

（3）育菇 菇蕾出现后，揭去覆盖物，菇房温度保持在14～15℃左右；采取向周围和地面喷水的办法保持90%的湿度，切勿直接向菇蕾喷水；二氧化碳含量控制在0.1%，加强通风，使空气新鲜；并有500lx左右的光照，可以促进菌盖形成，抑制菌柄徒长。通过以上措施，得到色泽深、菌柄长度和粗度适当的真姬菇产品，经5～7天真姬菇即可育成（图5-7）。

图5-7 真姬菇

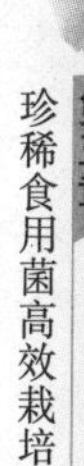

5. 采收、分级

适时采收和认真细致地分级是提高真姬菇商品价值的重要环节。当真姬菇长到一定标准时，即菌盖1.5～4cm时就应及时采收。采收时，一手按住菌柄基部培养料，一手握住菌柄，轻轻地将整丛菇拧下。第一潮菇采收完后，及时清除料面上残留的菌柄、碎片和死菇，并进行补水管理。经15天左右第二潮菇蕾就会形成，如前所述继续管理，就可采收第3～4潮，有的可采收第五潮菇。

一般真姬菇可分为3个等级。一级菇，菌盖直径1.5～2.5cm，菌柄长度4cm以下；二级菇，菌盖直径2.6～3.5cm，菌柄长4cm以下；三级菇，菌盖直径3.6～4.5cm，菌柄长4cm以下。

6. 采后管理

真姬菇采收后应及时去除残留的菌根和死菇，挖去表层1cm的培养料，喷足水分后，用塑料膜覆盖好菌袋，让菌丝体充分恢复发菌，然后转入第二潮出菇管理。必要时可增喷氮、磷、钾混合营养液增加营养，一般可采收三潮菇，生物效率达70%～80%。

三 真姬菇工厂化生产要点

1. 生产设施

控温菇房车间采用钢塑结构或砖混结构建造，其封闭性、隔温性及节能性好，利于控温、保湿、通风、光照和防控病虫害。单库菇房大小以10m×6m×4m为宜，中架宽1.3m，边架宽0.9m，层间距0.5m，底层离地面0.2m以上，架间走道0.7m。按冷库标准要求进行建造，制冷设备与冷库大小相匹配，配置制冷机及制冷系统、风机及通风系统和自动控制系统。应有健全的消防安全设施，备足消防器材；排水系统畅通，地面平整。

工厂化生产区与生活区分隔开，生产区应合理布局，堆料场、拌料装料车间、制种车间、灭菌设施（车间）、接种室、发菌室与出菇房、采收包装车间、成品仓库、下脚料处理场各自独立（隔离），又合理衔接，防止生产环节之间及对周围环境产生交叉污染（防止各生产环节交叉感染）。

2. 生产配方

1）棉籽壳40%，木屑38%，麸皮10%，玉米粉10%，石膏

1%，石灰1%。含水量为63%~65%，pH为7.5~8.0。

2）玉米芯粉70%，麦麸18%，大米糠4%，豆粕粉4%，石膏1%，石灰1%，过磷酸钙2%。含水量为63%~65%，pH为7.5~8.0。

3. 培养料配制

（1）拌料 按栽培配方将各原料逐一置入拌料机内，充分混合，加水搅拌均匀。高温季节宜适当降低培养料含水量。

（2）装瓶

1）栽培容器。选用850mL、口径58mm、耐130℃以上高温、白色半透明、符合GB9688卫生规定的聚丙烯塑料瓶，瓶盖采用有棉盖体或能满足透气和滤菌要求的无棉盖体。

2）装瓶。标准的装瓶量为620~670g（湿料），配制好的培养料由自动装瓶机组自动装料、打孔，要求料面距瓶口10~15mm，瓶肩与瓶颈无间隙，料松紧度均匀一致，表面要压实。在料中央位置打孔，孔径20~25mm，距瓶底10~15mm。装料后，由自动加盖机加盖。

（3）灭菌 装瓶后立即灭菌，采用高温高压灭菌，灭菌锅内层压力稳定在1.2~1.6kgf/cm²，温度为121~123℃，维持1.5h。灭菌完毕后，自然降压。

4. 接种

灭菌后将菌瓶移入经过消毒的冷却室内冷却，至料温降至28℃左右时接种。选用适宜菌龄（菌种满瓶后继续培养7~15天）的栽培种，按照无菌操作要求接种。接种人员穿戴干净、消毒的衣、帽、鞋和口罩，通过风淋室洁净后进入接种室（图5-8）。接种前，双手和菌种瓶外壁用75%酒精擦洗消毒，瓶口用酒精灯火焰封口，用灭菌的接种工

图5-8 工厂化生产接种

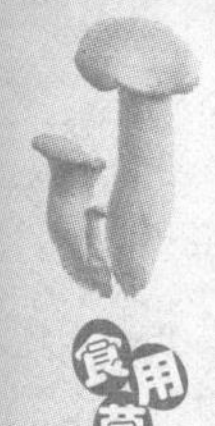

具除去菌种表面老化的菌种块。宜采用自动接种机进行接种，接种前各工作部件用75%酒精喷雾与擦拭消毒，接种刀用酒精灯火焰灭菌。

5. 发菌及后熟培养

(1) 发菌培养 接种后，从接种室递送窗将接种后的菌瓶整筐移入培养室内进行发菌培养。培养室要求洁净无尘，进风扇和排气扇均应装置过滤网。培养室的温度控制在20～24℃，空气相对湿度控制在60%～70%，保持空气新鲜，避光发菌。培养20～25天，重新调整菌瓶排放位置。若发现有杂菌污染瓶，及时处理。接种35～40天菌丝可长满菌瓶。

(2) 后熟培养 菌丝发满菌瓶后继续培养40～45天，培养基色泽由纯白色转至土黄色。后熟培养期间，提高培养室温度至23～25℃，空气湿度、光照、通风条件与发菌期相同。

6. 搔菌注水

(1) 搔菌 菌丝生理成熟后进行搔菌处理，用搔耙剔除培养料表面5～6mm老菌种及表层老菌丝。宜采用专用搔菌机，将培养料表面中央部位用爪形刀刃旋转而下，形成环沟，环沟距瓶口的距离为15～20mm，使料面呈圆丘状（图5-9）。

图5-9 搔菌

(2) 注水 搔菌后，向菌瓶内注入清水5～10mL，约1h后将余水倒掉，环沟内不应有积水，使培养基表面湿润，促进原基形成。

7. 催蕾管理

搔菌后的菌瓶，移入温度为14～16℃、空气相对湿度为90%～95%、二氧化碳含量小于0.1%的出菇房内。菌瓶瓶口覆盖无纺布保湿，每天向无纺布喷雾状水，并保持菇房地面湿润和通风换气。避光培养5～7天，待瓶口菌丝出现绒絮状时，将菇房温度降至12～

14℃，经 7 天左右料面上出现针头状菇蕾。菇蕾形成后，给予 100～200lx 的光照。

8. 出菇管理

待菇蕾长出瓶口约 1cm 时揭去覆盖物，菇房温度控制在 14～16℃；空气相对湿度控制在 85%～95% 之间，采取向空间和地面喷水或采用加湿器保湿，不应直接向菇蕾喷水，随菇丛的增大逐步降低空气相对湿度；增加通风，保持空气新鲜，二氧化碳含量控制在 0.1% 以下；光照强度控制在 500～600lx，经 5～7 天即可培育成商品菇（图 5-10）。

图 5-10　真姬菇白色品种

9. 采收、清料

(1) 采收　当真姬菇菌盖直径达到 1.5cm、菌柄长度 4～7cm、菌盖边缘内卷时及时采收。采收时将菌瓶整筐移至采菇包装车间，集中进行采收与包装处理。如果使用气泵枪采收，将枪头插入培养基料内 1～2cm 深处充压缩空气，使菇体整丛上浮，与培养料脱离，整丛采下。

(2) 清料　每批真姬菇采收后，菌瓶应及时送至挖瓶车间，用挖瓶机挖出残料。及时清理废菌料，刷洗、消毒菌瓶等用品，清空菇房车间并进行清洗及蒸汽消毒处理，对生产场地及周围环境定期冲刷、消毒，并开展菌糠生物质资源的无害化循环利用。

栽培菇房必须用水清洗干净，然后通入蒸汽熏蒸除菌杀虫，以备下次使用。

10. 储运

真姬菇以鲜销为主。鲜菇宜采用冷链运输，在 4℃左右低温储藏、气调储藏或采取速冻保鲜。储藏仓库应当干净、无虫害和鼠害，无有害物质残留，在最近 7 天内未使用禁用物质处理过。

第三节　猴头菇高效栽培技术

猴头菇（*Hericium erinaceus*）又名猴头菌、猴头、猴头蘑、刺猬菌、花菜菌、山伏菌、猬菌，属真菌界、担子菌亚门、多孔菌目、猴头菇属。猴头与鱼翅、熊掌、燕窝并誉为四大名菜。猴头菌的营养成分很高，是名副其实的高蛋白、低脂肪食品，菌肉鲜嫩，香醇可口，有“素中荤”之称，明清时期被列为贡品。

猴头菇性平、味甘，利五脏，助消化；具有健胃，补虚，抗癌，益肾精之功效。在抗癌药物筛选中，发现其对皮肤、肌肉癌肿有明显抗癌功效。所以常吃猴头菇，可以增强抗病能力。

一　猴头菇生物学特性

1. 形态特征

（1）菌丝体　猴头菇母种在PDA培养基上菌丝生长不均匀，紧贴于培养基表面，气生菌丝短、稀、细，基内菌丝发达。在培养基上极易形成珊瑚状子实体原基，外观形似小疙瘩。原种、栽培种、栽培袋猴头菇菌丝洁白、浓密、粗壮、生长快，上下分布均匀。

（2）子实体　猴头菇子实体呈块状、扁半球形或头形，肉质，直径为5~15cm，不分枝（彩图37）。新鲜时呈白色，干燥时变成褐色或浅棕色。子实体基部狭窄或略有短柄。菌刺密集下垂，覆盖整个子实体，肉刺圆筒形，刺长1~5cm，粗1~2mm。

2. 生长发育条件

（1）营养条件　猴头菇属木腐菌，分解木材的能力很强。其能广泛利用碳源、氮源、矿质元素及维生素等。人工栽培时，适宜树种的木屑、甘蔗渣、棉籽壳等是理想的碳源；麸皮和米糠是良好的氮源，其他能利用的氮源还有蛋白胨、铵盐、硝酸盐等。

生长发育过程要有适宜的碳氮比，菌丝生长阶段以25∶1为宜；子实体生育阶段以（35~45）∶1最适宜。此外，猴头菌在生长中还要吸收一定数量的磷、钾、镁及钙等矿质离子。

（2）环境条件

1）温度。猴头菇菌丝生长温度范围为6~34℃，最适温度为

25℃左右。低于6℃，菌丝代谢作用停止；高于30℃时菌丝生长缓慢易老化，35℃时停止生长。子实体生长的温度范围为12~24℃，以18~20℃最适宜。当温度高于25℃时，子实体生长缓慢或不形成子实体；温度低于10℃时，子实体开始发红，随着温度的下降，色泽加深，无食用价值。

2）水分。培养基质的适宜含水量为60%~70%，当含水量低于50%或高于80%时，猴头菇原基分化数量显著减少，子实体晚熟，产量降低。对相对湿度的要求，菌丝培养发育阶段以70%为宜；子实体形成阶段则需要达到85%~90%，此时子实体生长迅速而洁白。若低于70%，则子实体表面失水严重，菇体干缩，变黄色，菌刺短，伸长不开，导致减产；反之空气相对湿度高于95%，则菌刺长而粗，菇体球心小，分枝状，形成“花菇”。一个直径5~10cm的猴头子实体，每日水分蒸发量达2~6mL。

3）空气。猴头菇属好气性菌类，对二氧化碳浓度反应非常敏感，当空气中二氧化碳含量高于0.1%时，就会刺激菌柄的不断分枝，形成珊瑚状的畸形菇，因此菇房保持新鲜的空气极重要。

4）光照。猴头菇菌丝生长阶段基本上不需要光，但在无光条件下不能形成原基，需要有50lx的散射光才能刺激原基分化。子实体生长阶段则需要充足的散射光，当光照强度在200~400lx时，菇体生长充实而洁白；但光照强度高于1000lx时，菇体发红，质量差，产量下降。

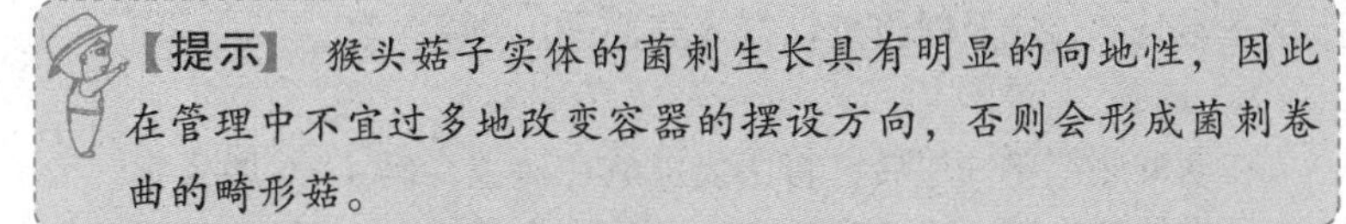

【提示】 猴头菇子实体的菌刺生长具有明显的向地性，因此在管理中不宜过多地改变容器的摆设方向，否则会形成菌刺卷曲的畸形菇。

5）酸碱度。猴头菇属喜酸性菌类，菌丝生长阶段在pH为2.4~5的范围内均可生长，但以pH为4最适宜。当pH在7以上时，菌丝生长不良，菌落呈不规则状。子实体生长阶段以pH为4~5最适宜。

二 猴头菇高效栽培技术要点

1. 栽培季节

猴头菇的栽培季节，应根据其子实体生长温度以16～20℃为最适宜的特点和当地的气候条件确定，一般春、秋两季均可栽培。

2. 栽培配方

1）棉籽壳50%，木屑30%，麸皮16%，石膏或碳酸钙2%，糖1%，过磷酸钙1%。

2）草粉50%，木屑26%，麸皮20%，石膏或碳酸钙2%，糖1%，过磷酸钙1%。

3）木屑69.5%，麸皮25%，黄豆粉2%，石膏或碳酸钙2%，糖1%，尿素0.5%。

3. 装袋、灭菌

目前猴头菇栽培以15cm×55cm的低压聚乙烯塑料袋常用，每袋可装干料0.4～0.5kg。装料前先将袋口一头用线绳扎好，装料时将料压实，上下松紧度要一致，且袋口要擦干净，以避免杂菌从袋口侵入。装满料后，从中央打上通气接种孔，再用线绳将另一口扎紧。

装袋后采用常压灭菌。

4. 接种、发菌

待料温降至30℃以下时，在无菌条件下进行接种。接种后，将菌筒搬入培养室，按“井”字形堆叠发菌，培养室内温度维持20～25℃，空气相对湿度65%左右，遮光培养。于菌丝生长旺盛期（接种后15天左右），温度降低至20℃左右。经20～28天培养，菌筒的菌丝基本长满，应及时将菌筒搬入菇棚进行催蕾出菇。

5. 排袋、开口

在菇畦底部垫一层砖，将菌袋横放在砖上，码4～6层为宜。为防止子实体长出瓶、袋口后相互之间连生在一起，上层与下层的瓶、袋口应反方向放置（图5-11），去除袋口包扎物（颈圈），袋口自然收拢不撑开。袋上用塑料薄膜覆盖，每2～3天将薄膜掀动一次，促使菇蕾形成。当菇蕾直径为2～3cm时，揭去薄膜。

6. 出菇期管理

（1）调节温度 子实体形成后，温度应调节在14～20℃之间，以利其迅速生长。当温度过高时，应早、晚开窗及时通风降温，以防子实体生长缓慢；当温度过低时应适当增加温度，促进其生长（图5-12）。

图5-11　猴头菇排袋出菇

图5-12　猴头菇出菇期

（2）保持湿度　喷水应掌握“勤喷、少喷”的原则，空气相对湿度要求在90%左右。湿度过大，会引起子实体早熟，质量差；湿度过低，则生长缓慢，易变黄干缩。

（3）加强通风换气　保持空气新鲜是促进子实体形成的主要条件之一。如果通气不良，二氧化碳含量过高，易出现珊瑚状畸形菇。因此，应注意菇房的通风换气，每天定时打开通风口。高温时，多在早晚通风，每次30min左右；低温时，可在中午通风，经常保持菇房的空气新鲜。

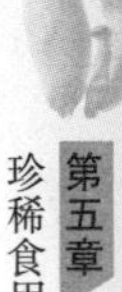

（4）掌握适宜光线　猴头菇子实体生长阶段需要一定的散射光，若光线不足，子实体原基不易形成，对已形成的子实体，甚至造成畸形菇。但要防止阳光直晒，一般以200～300lx的光照强度为宜，一般菇房有一定的散射光即可。

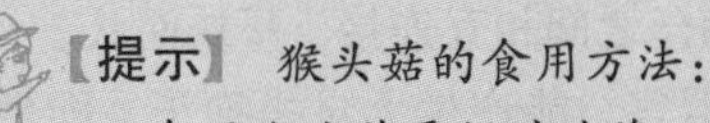

【提示】　猴头菇的食用方法：

食用猴头菇要经过洗涤、涨发、漂洗和烹制4个阶段，直至软烂如豆腐时营养成分才完全析出。另外霉烂变质的猴头菇不可食用，以防中毒。

干猴头菇适宜用水泡发而不宜用醋泡发，泡发时先将猴头菇洗净，然后放在冷水中浸泡一会，再加沸水入笼蒸制或入锅焖煮，或放在热水中浸泡3h以上（泡发至没有白色硬心即可，如果泡发不充分，烹调的时候由于蛋白质变性很难将猴头菇煮软）。另外需要注意的是，即使将猴头菇泡发好了，在烹制前也要先放在容器内，加入姜、葱、料酒、高汤等上笼蒸或煮制，这样做可以中和一部分猴头菇本身带有的苦味，然后再进行烹制。

第四节　姬松茸高效栽培技术

姬松茸（*Agaricus brasiliensis*）又名巴西蘑菇、小松菇、地松茸，属菌物界、担子菌门、伞菌纲、伞菌亚纲、伞菌目、伞菌科。姬松茸具杏仁香味，口感脆嫩，姬松茸菌盖嫩，菌柄脆，口感极好，味纯鲜香，食用价值颇高。新鲜子实体含水分85%～87%；可食部分每100g干品中含粗蛋白质40～45g、可溶性糖类38～45g、粗纤维6～8g、脂肪3～4g、灰分5～7g；蛋白质组成中包括18种氨基酸，人体的8种必需氨基酸齐全，还含有多种维生素和麦角甾醇；其所含甘露聚糖对抑制肿瘤（尤其是腹水癌）、医疗痔瘘、增强精力、防治心血管病等都有疗效。

一　姬松茸生物学特性

1. 形态特征

（1）菌丝体　菌丝体是营养器官，菌丝白色、绒毛状，气生菌丝旺盛，爬壁强，菌丝直径5～6μm。菌丝体有初生菌丝和次生菌丝两种，菌丝不断生长发育，各条菌丝之间相互连接，呈蛛网状。

（2）子实体　子实体是繁殖器官，能产生大量担孢子，即生殖细胞。子实体由菌盖、菌褶、菌柄和菌环等组成（彩图38）。子实体单生、丛生或群生，伞状。菌盖直径3.4～7.4cm，最大的达到15cm，原基呈乳白色，菌盖初时为浅褐色，扁半球形，成熟后呈棕褐色，有纤维状鳞片。

2. 生长发育条件

（1）营养条件 姬松茸为粪草腐生菌，是双孢蘑菇的近缘种，所需营养与双孢蘑菇相似，不同的是它除利用稻草、麦秸、棉籽壳作为碳源以外，还能利用木屑作为碳源；利用豆饼、花生饼、麸皮、玉米粉、畜禽粪、尿素和硫酸铵等作为氮源。

（2）环境条件 姬松茸菌丝生长温度为10～30℃，适宜温度为22～26℃；子实体生长温度为20～33℃，适宜温度为22～25℃。培养料及覆盖土层的含水量为60%～65%，菌丝生长期空气相对湿度为75%～85%，子实体相对湿度为85%～95%。培养料最适pH为8.0。

二 姬松茸高效栽培技术要点

1. 栽培季节

根据姬松茸的生物学特性，栽培季节一般安排在春末夏初和秋季。春季在清明前后（3～5月），秋季在立秋之后（9～11月）。低海拔地区可延长至4～5月播种，6～7月采收。总之，要掌握播种后经40～50天开始出菇时，气温能达到20～28℃为好。各地气候条件不同，栽培季节应灵活掌握。

2. 培养料配方

1）稻草65%、干粪类15%、棉籽皮16%、石膏粉1%、尿素0.5%、石灰粉1%，过磷酸钙1%、饼肥0.5%。

2）玉米秆（或麦秸）80%、牛粪粉15%、石膏粉3%、石灰粉1%、饼肥1%。

3）稻草47%、木屑45%、过磷酸钙2%、硫酸铵1%、石膏粉3%、石灰粉2%。

4）稻草80%、牛粪14%、石膏粉3%、石灰粉3%。

3. 建堆发酵

姬松茸的建堆发酵与双孢蘑菇一样，将稻草、秸秆或棉籽壳等浸透水后与畜禽粪等分层铺撒均匀建堆。一般建堆上宽1.2m，下宽1.5m，高1.3m。堆料后的3～4天，堆温通常可达70℃左右。堆温的测定一般以圆柱形温度计插入料堆深约33cm处为标准。70℃保持3天堆温就会下降，此时应翻堆。翻堆的目的是改善料层的空气条

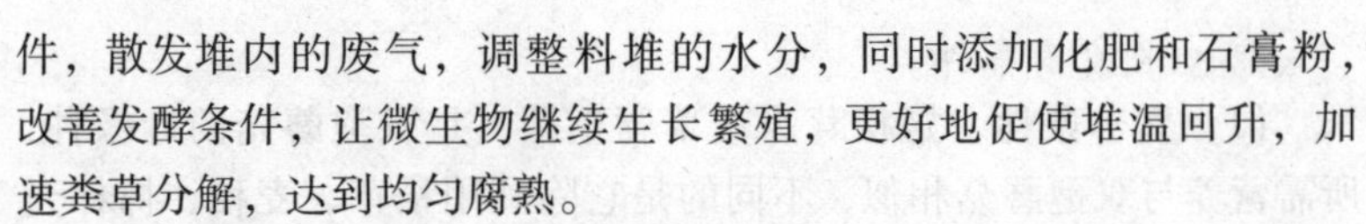

件，散发堆内的废气，调整料堆的水分，同时添加化肥和石膏粉，改善发酵条件，让微生物继续生长繁殖，更好地促使堆温回升，加速粪草分解，达到均匀腐熟。

第一次翻堆时加入尿素、硫酸铵等化肥并充分搅拌匀，在微生物的作用下，通过发酵变成适合姬松茸的氮源。再次建堆后达到70℃时再保持3天翻堆，如此3次。为了使堆料发酵均匀，翻堆时应把中间培养料翻到外面，把外层培养料堆进中间。

【提示】 发酵后培养料以达到棕褐色，手拉纤维易断为度。堆制发酵后培养料含水量为60%～75%，手抓一把培养料用力挤，指缝有两三滴水即为含水量适宜。当pH偏高或偏低时，可用过磷酸钙或石灰进行调节。为了制作均匀、完全成熟、高质量的培养料，翻堆是很重要的工序，不能粗心。

有条件的栽培者可进行二次发酵，以便提高产量和降低病虫危害，其具体做法同双孢蘑菇。

4. 做畦（床）

姬松茸在室内外均可栽培。室内栽培可搭4～6层床架，也可利用空闲的菇房和床架。将完全成熟的培养料均匀地、不松不紧地铺入菇床或畦床，厚度以20cm为宜。培养料上床后，关闭菇房的出入口、通风口，然后用甲醛加高锰酸钾熏蒸（每立方米空间用甲醛8～10mL，高锰酸钾5g）或用硫黄熏蒸24h，排出菇房或畦内的药味，待料温降至28℃时播种。

室外可在日光温室内栽培，也可在荫棚内栽培。荫棚高2～2.3m，棚顶和四周用草帘或遮阳网遮阴，光照保持“四分阳、六分阴”。在大棚内南北向建畦或设床架，畦宽1.3m，长不限，畦床整成龟背形，开好排水沟。山地栽培，还要开防洪沟。进料前，畦床表面要喷杀虫农药。再将培养料铺到畦床上面，厚度一般为20～25cm（按干料计算，每平方米需16～20kg培养料）。

5. 播种及播后管理

培养料整平后，菇房中没有刺鼻的氨味，料温稳定在28℃以下，即可进行播种。目前，大都采用谷粒菌种，其方法是把谷粒菌种均匀地撒于培养料表面，大约每平方米面积需要 2 瓶 500mL 的菌种，再盖上一层进房时预先留下的含粪肥较多的优质培养料，厚度以看不到谷粒菌种为度。播种后用木板轻轻抹面。

室外畦床栽培播种后尤其要注意保温、保湿，播种后要根据每天的天气温度变化注意床内料温。播种后第六天，若料面干燥应喷水保湿，一般每天通风一次。室内栽培也要注意菇房内的温度变化，既要保温保湿，又要使新鲜空气通入菇房，以人进入菇房时不感到气闷为宜。

露地栽培，播种后要在畦面两边用竹木条扦插成弯拱形，然后覆盖塑料膜，使其在小气候中发育生长。菇床罩膜内温度以不超过30℃为宜，过高则应揭膜散温，并保持相对湿度不低于85%。播种后2~4 天，当料面呈现白色绒毛状的菌丝时，需适时揭膜通风，促使菌丝向原料下层蔓延。发现有毛霉、绿霉等杂菌侵染，应立即挖掉被污染部位销毁，以防传染扩散。随着菌丝生长量逐渐增大，每天要揭膜通风2~3 次，保持空气新鲜，促菌丝蔓延生长。

6. 覆土

一般在播种后20 天左右，菌丝长到整个培养料的2/3 时开始覆土，覆土厚度一般为3cm。覆土用的土粒不能太坚硬，以不含肥料、新鲜、保水、通气性能较好的大土粒最好，一般都选用耕作层 20cm 以下的生土，含水量为70% ~75%。

覆土可采用平铺方式，也可采用“齿轮”方式。即先在料面上覆上一层厚为 1cm 左右的土粒，每间隔 10 ~ 15cm 做一条宽 10cm、高 5cm 的土坎，厚度为 3 ~4cm，以增加出菇面积。

7. 出菇管理

姬松茸菌丝在培养料蔓延之后，才开始出菇。一般播种后 40 天左右，菌丝发育粗壮，少量爬上上层。此时畦床上面应喷水，罩膜内相对湿度要求在 90% ~95%，并保持盖膜 2 天后，土面上就会出现白色米粒状菇蕾，继而长成黄豆状，3 天后菇蕾长到直径 2 ~ 3cm 时，应停止喷水，避免造成菇（蕾）体畸形，这是水分管理的关键（图 5-13）。出菇时，要消耗大量氧气，并排出二氧化碳，所以在出菇期间必须十分注意通风换气，每天揭膜通风 1 ~2 次，通风时间一

般不少于30min，通风后继续罩膜保湿，促进菇蕾的正常生长。阴雨天气可把罩膜四周掀开进行通风换气，防止菇蕾烂掉。

出菇期温度以20～25℃最好，若早春播种的，出菇时气温偏低，可罩紧薄膜保温保湿，并缩短通风时间和次数。夏初气温超过28℃时，可以在荫棚上加盖厚遮阳物，整天打开罩膜通风透气，创造较阴凉的气候。室内栽培时，也要注意门窗遮阴，并早晚通风，出菇周期大体上10天，出菇结束后可修改畦的形状，再喷水补充畦床的水分，为下次出菇做好准备。出菇可持续3～4个月，可逐批逐次出菇采收（一般4～5批）。

图5-13　姬松茸出菇

【窍门】>>>>

出菇期管理的目的是创造更好的生态条件，提高姬松茸的质量和产量，因此要因地制宜，灵活掌握，尽量注意“听、看、摸、嗅、查”。

听：听天气预报，弄清是阴、晴、雨，是否有高温或寒流的袭击。

看：看温度、干湿度，看菇的肥瘦、密度，看菇的外表。

摸：摸一摸覆土的干湿度情况。

嗅：嗅菇房内空气是否新鲜。用打火机火苗在出菇场所内外高度的差别来检测空气的新鲜程度。

查：查一查菌丝生长情况、土层的湿度、有无病虫的危害。

8. 采收和加工

姬松茸的采收适期是菌盖刚离开菌柄之前的菇蕾期，即菌盖含苞尚未开伞，表面浅褐色，有纤维状鳞片，菌褶内层菌膜尚未破裂时采收为宜（图5-14）。若菌膜破裂，菌褶上的孢子逐渐成熟，烘干后菌褶会变成黑色，降低商品价值。

采收后的鲜菇，可通过保鲜或盐渍加工。若是干制，应根据客户的要求，有的是整朵置于干燥机内烘干；有的是由盖至柄对半切开，烘干成品。干品气味芳香，菌褶白，用透明塑料袋包装，外包装用纸皮箱或根据客户的要求进行包装。

图 5-14　姬松茸采收后

第五节　蛹虫草高效栽培技术

蛹虫草（*Cordyceps militaris*）又名蛹草、北虫草、北冬虫夏草，属子囊菌门、核菌纲、球壳目、麦角菌科、虫草属，是一种具有药用、滋补功能的珍贵中药材。蛹虫草的药用价值与保健价值和冬虫夏草相似，为我国特有的一类珍贵药用真菌。除了富含蛋白质、氨基酸、维生素等营养物质及钙、铁、锰、锌、硒等微量元素外，还含有虫草酸、虫草素、虫草多糖和超氧化物等，具有治疗肺结核、止血化痰、补精髓、抑制癌细胞、延缓衰老、提高免疫力等功效。

蛹虫草具有橘黄色或橘红色的顶部略膨大的呈棒状的子座。子座单生或数个一起从寄生蛹体的头部或节部长出，颜色为橘黄色或橘红色（彩图 39）或白色（彩图 40），全长 2～8cm。

一　蛹虫草生物学特性

1. 营养条件

人工栽培蛹虫草可利用的碳源有葡萄糖、蔗糖、大米、麦粒、

玉米粒等；氮源有氨基酸、蛋白胨、豆饼粉、蚕蛹粉等。

2. 环境条件

（1）温度　蛹虫草菌丝生长温度为6～30℃，最适生长温度为18～22℃；子实体生长温度为10～25℃，最适生长温度为20～23℃。原基分化时需较大温差刺激，一般应保持5～10℃的温差。

（2）水分　蛹虫草菌丝生长阶段，培养基含水量保持在60%～65%，空气相对湿度60%～70%；子实体生长阶段，培养基含水量要达到65%～70%，空气相对湿度保持在80%～90%。特别是在中后期，把湿度提高到85%以上，可以延迟蛹虫草的衰老时间，大大提高产量。一般从出草到成熟需向瓶中注水3～4次。

（3）空气　蛹虫草菌丝生长阶段需要少量空气，但在子实体发生期要适当通风，增加新鲜空气。否则，二氧化碳积累过多，子座不能正常分化，影响生长发育。在瓶子发满菌后，用铁钉或竹签在封口膜上刺3～6个圆孔通风，一直到虫草成熟。这样产量更高，出草更快、更齐。

（4）光照　蛹虫草孢子萌发和养菌初期不需要光照，应保持黑暗环境。但在原基形成时要求有100～250lx的明亮散射光刺激才能正常出草。一般催草时每天需要12～15h的光照刺激，室内栽培可用多个40W的荧光灯作为补充光源，灯管距栽培瓶以30～50cm为宜，再配合适宜的温度、通风、湿度，一般只需10天左右就会整齐出草。反之则会出草不齐，产量低，品质差。

（5）酸碱度　蛹虫草为偏酸性真菌，菌丝生长最适pH在5.2～6.8之内。但在灭菌和培养过程中pH要下降，所以在配制培养基时，应调高pH 1～1.5，可加入适量的磷酸二氢钾或磷酸氢二钾。

二　蛹虫草高效栽培技术要点

1. 栽培季节

蛹虫草适宜的栽培季节由两个条件决定：一是接种期在当地旬平均气温不超过22℃；二是从接种时往后推1个月为出草期，当地旬平均气温不低于15℃。根据蛹虫草对温度的要求，可分春、秋两季栽培。春播一般安排在4月上旬播种，秋播在8月上旬播种。立秋过后，气温由高转低，昼夜温差大，正好有利于出草，是栽培的最佳季节。

2. 高产配方

麦粒、高粱米、小米、玉米渣均可替代大米栽培蛹虫草，但以大米最佳。蛹虫草在大米培养基上生长周期为35~45天，生物转化率高达60%以上。而在高粱米、小米、玉米渣等培养料上生长周期为40~63天，生物转化率稍低。参考配方如下：

1）大米70%、蚕蛹粉23%、蔗糖5%、蛋白胨1.5%、酵母粉0.5%、维生素B_1微量。

2）大米1000g、蛋白胨5g、葡萄糖10g、蚕蛹粉10g、磷酸二氢钾1g、硫酸镁0.5g。

3. 装料、封口

将上述物质按配方称量，混匀，分装入500mL罐头瓶中，每瓶约装30g培养料，另加入30mL左右的营养液（营养液配方：葡萄糖10g，蛋白胨10g，磷酸二氢钾2g，硫酸镁1g，柠檬酸铵1g，维生素B_1 1片，水1000mL，pH为7~8），瓶口包扎聚丙烯薄膜（12cm×12cm×0.04cm），上面加两层报纸，然后用线绳封口。

4. 灭菌

高压0.15kPa保持1.5h或常压100℃保持10h。灭菌后，罐头瓶内的米粒不生也不呈糊状，饭粒之间有空隙。

5. 接种培养

冷却到25℃在接种室接种。按常规无菌方法将菌种接入瓶内（固体接种块$1cm^2$，液体菌种接种量约3%），保持培养室温度20~24℃，相对湿度65%左右，在避光的环境下培养。经25~30天后菌丝即可长满全瓶，这时，培养基表面会出现一些小小隆起，表明菌丝的营养生长阶段已经完成。

【提示】这一阶段的管理关键是避光，保持黑暗；力求恒温，防止培养温度忽高、忽低。

6. 转色

蛹虫草的转色实际上是菌丝的后熟阶段，不转色，不出草。所以，菌丝长透瓶底后，就要开堆散放，进行转色管理，这是栽培成功的关键。转色方法：散开菌瓶（袋），加强通风，增强光照，促进转色。每天通风见光 6～8h；光照强度在 100～200lx，如果光线不足，可用日光灯补光；转色初期，温度控制在21℃，后期23～24℃；空气相对湿度控制在60%～70%。维持5～10天，白色菌丝体逐渐转为黄色或橘黄色时，标志着转色完成。

【注意】 转色后应停止人工光照，不能连续日照，连续光照不容易长出子座。

7. 子实体发育管理

（1）诱导原基

1）加强光照刺激。光照强度控制在 50～100lx，每天 12h 以上。光照太强、通风差，原基分化则密，甚至形成菌被而不长子座。

2）加大温差刺激。白天室温控制在 18～21℃，晚上要打开门窗使室温降到8～10℃，使培养室昼夜温差达10℃以上，每天低温刺激6～10h。

3）加强通风管理。每天早、中、晚各通风 15～20min，或早、晚各通风 30min。

一般8～12天后培养基表面就会出现原基凸起，此时可每天或隔一天松动一次封膜口，以增加透气，此期间温度和空气相对湿度与发菌阶段相同。

（2）子座生长管理 原基出现后，随后就进入到子座生长期管理阶段（彩图41）。这阶段需 15～20 天。此时管理上要注意以下几点：

1）控制温度。形成子座的温度范围为 18～23℃，一般超过25℃不能形成子座。

2）控制湿度。子座生长阶段要提高空气的相对湿度到 80%～90%之间，以减少瓶内水分蒸发。特别注意湿度不宜过大，超过95%容易长杂菌。

3）加强光照。光照强度在200lx 以上，每天不少于 10h。

4）加强通风换气。可通过在封口膜上刺孔方式增氧。每天的通风时间根据子座的生长而不断增加。

总之，这一阶段要重点加强通风和光照的管理，同时要防止菇房达到25℃以上高温和15℃以下低温。按上述管理条件，一般经30～40天，瓶内都有子座形成。

8. 采收

当子实体长高至9～12cm、上半部分出现细毛刺状凸起时，说明子实体已经开始成熟，即可采收（彩图42）。具体方法：打开封口膜，将子实体连同培养基一起取出，用裁纸刀或剪刀从子实体基部割下，注意不要将原料带下。采收后每瓶加入清水或营养液3～5mL，盖好薄膜，继续培养，约半个月可再发生子座，待子座长至5cm以上高时，即可再次采收。

9. 干制

将子实体按照长度、粗度、色泽分不同等级，整齐摆放在烘盘内，在50～55℃烘箱或烘干室通风排湿干燥，干燥过程不用翻动。用手可以掰断子实体时，说明含水量已经达到13%左右，干燥结束，此时子实体容易折断，需要在房间放置4～6h回潮，事先在房间地面洒点水。回潮的虫草既干燥又柔软，易于包装，用薄膜密封放在阴凉干燥处保存。

10. 包装与保藏

将子实体按照经销商的要求分等级包装，采用食品级塑料袋，每袋盛装500～1000g。包装好的虫草子实体，应放在干燥通风、避光洁净的地方保藏，子实体袋不要相互挤压（彩图43）。长期存放应在每袋中放食品级干燥剂袋，定期检查，如果回潮立即换干燥的干燥剂或进行避光干燥。保藏过程中一定要避免光照，长时间光照，哪怕是散射光，都会使子实体褪色，影响外观质量。

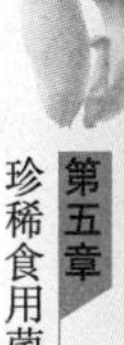

第六章
食用菌病虫害诊断与防治

第一节 食用菌病害诊断与防治

食用菌栽培期间病害的种类较多，包括真菌、细菌和放线菌等，其中以细菌和真菌中的霉菌发生最普遍，危害也最严重。这些病原菌在自然界分布极广，土壤、水域、空气、生物体都有它们的存在；同时它们又具有个体小、数量多、繁殖快、生命力强和变异性大等特点，只要环境条件适宜就会大量繁殖，并通过气流、水滴、昆虫等媒介将孢子或菌体迅速传播至新的侵染点。

在食用菌生产过程中，如果对某一环节有所忽视，如环境不清洁卫生、灭菌不彻底或无菌操作不严格等都会导致病害的发生，造成杂菌污染，严重的整批报废。因此，了解和掌握食用菌病害的种类、发生规律、防治措施对食用菌高效、安全生产是十分必要的。

一 病害的基础知识

[定义] 食用菌在生长发育过程中，由于环境条件不适应，或遭受其他有害微生物的侵染，使其菌丝体正常的生长发育受到干扰或抑制，导致发菌缓慢、发菌不良、污染等生理、形态上的异常现象，称之为病害。而在食用菌生长过程中，由于受机械损伤或昆虫、动物（不包括病原线虫）和人为活动的伤害所造成的不良影响及结果，不属于病害的范畴。

[病因（病原）] 引起病害的直接因素即为病因，在植物病理

学上称之为病原。按病原根本属性的不同，可将其分为生物性的（微生物）和非生物性的（环境因素）两大基本类型。由微生物病原引发的病害称为侵染性病害，也称非生理病害；由环境因素引发的病害称为非侵染性病害，也称生理病害。

（1）非侵染性病害（生理病害） 非侵染性病害是由于非生物因素的作用造成食用菌的生理代谢失调而发生的病害。非生物因素是指食用菌生长发育的环境因子不适合或管理措施不当，如温度不适、空气相对湿度过高或过低、光线过强或过弱、通风不良、有害气体、培养料含水量过高或过低、pH 过小或过大、农药、生长调节物质使用不当等，无病原微生物的侵染和活动。因此，该类病害无传染性，一旦不良环境条件解除，病害症状便不再继续，一般能恢复正常状态，该类病害在同一时间和空间内，所有个体全部发病。

（2）侵染性病害（非生理病害） 侵染性病害是由各种病原微生物侵染造成食用菌生理代谢失调而发生的病害，因其病原是生物性的，故称病原物。这些病原物主要有真菌、细菌、病毒和线虫等，且具传染性。因此，侵染性病害也称作传染性病害。被病原物侵染的菌丝体或子实体，称为寄主。侵染性病害的特点主要是病原物直接从寄主内吸收养分，建造自身，使菌丝、子实体的正常生理活动受阻，从而出现症状。另外，还有一大类群干扰性或竞争性的杂菌，也是为害培养料、菌丝体、子实体的重要病害，如木霉类、青霉类、曲霉类、毛霉类、黄霉菌、脉孢霉，以及黏菌类等，其中有些杂菌仅是营养、空间竞争，有些杂菌则分泌毒素，损害寄主，有些还具有一定的寄生性，其侵染能力有差异，不同的食用菌种类或品种，以及不同生理状态下的菌丝体或子实体，对杂菌的竞争或抵抗能力不尽相同。

1）真菌病害。引起食用菌病害的真菌绝大多数是霉菌类，具丝状菌丝。这些病原真菌除腐生外，还具不同程度的寄生性，在侵染的一定时期于被侵染的寄主表面形成病斑和繁殖体——孢子。这类真菌病原物多喜高温、高湿和酸性环境，以气流、水等为其主要传播方式。

2）细菌病害。引发食用菌病害的细菌绝大多数是各种假单孢杆

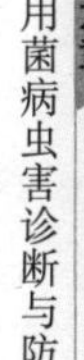

菌，这类细菌多喜高温、高湿、氧分压小、近中性的基质环境，气流、基质、水流、工具、操作、昆虫等都可传播。

3）病毒病。病毒是一类专性寄生物，现已发现寄生为害食用菌的病毒有数十种，其中引起食用菌发病的病毒多是球形结构。

4）线虫病。线虫是一类微小的原生动物。引起食用菌病害的线虫多为腐生线虫，广泛分布于土壤和培养料中。土壤、基质和水流是它们的主要传播方式。

[症状（病症）] 食用菌发病后，在外部和内部表现出来的种种不正常的特征称为症状。症状可分为病状和病症两方面。病状是菌种发病后本身表现出来的不正常状态，如菌丝生长缓慢、菌丝发黄等；病症是病原物在寄主体内或体外表现出来的特征，如放线菌在菌袋、菌瓶出现白色粉状斑点等。

病状的特点用肉眼就可以看清楚，而病症的确定，除外观表现出不同的颜色和形状外，往往还要用显微镜进行微观观察才能诊断。非病原病害及由病毒侵染引起的病毒病害，只有病状表现而无病症出现；由病原真菌、细菌侵染引起的病害，一般既有病状表现又有病症表现出来，且往往是以病症为主要依据。

不同类型的病害、不同病原引发的病害及同一病害的不同时期（早、中、晚期）症状都不相同。当食用菌发生病害时，往往有下列症状表现：

1）菌丝生长速度缓慢，或不吃料，或发菌不均匀，或发菌后菌丝逐渐消失（退菌）。

2）菌丝颜色变黄、萎缩、死亡；培养料变黑腐烂，散发出霉味、酒糟味、臭味等异味。

3）培养料表面长出不同颜色的霉状物，或形成一层白色、粉红色或橘黄色的菌被（杂菌）。

4）不形成子实体原基或迟迟才出现子实体原基。

5）子实体畸形生长，如出现花椰菜花球状的、珊瑚状的、菌柄细长而菌盖变小的、菌柄肿胀呈现泡状的、菌柄弯曲并分叉的、菌柄顶端丛生很多小菌柄的、菌盖不规则并出现裂痕的畸形子实体。

6）菌盖及菌柄上出现红褐色或黑褐色的斑点或斑块，出现水渍状的条纹或斑纹。

7）子实体呈干腐或湿腐，菌柄髓部变色或萎缩。子实体腐烂后散发出恶臭气味或无恶臭气味。

8）子实体或幼菇颜色不正常、萎缩、干枯、僵化。

食用菌病害一般是根据症状或病原物而命名的，如香菇烂筒病、平菇细菌病等。不同的病害类型其病程不同，因此，认识和了解病害的发生过程对防治病害是十分重要的。

二 病害的发生

［病害发生条件］ 侵染性病害的发生过程（病程）主要是食用菌、病原微生物和环境条件三大因子之间相互作用的结果。因此，不能简单地、孤立地看待和分析任何单一的因素，而必须将三者综合分析。而非侵染性病害的发生则主要是环境条件综合作用于食用菌的结果。

不论侵染性病害还是非侵染性病害，它们的发生都必须具备以下几个条件：

1）食用菌本身是不抗病或抗病能力差的。

2）病原大量存在。

3）环境条件特别是温度、湿度、养分等不利于食用菌本身的生长发育而有利于病原生物的生长发育。

4）预防措施不正确或预防工作未做好。

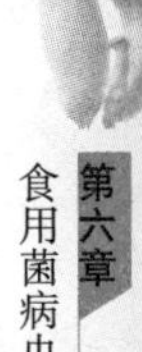

只有在这四个条件同时具备时病害才可能发生，缺少其中任何一个条件都不能或不易发生病害。

［病害发生规律］

（1）非侵染性病害 非侵染性病害的发生与发展，有一个从轻到重的过程。这类病害在发生初期，若环境条件发生了变化，恢复为适合食用菌生长发育的因子，有些症状还可恢复为正常状态。其发生、发展速度和发病轻重，决定于不利环境因素作用的强弱、持续时间的长短以及食用菌本身抗逆性的强弱。

（2）侵染性病害 造成侵染性病害的病原物，需要一定的场所和一定的环境条件才能生存和发生侵染，二者缺一不可。不同的品种对病原菌的抗性程度也有差异，在病原菌基数及环境条件相同的

情况下，由于品种的不同，发生病害的严重程度也不同。不同病原物引发的病害，发病规律不同。将真菌、细菌、病毒这三大类病原物相比较，真菌病害的传播相对较细菌慢，一般来说，多数霉菌需3天左右才能形成孢子，进行再侵染，而细菌病害要快得多。病毒由于是菌种传播，一旦发生就是普遍的，且无药可医。大多数病害以培养料、水流、通风、操作等都传播。

三 病害的防治原理、原则与措施

食用菌的病害防治比其他农作物困难更大，一方面食用菌生长发育所需要的空间相对密闭、温度适宜、阴暗潮湿，也非常适宜病害的发生与发展，而且病菌往往发生在培养基质内，与食用菌的菌丝体混生在一起，难以分开而单独采取有效的防治措施。另一方面食用菌的食用部分——子实体都是裸露的，没有其他保护组织，菇体的吸水力强，一旦在菇期采取化学防治，就会造成有害物质的残留。因此，采取科学合理的病害防治方法，是食用菌生产获得高产、高效、优质、无公害的重要保证。

1. 非侵染性病害

非侵染性病害关键在于预防，从培养料的配制、发菌条件的调节，到菇房环境条件的控制，在食用菌的整个发育过程中，都要尽一切可能创造利于食用菌生长发育的条件来抑制此类病害的发生。

2. 侵染性病害

[防治原理]　侵染性病害的发生和蔓延需具备四个条件，即病原物、宿主、适宜侵染的环境条件、再侵染和蔓延，据此可得出如下防治原理：

1）阻断病源。使侵染源不能进入菇房，如不使用带病菌种、培养料进行规范的二次发酵或灭菌、覆土材料用前进行蒸汽消毒或药剂消毒、旧菇房进行彻底消毒、清洁环境等。

2）阻断传播途径。任何病害，在生长期如果仅发生一次侵染，一般不会造成危害，只有发生再次侵染，才会造成对生产的明显危害，因此，病害发生后阻断传播途径很重要，如用具消毒、及时灭虫灭螨等。

3）阻抑病原菌的生长。多数食用菌病害都喜高温高湿，适当降温降湿，加强通风，对多种病原微生物都有程度不同的阻抑作用。

4）杀灭病原物。进行场所内外的消毒和必要的药剂防治。

[防治原则]

由于菇房的高温高湿环境和每日必需的喷水管理，使病害的传播蔓延大大快于绿色作物。食用菌病害预防应遵守以下几个原则：

1）以培养料和覆土的处理为重点。多种食用菌病害的病原物都自然存在于培养料和覆土材料中，是食用菌病害的最初侵染源，因此，除必须进行发酵料栽培外，尤其是在发病区或老菇棚，应尽量进行熟料栽培。在平菇的栽培实践中，近几年黄斑病普遍发生，且有严重发展的趋势，但熟料栽培的基本没有造成危害。

2）场所和环境消毒要搞好。很多病原菌自然存在于土壤表面、空气和各种有机体上，特别是老菇房的内壁和床架上，会留有前一生产季存留下来的病原菌。环境和场所消毒最简单和经济的方法是在阳光下曝晒，可将菇棚盖顶掀起，先晒地面，然后深翻，再曝晒。甲醛、过氧乙酸、硫黄、漂白粉等也是很好的环境消毒剂，且无污染。

3）栽培防治贯穿始终。在整个栽培过程中，特别要注意温度和湿度的控制，加强通风，抑制病原菌的生长和侵染，同时注意用具的消毒，并创造一个洁净的生长环境。

4）一旦发病及早进行药剂处理。出菇期病害一旦发生，要及早处理，如清除病菇、处理病灶、喷洒杀菌剂等。若处理不及时，很易造成病害流行，难以控制。

5）先采菇后施药，出菇留足残留期。采用药物防治时，若不先行采菇，药剂很易污染菇体，并造成大量残留。因此，采用药剂防治时，必须做到先采菇，后施药，施药后菇房采取偏干管理，以抑制子实体原基形成。目前使用的杀菌剂残留期一般为 14 天，多数食用菌子实体从原基形成至成熟采收需 7 天左右，因此，施药后要 8 天才可进行出菇。

四 食用菌栽培常见病害

1. 毛霉

毛霉是食用菌生产中一种普遍发生的病害，又称为黑霉病、黑

面包霉病。

［为害情况及症状］ 毛霉是一种好湿性真菌，在培养料上初期长出灰白色、粗壮、稀疏的气生菌丝，菌丝生长快，分解淀粉能力强（彩图44），能很快占领料面并形成一交织稠密的菌丝垫，使培养料与空气隔绝，抑制食用菌菌丝生长。后期从菌丝垫上形成许多圆形灰褐色、黄褐色至褐色的小颗粒，即孢子囊及其所具颜色。

［形态特征］ 毛霉的菌丝体在培养基内或培养基上能迅速蔓延，无假根和匍匐菌丝。菌落在PDA培养基上呈松絮状，初期白色，后期变为黄色有光泽或浅黄色至褐灰色。孢囊梗直接由菌丝体生出，一般单生，分枝或较小不分枝。分枝方式有总状分枝和假轴分枝两种类型。孢囊梗顶端膨大，形成一球形孢子囊，着生在侧枝上的孢子囊比较小。

［发病规律］

1）侵染途径。毛霉广泛存在于土壤、空气、粪便、陈旧草堆及堆肥上，对环境的适应性强，生长迅速，产生的孢子数量多，空气中飘浮着大量毛霉孢子。在食用菌生产中，如不注意无菌操作及搞好环境卫生等技术环节，毛霉的孢子靠气流传播，是初侵染的主要途径。已发生的毛霉，新产生的孢子又可以靠气流或水滴等媒介再次传播侵染。

2）发生条件。毛霉在潮湿条件下生长迅速，如果菌瓶或菌袋的棉塞受潮，或接种后培养室的湿度过高，均易受毛霉侵染。

［防治措施］ 注意搞好环境卫生，保持培养室周围及栽培地清洁，及时处理废料。接种室、菇房要按规定清洁消毒；制种时操作人员必须保证灭菌彻底，袋装菌种在搬运等过程中要轻拿轻放，严防塑料袋破裂；经常检查，发现菌种受污染应及时剔除，绝不播种带病菌种；如果在菇床培养料上发生毛霉，可及时通风干燥，控制室温在20～22℃，待抑制后再恢复常规管理；适当提高pH，在拌料时加1%～3%的生石灰或喷2%的石灰水可抑制毛霉生长。药剂拌料，用干料重量0.1%的甲基托布津拌料，预防效果较好。

2. 根霉

根霉属接合菌亚门、根霉属，是食用菌菌种生产和栽培中常见的杂菌。

［为害情况及症状］ 根霉由于没有气生菌丝，其扩散速度较毛霉慢。培养基受根霉侵染后，初期在表面出现匍匐菌丝向四周蔓延，匍匐菌丝每隔一定距离，长出与基质接触的假根，通过假根从基质中吸收营养物质和水分（彩图45）。后期在培养料表面0.1～0.2cm高处形成许多圆球形、颗粒状的孢子囊，颜色由开始时的灰白色或黄白色，至成熟后转为黑色，整个菌落外观犹如一片林立的大头针，这是根霉污染最明显的症状。

［形态特征］ 菌落初期白色，老熟后灰褐色或黑色。匍匐菌丝弧形、无色，向四周蔓延。由匍匐菌丝与培养基接触处长出假根，假根非常发达，多枝、褐色。在假根处向上长出孢囊梗，直立，每丛有2～4条成束，较少单生或5～7条成束，不分枝，暗灰色或暗褐色，长500～3500μm。顶端形成孢子囊，孢子囊球形或近球形，初期黄白色，成熟后黑色。孢囊孢子球形、卵形，有棱角或线状条纹。

［发病规律］

1）侵染途径。根霉适应性强，分布广，在自然界中生活于土壤、动物粪便及各种有机物上，孢子靠气流传播。

2）发病条件。根霉与毛霉同属好湿性真菌，生长特性相近，其菌丝分解淀粉的能力强，在20～25℃的湿润环境中，经3～5天便可完成一个生活周期。培养基中麦麸、米糠用量大，灭菌不彻底，接种粗放，培养环境潮湿，通风差，栽培场地和培养料未严格消毒、灭菌等，均易导致根霉污染蔓延。

［防治措施］ 选择合适的栽培场地，远离牲畜粪等含有机物的物质；加强栽培管理，适时通风透气，保持适当的温湿度，清理周围废弃物，减少病源；选用新鲜、干燥、无霉变的原料做培养料，在拌料时麦麸和米糠的用量控制在10%以内。

3. 曲霉

曲霉在自然界中分布广泛，种类繁多，有黑曲霉、黄曲霉、烟曲霉、亮白曲霉、棒曲霉、杂色曲霉、土曲霉等，是食用菌生产中经常发生的一种病害，其中以黑曲霉、黄曲霉发生最为普遍。

［为害情况及症状］ 曲霉不同的种，在培养基中形成不同颜色

的菌落，黑曲霉菌落呈黑色，黄曲霉呈黄至黄绿色（彩图 46）；烟曲霉呈蓝绿色至烟绿色，亮白曲霉呈乳白色；棒曲霉呈蓝绿色；杂色曲霉呈浅绿、浅红至浅黄色。大部分呈浅绿色类似青霉属。曲霉除污染培养基外，还常出现在瓶（袋）口内侧壁上及封口材料上。曲霉污染时除了吸取培养料养分外，还能隔绝氧气，分泌有机酸和毒素，对菌丝有一定的拮抗和抑制作用。

[形态特征]　曲霉菌丝比毛霉短而粗，绒状，具分隔、分枝，扩展速度慢；分生孢子串生，似链状；分生孢子头由顶囊、瓶梗、梗基和分生孢子链构成，具有不同形状和颜色，如球形、放射形和黑色、黄色等。

[发病规律]

1）侵染途径。曲霉广泛存在于土壤、空气及腐败的有机物上，分生孢子靠气流传播，是侵染的主要途径。

2）发病条件。曲霉主要利用淀粉，凡谷粒培养基或培养基含淀粉较多的容易发生；曲霉又具有分解纤维素的能力，因此木制特别是竹制的床架，在湿度大、通风不良的情况也极易发生；适于曲霉生长的酸碱度近中性，凡 pH 近中性的培养料也容易发生。培养基配制时，使用发霉变质的麸皮、米糠等做辅料，基质含水量较低或湿料夹干料，灭菌不彻底，接种未能无菌操作，封口材料松，气温高，通风不良等，都能引发曲霉污染。

[防治措施]　防止菌袋在灭菌过程中棉塞受潮，一旦发生，要在接种箱（接种车间）内及时更换经过灭菌的干燥棉塞；接种时要严格检查菌袋上的棉塞是否长有曲霉，如果有感染症状的，必须立即废弃；培养室要用强力气雾消毒剂进行严格的消毒处理，当菌袋移入培养室后，应阻止无关人员随便出入。

4. 青霉

青霉是食用菌生产中常见的一种污染性杂菌，危害较普遍的种有圆弧青霉、产黄青霉、绳状青霉、产紫青霉、指状青霉、软毛青霉等。在分类学上属半知菌亚门、丝孢纲、丝孢目、丝孢科、青霉属。

[为害情况及症状]　青霉发生初期，污染部位有白色或黄白色

的绒毯状菌落出现，1～2 天后便逐渐变为浅绿色或浅蓝色的粉状霉层，霉层外圈白色，扩展较慢，有一定的局限性，老的菌落表面常交织成一层膜状物，覆盖在培养料面，使之与空气隔绝，并能分泌毒素，使食用菌菌丝体致死（彩图 47）。在生产过程中，青霉发生严重时，可使菌袋腐败报废。

[形态特征] 青霉菌丝无色，具隔膜，菌丝初呈白色，大部分深入培养料内，气生菌丝少，呈绒毯状或絮状；分生孢子梗先端呈扫帚状分枝，分生孢子大量堆积时呈青绿色、黄绿色或蓝绿色粉状霉层。

[发病规律]

1）侵染途径。青霉分布范围广，多为腐生或弱性寄生，存在多种有机物上，产生的分生孢子数量多，通过气流传入培养料是初次侵染的主要途径。致病后产生新的分生孢子，可通过人工喷水、气流、昆虫传播，是再侵染的途径。

2）发病条件。在 28～30℃下，最容易发生；培养基含水量偏低、培养料呈酸性、菌丝生长势弱等，均有利于青霉的生长。

[防治措施] 认真做好接种室、培养室及生产场所的消毒灭菌工作，保持环境清洁卫生，加强通风换气，防止病害蔓延；调节培养料适当的酸碱度，栽培蘑菇、平菇和香菇的培养料可选用 1%～2% 的石灰水调节至微碱性。采菇后喷洒石灰水，刺激食用菌菌丝生长，抑制青霉菌发生；局部发生此病时，可用 5%～10% 的石灰水涂擦或在患处撒石灰粉，也可先将其挖除，再喷 3%～5% 的硫酸铜溶液杀死病菌。

5. 木霉

木霉在自然界中分布广，寄主多，因此它是食用菌生产中的主要病害。常见的种有绿色木霉、康氏木霉，在分类学上属半知菌亚门、丝孢纲、丝孢目、丝孢科、木霉属。

[为害情况及症状] 培养料受侵染后，初期菌丝白色、纤细、致密，形成无固定形状的菌落。后期从菌落中心到边缘逐渐产生分生孢子，使菌落由浅绿色变成深绿色的霉层（彩图 48）。菌落扩展很快，特别在高温潮湿条件下，几天内整个料面几乎被木霉菌落所

布满。

［形态特征］　木霉菌丝纤细、无色、多分枝、具隔膜，初为疏松棉絮状或致密丛束状，后扁平紧实，白色至灰白色；分生孢子多为球形、椭圆形、卵形或长圆形，孢壁具明显的小疣状凸起，大量形成时为白色粉状霉层，然后霉层中央变成浅绿色，边缘仍为白色，最后全部变为浅绿色至暗绿色。

［发病规律］

1）侵染途径。分生孢子通过气流、水滴、昆虫等媒介传播至寄主。带菌工具和场所是主要的初侵染源。木霉侵染寄主后，即分泌毒素破坏寄主的细胞质，并把寄主的菌丝缠绕起来或直接把菌丝切断，使寄主很快死亡。已发病所产生的分生孢子，可以多次重复再侵染，尤其是高温潮湿条件下，再次侵染更为频繁。

2）发病条件。食用菌生产的培养料主要是木屑、棉籽壳等，如果灭菌不彻底极易受木霉侵染。木霉孢子在15～30℃下萌发率最高，菌丝体在4～42℃范围内都能生长，而以25～30℃生长最快。木霉分生孢子在空气相对湿度为95%的高湿条件下，萌发良好，但由于适应性强，在干燥的环境中，仍能生长。木霉喜欢在微酸性的条件下生长，特别是pH在4～5之间生长最好。

［防治措施］　保持制种和栽培房的清洁干净，适当降低培养料和培养室的空间相对湿度，栽培房要经常通风；杜绝菌源上的木霉，接种前要将菌种袋（瓶）外围彻底消毒，并要确保种内无杂菌，保证菌种的活力与纯度；选用厚袋和密封性强的袋子装料，灭菌彻底，接种箱、接种室空气灭菌彻底，操作人员保持卫生，操作速度要快，封口要牢，从多环节上控制木霉侵入；发菌时调控好温度，恒温、适温发菌，缩短发菌时间，也能明显地减少木霉侵害；对老菌种房、老菇房内培养的菌袋，可用药剂拌料如多菌灵、菇丰都可使用，用量在1000倍，可有效地减少木霉菌侵入危害。

6．链孢霉

链孢霉是食用菌生产中常见的杂菌，高温下其危害性有时比木霉更为严重。在分类学上属子囊菌亚门、粪壳霉目、粪壳霉科。

［为害情况及症状］　链孢霉常发生在6～9月，是一种顽强、速

生的气生菌，培养料受其污染后，即在料面迅速形成橙红色或粉红色的霉层（分生孢子堆）（彩图 49）。霉层如果在塑料袋内，可通过某些孔隙迅速布满袋外，在潮湿的棉塞上，霉层厚可达 1cm。在高温高湿条件下，能在 1～2 天内传遍整个培养室。培养料一经污染很难彻底清除，常引起整批菌种或菌袋报废，经济损失很大。

［形态特征］　链孢霉菌丝白色或灰白色，具隔膜，疏松，网状；分生孢子梗直接从菌丝上长出，与菌丝相似；分生孢子串生成长链状，单个无色，成串时粉红色，大量分生孢子堆积成团时，为橙红色至红色，老熟后，分生孢子团干散蓬松呈粉状。

［发病规律］

1）侵染途径。培养室环境不卫生、培养料高压灭菌不彻底、棉塞受潮过松、菌袋破漏是链孢霉初侵染的主要途径。培养料一旦受侵染后，所产生新的分生孢子是再侵染的主要来源。

2）发病条件。链孢霉在 25～36℃生长最快，孢子在 15～30℃萌发率最高。培养料含水量在 53%～67%链孢霉生长迅速，特别是棉塞受潮时，能透过棉塞迅速伸入瓶内，并在棉塞上形成厚厚粉红色的霉层。链孢霉在 pH 为 5～7.5 生长最快。

［防治措施］　对链孢霉主要采取预防措施，即消灭或切断链孢霉菌的初侵染源。菌袋发菌初期受侵染，已出现橘红色斑块时，首先要对空气和环境强力杀菌，控制好污染源，再向染菌部位或在分生孢子团上滴上煤油、柴油等，即可控制蔓延。袋口、颈圈、垫架子的纸上污染的，去掉污染颈圈、纸放入 500 倍甲醛液中，并用 0.1%碘液或 0.1%克霉灵溶液，洗净袋口换上经消毒的颈圈、纸，继续发菌；棚内地面上、棚内膜及其他菌袋上应及时喷上石灰水和 0.1%的克霉灵，杀灭棚内空气中的孢子，并在棚内造成碱性条件，抑制链孢霉传播扩散。

【提示】　瓶外、袋外已形成橘红色块状孢子团的，切勿用喷雾器直接对其喷药，以免孢子飞散而污染其他菌种瓶或菌袋。发生红色链孢霉污染的菌室，也不要使用换气扇。

7. 链格孢霉

链格孢霉又名交链孢霉，是食用菌生产中常见的一种污染菌。由于在培养基上生长时，菌落呈黑色或黑绿色的绒毛状，俗称黑霉菌。在分类学上属半知菌亚门、丝孢纲、丝孢目、暗孢科、链格孢属。

[为害情况及症状] 菌落呈黑色或黑绿色的绒状或粉状。灰黑色至黑色的菌丝体生长迅速而多，发生初期出现黑色斑点，不久即扩散且以压倒的优势侵染菌丝体。它与黑曲霉的菌落都是黑色，但链格孢霉的菌落呈绒状或粉状，而黑曲霉的菌落呈颗粒状，粗糙、稀疏。受污染后的培养料变黑色腐烂，菌丝不能生长。

[形态特征] 该菌在PDA培养基上生长时，菌落均为黑色，菌丝绒状生长，分生孢子梗暗色，单枝，长短不一，顶生不分枝或偶尔分枝的孢子链，分生孢子暗色，有纵横隔膜，倒棍形、椭圆形或卵形，常形成链，单生的较少，顶端有喙状的附属丝。

[发病规律]

1）侵染途径。链格孢霉在自然界分布广，大量存在于空气、土壤、腐烂果实及作为培养料的秸秆、麸皮等有机物上，其孢子可通过空气传播。因此，灭菌不彻底、无菌接种不严格等都是造成污染的原因。

2）发病条件。此菌要求高湿和稍低的温度，因此，在气候温暖地区的晚夏和秋季以及培养料含水量高和湿度大的条件下容易发生。

[防治措施] 参见根霉和链孢霉的防治。

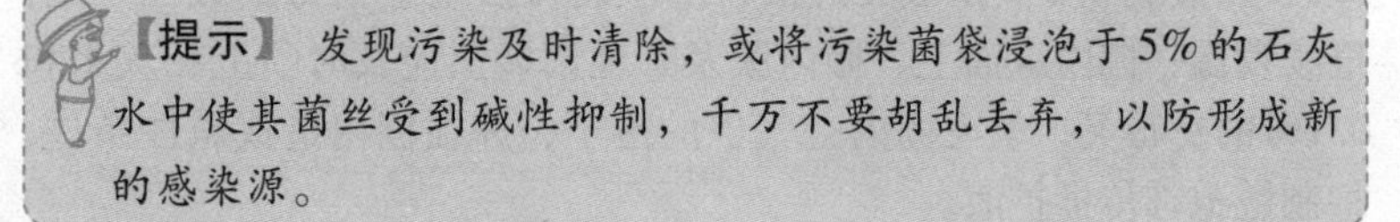

【提示】发现污染及时清除，或将污染菌袋浸泡于5%的石灰水中使其菌丝受到碱性抑制，千万不要胡乱丢弃，以防形成新的感染源。

8. 酵母菌

酵母菌为菌种分离培养、食用菌生产中常见的污染菌。为害食用菌的属有隐球酵母和红酵母，在分类上属半知菌亚门、芽孢纲、隐球酵母目、隐球酵母科。

[为害情况及症状] 菌瓶（袋）受酵母菌污染后，引起培养料

发酵，发黏变质，散发出酒酸气味，菌丝不能生长。试管母种被隐球酵母菌污染后，在培养基表面形成乳白色至褐色的黏液团（彩图50）；受红酵母侵染后，在试管斜面形成红色、粉红色、橙色、黄色的黏稠菌落。均不产生绒状或棉絮状的气生菌丝。

［形态特征］ 酵母菌菌落在外观上与细菌菌落较为相似，但远大于细菌菌落，且菌落较厚，大多数呈乳白色，少数呈粉红色或乳黄色。酵母菌除极少数种类以裂殖方式繁殖外，大多数是以芽殖方式进行的，呈圆形、椭圆形或腊肠形等，其形态的不同往往与培养条件改变有关。

［发病规律］ 酵母菌在自然界分布广泛，到处都有，大多腐生在植物残体、空气、水及有机质中。在食用菌生产中，初次侵染是由空气传播孢子；再次侵染是通过接种工具（消毒不彻底）传播。培养基含水量大、透气性能差、发菌期通风差等，均有利于酵母菌侵害。

［防治措施］ 控制培养料适宜的含水量，防止含水量过高；培养基灭菌要彻底，接种工具要进行彻底消毒，接种时要严格按无菌操作规程进行；选用质量优良、纯正、无污染的菌种；加强管理，保持环境清洁卫生；培养室内防止温度过高。

9. 细菌

细菌是一类单细胞原核生物，属裂殖菌门、裂殖菌纲。其分布广、繁殖快，常造成食用菌的严重污染。为害食用菌的细菌大多数为芽孢杆菌属和假单胞杆菌属中的种类。

［为害情况及症状］ 细菌在食用菌生产中发生普遍，危害也相当严重。试管母种受细菌污染后，在接种点周围产生白色、无色或黄色黏状液（彩图51），其形态特征与酵母菌的菌落相似，只是受细菌污染的培养基能发出恶臭气味，食用菌菌丝生长不良或不能扩展。液体菌种被细菌污染后，不能形成菌丝球。

［形态特征］ 细菌的个体形态有杆状、球状或弧状。芽孢杆菌属的细菌呈杆状或圆柱状，大小为（1～5）μm×（0.2～1.2）μm，当做成水装片时，经特殊染色，可观察到鞭毛。当环境不良时，能在体内形成一个圆形或椭圆形的芽孢。芽孢外披厚壁，抗逆性强，

尤其是对高温有非常强的忍耐力，一般在100℃下3h仍不丧失生命力，革兰氏染色呈阳性。假单胞菌属的细菌，细胞性状差异很大，通常呈杆状或球形，大小为（0.4～0.5）μm×（1.0～1.7）μm，典型的细胞在一端或两端具有1条或多条鞭毛，形成白色菌落，有的能产生荧光色素或其他色素，革兰氏染色呈阴性。

［发病规律］

1）侵染途径。细菌广泛存在于土壤、空气、水和各种有机物中，初次侵染通过水、空气传播，再次侵染通过喷水、昆虫、工具等传播。

2）发病条件。细菌适于生活在中性、微碱性以及高温高湿环境中。培养基或培养料的pH呈中性或弱碱性反应，含水量或料温偏高，都有利于细菌的发生和生长。此外，在生产过程中，培养基灭菌不彻底、环境不清洁卫生、无菌操作不严格等，也易引起细菌污染。

［防治措施］ 培养基、培养料及玻璃器皿灭菌要彻底；培养料要选用优质无霉变的原料；接种要严格按无菌操作规程进行。

10. 放线菌

引起食用菌污染的放线菌有链霉属的白色链霉菌、湿链霉菌、面粉状链霉菌及诺卡氏菌属的诺卡氏菌。在分类上属厚壁菌门、放线菌纲、放线菌目、链霉菌科和诺卡氏菌科。

［为害情况及症状］ 放线菌对食用菌不是大批污染，而是个别菌种瓶出现不正常症状，发生时在瓶壁上出现白色粉状斑点，常被认为是石膏的粉斑；或出现白色纤细的菌丝，也容易与接种的菌丝相混淆，其区别是被放线菌污染后出现的白色菌丝，有的会大量吐水；有的会形成干燥发亮的膜状组织（彩图52）；有的会交织产生类似子实体的结构，多数种会产生土腥味。

［形态特征］ 放线菌是单细胞的菌丝体，菌丝分营养菌丝和气生菌丝两种。不同的种其形态也有差别：在琼脂培养基上白色链霉菌气生菌丝白色，基内菌丝基本无色，孢子丝螺旋状。湿链霉菌孢子成熟后，孢子丝有自溶特性，俗称“吸水”，孢子丝螺旋状。面粉状链霉菌气生菌丝白色。诺卡氏菌不产生大量菌丝体，基内菌丝断

裂成杆状或球菌状小体，表面多皱，呈粉质状。

[发病规律] 放线菌在自然界广泛存在，主要分布在土壤中，尤其是在中性、碱性或含有机质丰富的土壤中最多。此外，在稻草、粪肥等里面也都有分布。初次侵染是通过空气传播孢子，再次侵染是通过做培养料的原材料。

[防治措施] 选用优质菌种，注意环境卫生，严格无菌操作，防止孢子进入接种室（箱）。

五 常见病害的防控

1. 生料和发酵料栽培的杂菌防控

生料和发酵料中自然存在着多种微生物。食用菌生产期间，污染能否发生主要取决于料的微生物区系中各种微生物之间的平衡状态，这种平衡一旦被打破，污染就发生了，通常采取以下几项措施预防污染。

1）提高培养料的 pH，在不明显影响食用菌菌丝生长的前提下，抑制霉菌的生长。

2）培养料适当偏干，增加透气性，促进食用菌菌丝生长，抑制霉菌生长。

3）加大接种量，占取料中微生物种群优势。

4）料中适量加入发酵剂或多菌灵等杀真菌剂，抑制霉菌生长。

5）创造利于食用菌生长的环境条件，如温度、通风，通过促进食用菌生长来抑制杂菌的繁殖。

6）科学合理发酵，制作只利于食用菌生长而不利于杂菌生长的选择性基质，包括适于食用菌生长的理化性状和微生物区系。

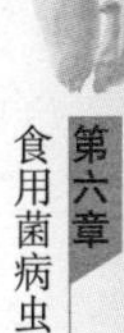

2. 熟料栽培的杂菌控制

熟料栽培的杂菌污染源主要有培养料带菌（灭菌不彻底）、菌种带菌、接种工具带菌、接种操作外界杂菌侵入和培养期间的外界杂菌侵入等。

1）选用洁净、新鲜、无霉变的原料，并彻底灭菌。这是预防杂菌污染的第一道防线。

2）认真挑选菌种，杜绝菌种带杂菌。

3）科学配料，控制水分和 pH，创造不利于杂菌侵染的基质条

件。经验表明，料中麦麸多或加入糖后，霉菌污染率较高；当用豆粉或饼肥粉代替部分麦麸，并无糖时，霉菌污染率可明显降低；当含水量偏高时，霉菌污染发生多，当含水量偏低时，霉菌污染发生少。

4）严格接种，严把无菌操作关。

5）创造适宜的培养条件，促进菌丝快速、健壮生长，要注意场所洁净、干燥，以减少外界杂菌的侵染。

第二节　食用菌虫害诊断与防治

食用菌生产中常见害虫有螨类、菇蚊、瘿蚊等害虫。

一　螨类

螨类又名菌虱、红蜘蛛，属节肢动物门蜱螨目。螨类在食用菌生产中常见的种类有速生薄口螨、根螨、腐食酪螨和嗜菌跗线螨等。这些螨类体积小，肉眼不易发现，大量繁殖时很多个体堆积在一起呈咖啡色粉状堆物。螨类可以通过棉塞侵入到菌瓶（袋）中，取食菌丝体，所以培养时如果发现有退菌现象，就有可能是由螨类造成的。

[形态识别]　螨类形似蜘蛛，圆形或卵形，体长0.2～0.7mm，肉眼不易看清。它与昆虫的主要区别：无翅、无触角、无复眼、足4对，身体不分节，体表密布长而分叉的刚毛，体色多样，有黄褐色、白色、肉色等，口器分为咀嚼式和刺吸式两种（彩图53）。

[发生规律]　螨类多为两性卵生生殖。雌、雄螨发育阶段有别：雌螨一生经过卵、幼螨、第一若螨、第二若螨至成螨等发育阶段；雄螨则无第二若螨期。幼螨足为3对，若螨期以后有足4对。螨类喜栖温暖、潮湿的环境，发育、繁殖的适温为18～30℃，在湿度大的环境中，繁殖速度快，一年少则2～3代，多则高达20～30代。当生活条件不适或食料缺乏时，有些螨类还能改变成休眠体在不良环境中生存几个月或更长时间，一遇适宜环境，便蜕皮变成若螨，再发育为成螨。

[侵入途径与危害症状]　螨类主要潜藏在厩肥、饼粉、培养料

内，粮食、饲料等谷物仓库，以及禽舍畜圈、腐殖质丰富等环境卫生差的场所。螨类可随气流飘移，也能借助昆虫、培养料、覆土材料、生产用具和管理人员的衣着等为媒介扩散，侵入食用菌菌丝及子实体。

【注意】 螨类侵入危害时，会使接种块难于萌发或萌发后菌丝稀疏暗淡，受害重的会因菌丝萎缩而报废。

[防治措施]

1）把好菌种质量关，保证菌种不带害螨。

2）搞好菇房卫生，菇房要与粮食、饲料、肥料仓库保持一定距离。

3）可用敌杀死加石灰粉混合后装在纱袋中，抖撒在菇房四周，对害螨防效较好。

4）将蘸有40%～50%敌敌畏的棉团，放在菇床下，每隔67～83cm放置3处，呈"品"字形排列，并在菇床培养料上盖一张塑料薄膜或湿纱布。害螨嗅到药味，迅速从料内钻出，爬至塑料薄膜或湿纱布上，然后取下集满害螨的薄膜或纱布，放在热水中将害螨烫死。

二 菇蚊

[形态识别] 成虫体黑色，体长2～4mm；复眼大，1对，黑色，顶部尖；触角丝状（虚线状），16节（彩图54）。卵椭圆形，初为浅黄绿色，孵化前无色透明。幼虫蛆状，无足；初孵幼虫白色，体长0.76mm左右（彩图55），老熟幼虫乳白色，体长5.5mm左右，体分12节；幼虫头部黑色，有一较硬（骨质化）的头壳，大而突出，咀嚼式口器，发达。蛹黄褐色，腹节8节，每节有1对气门（彩图56）。

[发生规律] 菇蚊在一年内发生多代，在15℃下，繁殖一代为33天；在25℃下，繁殖一代为21天，在30℃下，繁殖一代为9天。成虫活跃善飞，一般在10℃以上开始活动，当气温达16℃以上时，成虫大量繁殖。全年成虫盛发期是秋季9～11月和春季3～5月。

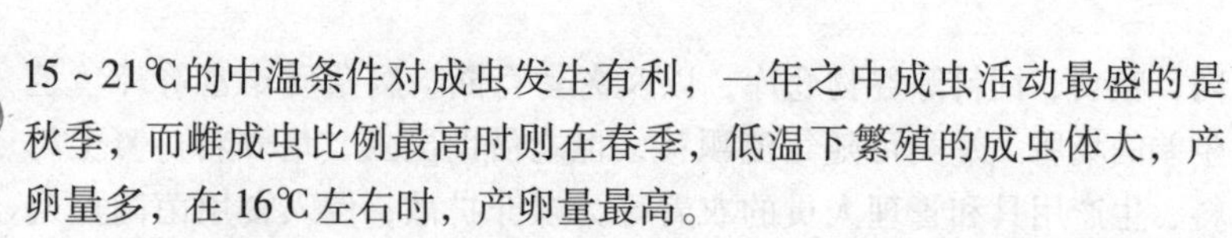

15～21℃的中温条件对成虫发生有利，一年之中成虫活动最盛的是秋季，而雌成虫比例最高时则在春季，低温下繁殖的成虫体大，产卵量多，在16℃左右时，产卵量最高。

成虫在有光的培养室中活动频繁，其迁入量是黑暗条件下迁入量的数十倍或上百倍，培养室内如果有发黄衰老的食用菌菌袋、腐烂的培养料对成虫都有很强的引诱力，而成虫对糖、醋、酒混合液则表现出一定的忌避性。在18～24℃时，成虫期2～4天，成虫交尾后产卵于菌床表面的培养料上或覆土缝中，在环境相对湿度为85%以上时，卵期为5～6天。幼虫寄生、腐生能力强，活动范围大，具有喜湿性、趋糖性、避光性和群集性等习性。在15～28℃条件下，生长发育好，活动能力强，10℃以下，幼虫停食不活动。菇蚊的各种形态都能越冬，但以老熟幼虫休眠越冬为主，且越冬死亡率较低。

[侵入途径与危害症状] 菇蚊的卵、幼虫、蛹主要随培养料侵入，成虫则直接飞入培养场所产卵繁殖。成虫虽然对生产不直接造成危害，但能携带病原菌。幼虫若较早地随培养料侵入，则以取食培养料和菌丝为主，从而影响菌种定植蔓延，造成发菌困难。当危害程度轻时，因虫体小，隐蔽性较大，往往不易发现。严重时菌丝被吃尽，培养料变松、下陷，呈碎渣状。

[防治措施]

1）合理选用栽培季节与场地。选择不利于菇蚊生活的季节和场地栽培。在菇蚊多发地区，把出菇期与菇蚊的活动盛期错开，同时选择清洁干燥、向阳的栽培场所。

2）多品种轮作，切断菇蚊食源。在菇蚊高发期的10～12月和3～6月，选用菇蚊不喜欢取食的菇类栽培出菇，如选用香菇、鲍鱼菇、猴头菇等栽培，用此方法栽培两个季节，可使该区内的虫源减少或消失。

3）重视培养料的前处理工作，减少发菌期菇蚊繁殖量。对于生料栽培的蘑菇、平菇等易感菇蚊的品种，应对培养料和覆土进行药剂处理，做到无虫发菌，少虫出菇，轻打农药或不打农药。

4）药剂控制，对症下药。在出菇期密切观察料中虫害发生动态，当发现袋口或料面有少量菇蚊成虫活动时，结合出菇情况及时用药，消灭外来虫源或菇房内始发虫源，则能消除整个季节的多种菌蚊虫害。在喷药前将能采摘的菇体全部采收，并停止浇水1天。如果遇成虫羽化期，要多次用药，直到羽化期结束，选择击倒力强的药剂，如菇净、锐劲特等低毒农药，用量在500～1000倍液，整个菇场要喷透、喷匀。

三 瘿蚊

瘿蚊又名瘿蝇、小红虫、红蛆等，是严重为害食用菌的害虫，属节肢动物门、双翅目，常见的种类有嗜菇瘿蚊、施氏嗜菌蚊和异足瘿蚊。

［形态识别］ 成虫头尖体小，头和胸黑色，腹部和足浅黄色，体长不超过2.5mm，复眼大而突出，触角念珠状，16～18节，每节周围环生放射状细毛（彩图57）。卵长椭圆形，初乳白色，后变浅黄色。幼虫蛆状，无足，长条形或纺锤形；初孵幼虫白色，体长0.25～0.3mm，老熟幼虫橘红色或浅黄色，体长2.3～2.5mm，体分13节；头尖，不骨质化，口器很不发达，化蛹前中胸腹面有一弹跳器官——“胸叉”（彩图58）。蛹半透明，头顶有2根刚毛，后端腹部橘红色或浅黄色（彩图59）。

［发生规律］ 瘿蚊一年发生多代。成虫喜黑暗阴湿的环境，对灯光的趋性不强，羽化时间多在午后4：00～6：00，羽化2～3h后便交尾产卵；在18～22℃，相对湿度75%～80%条件下，卵期为4天左右；孵化后幼虫经10～16天生长发育，钻入培养料内或土壤缝隙中化蛹；蛹期6～7天；有性生殖一代周期需29～31天。

瘿蚊繁殖能力极强，除正常的两性生殖（即卵生）之外，常见的幼虫大多是经幼体生殖（又叫童体生殖）繁殖而来。幼体生殖似同胎生，即直接由成熟幼虫（母蛆）体内孕育出次代幼虫（子蛆）。这种特殊的繁殖方式，在没有成虫交尾产卵繁殖的情况下，可使幼虫数量在短期内成倍递增，是瘿蚊幼虫突然暴发危害的重要原因。通常1条成熟幼虫可胎生7～28条子幼虫。子幼虫较卵生幼虫大，经10天左右生长发育，又能孕育一代。

瘿蚊抵抗不良环境的能力强，能耐低温和较高的温度，不怕水湿。在8～37℃，培养料含水量为70%～80%，食料充足的条件

下，其幼体生殖可连续进行。当温度高于37℃或低于7℃，或培养料含水量降至64%以下，幼虫繁殖受阻。当培养料干燥时，小幼虫多数停食后死亡，成熟幼虫则弹跳转移，部分化蛹经羽化为成虫后再迁飞活动，另一部分则以休眠体状态藏匿在土缝中或废弃的培养料内，以抵御干旱和缺食，其生存期可达9个月，待环境条件适宜时，能再度恢复虫体，繁殖危害。幼虫不耐高温，50℃时便死亡。

[侵入途径与危害症状] 瘿蚊成虫可直接飞入防范不严的培养室，其卵、蛹、幼虫及其休眠体主要通过培养料带入。成虫不直接危害，但能成为病原菌、螨类等病虫的传播媒介。

瘿蚊以幼虫危害为主，其个体小，肉眼较难看清，当幼虫大量繁殖群聚抱成球状，或成团成堆，呈橘红色番茄酱样出现在培养料上时，才很明显。幼龄幼虫主要取食菌丝，取食时先用头部去捣烂菌丝，再食其汁液，受害菌丝断裂衰退后，变色或腐烂。

[防治措施]

1）生产场地必须选择地势干燥、近水源且清洁之处。

2）要及时清除废料及脏物、腐败物；生产场地应定期喷洒消毒杀虫剂，如敌敌畏等。出菇房安装纱门纱窗，配合使用黄色粘蝇板可以有效阻挡虫源入内，要设法控制外界成虫进入菇场。

3）菌袋接种后封口宜用套环封口，封口纸应用双层报纸，搬运过程中应防止封口纸脱落，并注意轻拿轻放以免袋破口，如果发现菌袋有破口或刺孔应立即用粘胶带贴住，以免害虫在破口处产卵为害。

4）控制菇房温湿度。切实做好菇房的通风透气，调节食用菌生长适宜的温度和湿度，预防房内温度升高、湿度偏大。

5）药剂防治。在虫害发生时用甲醛、敌敌畏1∶1混合液10mL/m^3熏蒸，或用50%辛硫磷乳剂1∶(800～1000）倍液喷雾。

四 线虫

[为害情况] 为害食用菌的线虫有多种，其中滑刃线虫以刺吸菌丝体造成菌丝衰败，垫刃线虫在培养料中较少，但在覆土层中较普遍。蘑菇受线虫侵害后，菌丝体变得稀疏，培养料下沉、变黑，

发黏发臭，菌丝消失而不出菇，幼菇受害后萎缩死亡。香菇脱袋后在转色期间受害，菌筒产生“退菌”现象，最后菌筒松散而报废。银耳受害后造成鼻涕状腐烂。

线虫数量庞大，每克培养料的密度可达200条以上，其排泄物是多种腐生细菌的营养。这样使得被线虫为害过的基质腐烂，散发出一种腥臭味。由于虫体微小，肉眼无法观察到，常被误认为是杂菌为害或高温“烧菌”所致。减产程度取决于线虫最初侵染的时间和程度，如果发生早、线虫数量多，则足以毁掉全部菌丝，使栽培完全失败。而后，细菌的作用使受侵染的培养料发黑而又潮湿。但在接近出菇末期的后期侵染，只会造成少量减产，而菇农可能不会引起注意。

［形态分类］ 线虫白色透明、圆筒形或线形（彩图60），是营寄生或腐生生活的一类微小的低等动物，属无脊椎的线形动物门，线虫纲。国内已报道的有15种，其中常见的有6种，尤以居肥滑刃线虫、噬菌丝茎线虫与菌丝腐败拟滑刃线虫危害为重。

［侵染途径］ 线虫在潮湿透气的土壤、厩肥、秸秆、污水里随处可见，其生存能力强，能借助多种媒介和不同途径进入菇房。一条成熟的雌虫能产卵1500~3000粒，数周内增殖10万倍。低温下线虫不活泼或不活动，干旱或环境不利时，呈假死状态，能休眠潜伏几年。线虫不耐高温，45℃下5min，即死亡。

［防治措施］

1）适当降低培养料内的水分和栽培场所的空气湿度，恶化线虫的生活环境，减少线虫的繁殖量，也是减少线虫为害的有效方法。

2）强化培养料和覆土材料的处理。尽量采用二次发酵，利用高温进一步杀死料土中的线虫。

3）使用清洁水浇菇。流动的河水、井水较为干净，而池塘死水含有大量的虫卵，常导致线虫泛滥为害。

4）药剂防治。菇净或阿维菌素中含有杀线虫的有效成分，按1000倍液喷施能有效地杀死料中和菇体上的线虫。

5）采用轮作。如菇稻轮作、菇菜轮作、轮换菇场等方式，都可减少线虫的发生和危害程度。

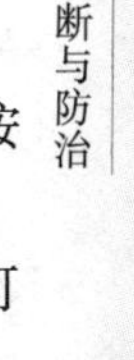

第三节　食用菌病虫害的综合防治

食用菌发生病虫害后，即使能及时采取措施加以控制，也已不同程度地影响了产量和品质，还要多费工时，增加成本，效果也不会理想。所以，一开始采取各种措施加以预防，可以收到事半功倍、一劳永逸的效果。另外，食用菌病虫害的防治措施，都有其局限性，单独采取一种防治方法，难以有效地解决病虫害危害问题，需要根据具体情况采用几种措施互相补充和协调。因此，食用菌病虫害的防治工作与农作物病虫害防治一样，也应遵循“预防为主，综合防治”的方针。综合防治就是要把农业防治、物理防治、化学防治、生物防治等多种有效可行的防治措施配合应用，组成一个有计划的、全面的、有效的防治体系，将病虫害控制在最小的范围内和最低的水平下。基本的综合防治措施如下：

一　生产环境卫生综合治理

食用菌生产场所的选择和设计要科学合理，菇棚应远离仓库、饲养场等污染源和虫源；栽培场所内外环境要保持卫生，无杂草和各种废物。培养室和出菇场所要采取在门窗处安装纱网的方式，防止菇蝇飞入。操作人员进入菇房尤其从染病区进入非病区时，要更换工作服和用来苏儿洗手。菇房进口处最好设一有漂白粉的消毒池，进入时要先消毒。菇场在日常管理中如果有污染物出现，要及时科学处理等。

二　生态防治

环境条件适宜程度是食用菌病虫害发生的重要诱导因素。当栽培环境不适宜某种食用菌生长时，便导致其生命力减弱，给病虫害的入侵创造了机会，如香菇烂筒、平菇死菇等均是由菌丝体或子实体生命力衰弱而致。因此，栽培者要根据具体品种的生物学特性，选好栽培季节，做好菇事安排，在菌丝体及子实体生长的各个阶段，努力创造其最佳的生长条件与环境，在栽培管理中采用符合其生理特性的方法，促进健壮生长，提高抵抗病虫害的能力。此外，选用抗逆性强、生命力旺盛、栽培性状及温型符合意愿的品种；使用优质、适龄菌种；选用合理栽培配方；改善栽培场所环境，创造有利于食用菌生长而不利于病虫害发生的环境，这些都是有效的生态防治措施。

三 物理防治

利用不同病虫害各自的生物学特性和生活习性，采用物理的、非化学（农药）的防治措施，是一项比较安全有效和使用广泛的方法。如利用某些害虫的趋光性，在夜间用灯光诱杀；利用某些害虫对某些食物、气味的特殊嗜好，可进行毒饵诱杀；链孢霉在高温高湿的环境下易发生，把栽培环境相对湿度控制在70%、温度在20℃以下，链孢霉就迅速受到抑制，而食用菌的生长几乎不受影响。在生产中用得比较多的有：热力灭菌（蒸汽、干热、火焰、巴氏）、辐射灭菌（荧光灯、紫外线灯）、过滤灭菌；设障阻隔，防止病虫的侵入和传播；出菇阶段用日光灯、黑光灯、电子杀虫灯、诱虫粘板诱杀，消灭具有趋光性的害虫；日光曝晒覆土材料、菇房内的床架，以及生料培养料等，经过曝晒起到消毒灭虫作用，如储藏的陈旧培养料在栽培之前在强日光下曝晒1~2天，可杀死杂菌营养体和害虫及卵，然后再利用高压蒸汽灭菌，基本上可以将料中杂菌和害虫杀死。人工捕捉害虫或切除病患处；对双孢蘑菇或其他菌种，经过一定时间的低温处理，能有效地杀死螨类等。此外，防虫网、臭氧发生器等都是常用的物理方法。

四 生物防治

利用某些有益生物，杀死或抑制害虫或病菌，从而保护食用菌正常生长的一种防治方法，即“以虫治虫、以菌治虫、以菌治菌”等。其优点是，有益生物对防治对象有很高的选择性，对人、畜安全，不污染环境，无副作用，能较长时间地抑制病虫害。生物防治的主要作用类型如下：

1. 捕食作用

有些动物或昆虫以某种害虫为食物，通常将前者称作后者的天敌。如蜘蛛捕食菇蚊、蝇，捕食螨是一种线虫的天敌等。

2. 寄生作用

寄生是指一种生物以另一种生物（寄主）为食物来源，它能破坏寄主组织，并从中吸收养分。如苏云金芽孢杆菌和环形芽孢杆菌对蚊类有较高的致病能力，其作用相当于胃毒化学杀虫剂。目前，常见的细菌农药有苏云金杆菌（防治螨类、瘿蚊、线虫）、青虫菌等；真菌农药有白僵菌、绿僵菌等。

3. 拮抗作用

由于不同微生物间的相互制约、彼此抵抗而出现微生物间相互抑制生长繁殖的现象，称作拮抗作用。在食用菌生产中，选用抗霉力、抗逆性强的优良菌株，就是利用拮抗作用的例子。

4. 占领作用

绝大多数杂菌很容易侵染未接种的培养基，相反，当食用菌菌丝体遍布料面，直至完全“吃料”后，杂菌就很难发生。因此，在生产中常采用加大接种量、选用合理的播种方法，让菌种尽快占领培养料，以达到减少污染的目的。

另外，植物源农药如苦参碱、印楝素、烟碱、鱼藤酮、除虫菊素、茴蒿素、茶皂素等对许多食用菌害虫具理想的防效。

五 化学农药防治

在其他防治病虫害措施失败后，最后可用化学农药，但尽量少用，尤其是剧毒农药，大多数食用菌也是真菌，使用农药也容易造成食用菌药害。其次是食用菌子实体形成阶段时间短，在这个时期使用农药，未分解的农药易残留在菇体内，食用时会损坏人体健康、食用菌栽培中发生病害时，要选用高效、低毒、残效期短的杀菌剂；在出菇期发生虫害时，应首先将菇床上的食用菌全部采收，然后选用一些残效期短，对人畜安全的植物性杀虫剂。

1. 常用杀菌剂

（1）多菌灵 它的化学性质稳定，为传统高效、低毒、内吸性杀菌剂，杀菌谱广，残效长。产品有10%、25%、50%可湿性粉剂，对青霉、曲霉、木霉、双孢蘑菇粉孢霉以及疣孢霉菌、褐斑病有良好防治效果。拌料、床面或覆土表面灭菌常用50%的多菌灵可湿性粉剂800倍液。

（2）代森锌 它是保护性杀菌剂，对人畜安全，产品有65%、80%可湿性粉剂，可用于拌料和防治疣孢霉病、褐斑病等，一般用65%可湿性粉剂500倍液。其能与杀虫剂混用。

（3）甲基托布津 它是广谱、内吸性杀菌剂，兼有保护和治疗作用。甲基托布津在菌体内转变成多菌灵起作用，对人畜低毒，不产生药害。产品有50%、70%可湿性粉剂，可防治多种真菌性病害，对棉絮状霉菌防治作用良好，在发病初期，用50%可湿性粉剂800倍液喷洒。

（4）百菌清 它对人畜毒性低，有保护治疗作用，药效稳定。产品有75%可湿性粉剂，用0.15%百菌清药液可防治轮枝孢霉等真菌性病害。

（5）菇丰 它是食用菌专用消毒杀菌剂，可用于多种木腐菌类的生料和发酵料拌料，使用剂量为1000～1500倍，能有效抑制竞争性杂菌，如木霉、根霉、曲霉等的萌发及生长速度，不影响正常的菌丝生长和出菇。能有效防治菇体生长期的致病菌，如疣孢霉菌，干泡病、褐斑病等细菌、真菌和酵母菌类的病害。使用500～1000倍，间隔3～4天，连续喷施2～3次，能有效减轻病症，使新长出的菇体不受病菌侵染而正常生长。土壤处理用1500～2000倍，能有效杀灭土壤中的病原菌。

（6）咪鲜胺锰盐 它对侵染性病害、霉菌效果好，无菇期喷洒覆土层、出菇面或处理土壤、菌袋杂菌，用量为50%可湿性粉剂1000倍液或0.5g/m²。

（7）噻菌灵 它对病原真菌、细菌有良好效果，用于拌、喷土壤或喷洒地面环境，用量为500g/L悬浮剂1000倍液。

（8）甲醛（福尔马林） 它是无色气体，商品“福尔马林”即37%～40%的甲醛溶液，为无色或浅黄色液体，有腐蚀性，储存过久常产生白色胶状或絮状沉淀。可防治细菌、真菌和线虫。常用于菇房和无菌室熏蒸灭菌，每立方米空间用10mL；处理双孢蘑菇覆土，每立方米用5%甲醛水溶液250～500mL；与等量酒精混合，用于处理袋栽发菌期的霉菌污染。

（9）硫酸铜 它俗称胆矾或蓝矾，蓝色结晶，可溶于水，杀菌

能力强，在很低浓度下即能抑制多种真菌孢子的萌发。栽培前，用0.5%～1%水溶液进行菇房和床架消毒。因单独使用有毒害，故多用于配制波尔多液或其他药剂。如用11份硫酸铵与1份硫酸铜的混合液，在菇床覆土层或发病初期使用。

（10）波尔多液 它是保护性杀菌剂，用生石灰、硫酸铜、水按1∶1∶200的比例配制而成，是一种天蓝色黏稠状悬浮液。其杀菌主要成分是碱式硫酸铜，释放出的铜离子可使病菌蛋白质凝固，可防治多种杂菌和病害，对曲霉、青霉、棉絮状霉菌有很好防治效果。也可用于培养料、覆土和菇房床架消毒，能在床架表面形成一道药膜，防止生霉。其配制方法为：在缸内放硫酸铜1kg，加水180L溶化，在另一缸内放生石灰1kg，加水20L，配成石灰乳。然后将硫酸铜溶液倒入石灰乳中，并不断搅拌即成。

（11）硫黄 它有杀虫、杀螨和杀菌作用，常用于熏蒸消毒，每立方米空间用量为7g，高温高湿可提高熏蒸效果。硫黄对人毒性极小，但硫黄燃烧所产生的二氧化硫气体对人体极毒，在熏蒸菇房时要注意安全。

（12）石硫合剂 它为石灰、硫黄和水熬煮而成的保护性杀菌剂，原液为红褐色透明液体，有臭鸡蛋气味，化学成分不稳定，长期储存应放在密闭容器中。其有效成分为多硫化钙，杀菌作用比硫黄强得多；其制剂呈碱性反应，有腐蚀昆虫表面蜡质作用，故可杀甲壳虫、卵等蜡质较厚的害虫及螨。配制石硫合剂原料的比例是石灰1kg，硫黄2kg，水10L。把石灰用水化开，加水煮沸，然后把硫黄调成糊状，慢慢加入石灰乳中。同时迅速搅拌，继续煮40～60min，随时补足损失水分，待药液呈红褐色时停火、冷却后过滤即成。原液可达20～24波美度，用水稀释到5波美度使用，通常用于菇房表面消毒。

（13）石炭酸 它是常用杀菌剂，多与肥皂混合为乳状液，商品名称为煤酚皂液（来苏儿），能提高杀菌能力。在有氯化钠存在时效力增大，与酒精作用会使效力大减。对菌体细胞有损害作用，能使蛋白质变性或沉淀，1%的含量可杀死菌体，5%则可杀死芽孢，常用于消毒和喷雾杀菌。

(14) 漂白粉 它为白色粉状物，能溶于水，呈碱性。其有效成分为漂白粉中所含的有效氯，通常含量在30%左右，加水稀释成0.5%~1%含量，用于菇房喷雾消毒。3%~4%含量用于浸泡床架材料及接种室消毒，可杀死细菌、病毒、线虫，并可用于退菌的防治。

(15) 生石灰 用5%~20%石灰水喷洒或撒粉，可防治霉菌。

2. 常用杀虫剂

(1) 敌敌畏 它有很强的触杀和熏蒸作用，兼有胃毒作用。害虫吸收汽化敌敌畏后，数分钟便中毒死亡，在害虫大量发生时，可很快把虫口密度压下去。敌敌畏无内吸作用，残效期短，无不良气味，被普遍用于食用菌害虫防治，对菇蝇类成虫及幼虫有特效，对螨类及潮虫防治效果也佳，制剂有50%和80%乳油。在气温高时使用效果更好，在出菇期应避免使用，以免产生药害和毒性污染。

(2) 敌百虫 它为白色蜡状固体，能溶于水，在碱溶液中脱氯化氢变成"敌敌畏"，进一步分解失效。敌百虫有很强的胃毒作用，兼有触杀作用，本身无熏蒸作用，但因部分转化为敌敌畏，故有一定熏蒸作用。残效期比敌敌畏长，但毒性小，商品有敌百虫原药、80%可湿性粉剂、50%乳油等多种剂型，稀释成500~1000倍液使用，对菇蝇类等害虫防治效果较好，对螨类效果较差。

(3) 辛硫磷 它是低毒有机磷杀虫剂。工业品为黄棕色油状液体，难溶于水，易溶于有机溶剂，遇碱易分解，对人畜毒性低，产品有50%乳剂，稀释1000~1500倍液使用，防治菌蛆、螨类及跳虫效果较好。

(4) 菇净 它是由杀虫杀螨剂复配而成的高效低毒杀虫、杀螨和杀线虫药剂，对成虫击倒力强，对螨虫的成螨和若螨都有快速作用。对食用菌中的夜蛾、菇蚊、蚤蝇、跳虫、食丝谷蛾、白蚁等虫害都有明显的效果，可用于拌料、拌土处理，用量为1000~2000倍。浸泡菌袋用量为2000倍左右，菇床杀成虫喷雾用量为1000倍，杀幼虫用量为2000倍左右。

(5) 吡虫啉 它属内吸传导性杀虫剂，对幼虫有效果，但对成虫无效果，使用剂型为5%的乳油，用量为1000倍左右。

(6) 克螨特 它属触杀和胃毒型杀螨剂，对若螨和成螨有特效。

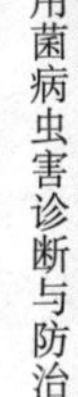

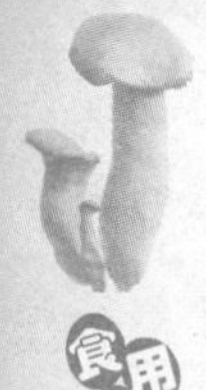

30%可湿性粉剂使用倍数为1000倍或73%乳油3000倍液。

（7）锐劲特 它对菌蛆等双翅目及鳞翅目害虫等防治效果优良，处理土壤、避菇使用或无菇期针对目标喷雾，使用含量为50g/L悬浮剂2000~2500倍液。

（8）高效氟氯氰菊酯 它为广谱杀虫剂，对菌蛆及其成虫、跳虫、潮虫等有强烈的触杀和胃毒作用，对人畜毒性低。产品为2.5%乳油，使用含量为2000~3000倍液，在发菌、覆土期均可使用，喷洒菇棚或无菇期针对目标喷雾，在碱性介质中易分解。

（9）鱼藤精 鱼藤为豆科藤本植物，根部有毒，其中有效成分主要是鱼藤酮，一般含量为4%~6%，提取物为棕红色固体块状物，易氧化，对害虫有触杀和胃毒作用，还有一定驱避作用，杀虫作用缓慢，但效力持久，对人畜毒性低，但对鱼毒性大。产品有含鱼藤酮2.5%、5%、7%的乳油和含鱼藤酮4%的鱼藤粉，加水配成0.1%含量（鱼藤酮含量）使用，可防治菇蝇和跳虫等。用鱼藤精500g加中性肥皂250g、水100L，可防治甲壳虫、米象等。

（10）甲氨基阿维菌素苯甲酸盐 它对菇螨、跳虫等防效优，喷洒菇棚或无菇期针对目标喷雾，用量为1%乳油4000~5000倍液。

（11）食盐 用5%含量，可防治蜗牛、蛞蝓等。

六 食用菌病虫害防治注意事项

目前食用菌广泛使用的多种农药都未做过食用菌产品安全的相关分析，使用方法和估计的残留期都仅是以蔬菜为参考，然而食用菌与绿色植物的生理代谢不同，有关基础研究十分缺乏，对此需引起高度重视。

1）食用菌的病虫害防治应特别强调“预防为主，综合防治”的植保方针，坚持“以农业防治、生态防治、物理防治、生物防治为主，化学防治为辅”的治理原则。应以规范栽培管理技术预防为主，采取综合防控措施，确保食用菌产品的安全、优质。

2）按照《中华人民共和国农药管理条例》，剧毒和高毒农药不得在蔬菜生产中使用，食用菌作为蔬菜的一类也应完全参照执行，禁止使用剧毒、高毒、高残留或具“三致”毒性（致癌、致畸、致突变）、有异味异色污染及重金属制剂、杀鼠剂等化学农药。

3）不得在食用菌上使用国家明令禁止生产使用的农药种类；不得使用非农用抗生素。

4）有限度地使用高效、低毒、低残留化学农药或生物农药，要求不得在培养基质中和直接在子实体及菌丝体上随意使用化学农药及激素类物质，尤其是在出菇期间，要求于无菇时或避菇使用，并避开菌料以喷洒地面环境或菌畦覆土为主，最后一次喷药至采菇间隔时间应超过该药剂的安全间隔期。

5）控制农药施用量和用药次数。在食用菌栽培的不同阶段，针对不同防治目的和对象，其用药种类、方法、浓度、剂量等，应遵守农药说明书的使用说明，不得随意、频繁、超量及盲目施药防治。出菇期间用药剂量、浓度应低于栽培前或发菌阶段的正常用药量。配药时应使用标准称量器具，如量筒、量杯、天平、小秤等。

6）交替轮换用药，减缓病菌、害虫抗药性的产生，正确复配、混用，避免长期使用单一农药品种。采用生物制剂与化学农药合理搭配，降低化学农药的用量，防止发生药害。

7）选择科学的施药方式，使用合适的施药器具。常用的防治方法有喷雾法、撒施法、菌棒浸沾法、涂抹法、注射法、擦洗法、毒饵法、熏蒸法和土壤处理法等，应根据食用菌病虫危害特点有针对性地选择。

第七章
食用菌高效栽培实例

案例1 人工土洞大袋栽培鸡腿菇技术

济南市平阴县孔村镇是我国最大的反季节鸡腿菇生产基地，该基地主要借助人工土洞进行生产，用人工土洞种植鸡腿菇不仅不占用耕地，而且还恒温节水，一年多潮生产，菇品质优良。目前该镇人工土洞已经达到3000多条，栽培面积达到200多万平方米，总产量达到3万吨，总产值突破1.5亿元，填补了我国冬、夏两季大棚不能生产鸡腿菇的空白。本实例总结了该地菇农的主要生产经验，以期为我国具备同等条件的地区提供参考。

1. 土洞建造

选择适宜的黏土沟壑，于距地面垂直厚度6m以上处，水平开挖长80~100m、宽2.4m、高1.8m的土洞。洞要直，洞口处应建缓冲室，一般长、宽、高各3m，前后门高1.8m，宽1.2m，以便于进、出料。洞里端通风口上下垂直，下口直径1.5~2.0m，上口直径0.6~0.7m，总高度7.5~8.0m，一般高出地面1.5~2.0m。洞顶部呈弧形，洞内靠两壁可搭支架，进行多层栽培，中间设走道，宽0.4~0.5m。

2. 栽培季节

土洞栽培鸡腿菇一般采取洞外发菌、洞内出菇方式，一年分3批，每批出菇2潮，洞内出菇管理期平均3个月左右，每批次间隔期约1个月。即从每年3—4月开始装袋发菌，5月中旬入洞覆土，6月上旬开始出菇，直到7月下旬第一批栽培结束；清理土洞及换茬消毒后，于8月中下旬将第二批出菇菌袋入洞覆土，9月上旬开始出菇，直到10月下旬第二批栽培结束；第三批出菇菌袋发好菌后，于11月下旬入洞覆土，12月中旬开始出菇，直到第二年2月下旬~3月第三批栽培结束。

3. 品种选择

选用经过出菇试验、适于山东省气候及原料特点的优质、高产、抗逆性强、商品性好的鸡腿菇品种或菌株，如瑞迪2000、特白33、特白36等。

4. 栽培技术要点

（1）原料选择 可用来生产鸡腿菇的原料有棉籽壳、玉米秸秆、玉米芯、麦秸、稻草、豆秸、废棉、酒糟、菌糠，及饼肥、麦麸等，要求新鲜、纯净、无霉、无虫、无异味、无有害污染物和残留物。

（2）参考配方

1）玉米芯60%，棉籽壳30%，麦麸5%，尿素0.3%，石膏粉1%，过磷酸钙1%，生石灰2.7%。

2）菇类菌糠50%，棉籽皮38%，玉米粉7.5%，尿素0.5%，石灰4%。

3）玉米秸秆88%，麸皮8%，尿素0.5%，石灰3.5%。

4）玉米秸秆及麦秸各40%，麸皮15%，磷肥1%，尿素0.5%，石灰3.5%。

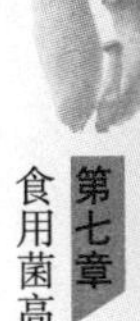

（3）发酵 将拌均匀的培养料堆成宽1.5m，高1.5m长形堆，待温度自然上升至60℃后，保持24h，然后进行第一次翻堆。翻堆时要把表层及边缘料翻到中间，中间料翻到表面，再升温到60℃后，保持24h，如此进行3次。

发酵好的栽培料呈棕褐色，无异味，用石灰水调pH为7.5~8.0，含水量65%左右。

（4）装袋 用长70cm，折口径60cm低压聚乙烯塑料袋可装4kg左右干料，采用3层菌种2层料的方式装袋，用种量10%以上。装袋后在每层菌种上用细铁丝扎6~8个小孔，采用微孔通气办法进行

发菌。

（5）发菌　发菌室温度控制在20～25℃，料温一般不超过26℃，空气相对湿度控制在65%以下，保持空气新鲜，遮光培养，并勤倒袋、常检查，发现杂菌污染袋，及时挑出处理。

（6）土洞消毒　土洞在换茬栽培前要进行彻底消毒和杀虫处理，旧土洞应铲除2～3cm厚的洞壁墙土和地面土，用浓石灰水或波尔多液全面粉刷一遍。靠两边洞壁做出菇畦，在畦底及四周撒一层石灰粉，中间留操作道，畦宽约90cm。

（7）覆土准备　覆土材料最好使用草炭土，它不仅可以增加鸡腿菇产量，而且栽培后的废料可以直接加工成有机肥。使用河塘土、泥炭土、林地腐殖土或农田耕作层以下的土壤时，要求结构疏松，孔隙度大，通气性好，有一定团粒结构，土粒大小以直径0.5～2cm为宜，不含病原物，无虫卵、杂菌，pH为6.8～7.5，覆土的湿度以能撒开为好（含水量最大）。

（8）进洞覆土　等菌丝满袋再放置10天后，将菌袋移到土洞中，菌袋解口后在菌棒上覆盖约3cm的覆土，适量均匀喷洒1%石灰水，最后用小拱棚覆盖畦面保湿。

（9）出菇管理　当覆土层上有1/3出现菇蕾时，要揭去小拱棚薄膜，保持洞内温度13～17℃。幼蕾形成后不宜直接向出菇畦喷浇水，以喷洒墙壁和浇湿走道为主，空气相对湿度为85%～90%，定期通微风，保持空气清新，防止子实体畸形生长。

（10）采收　当鸡腿菇菌盖上有少量鳞片、菌柄开始伸长、菌环刚刚松动时，即可采收。一般在7～8成熟时采收为佳。采下的鸡腿菇要及时用竹片削去泥根，切削时切口要平整，防止将菇柄撕裂，整理干净的成品菇放入泡沫箱中，及时保鲜储运鲜销。

（11）转潮管理　当一潮菇结束后要及时清理料面，将残菇、病虫菇、死菇、烂菇、病料及其他杂质彻底挖除，移出土洞外深埋，然后菇畦喷一次重水，再补上新土，一般经10天后可出下潮菇。

5. 病虫害防治

菇房内发生病害后，应及时清理掉病菇及病土病料，停止喷水，降低菇房相对湿度和温度，防止通过喷水、通风或其他人工操作传播病菌，创造不适于病菌、杂菌侵染和生理性病害发生的条件。

应用中生菌素、多抗霉素等农用抗生素制剂可预防和控制鸡腿菇多种病害，在无菇期或避菇使用多杀霉素、甲氨基阿维菌素苯甲酸盐等，以及采用苦参碱、印楝素、烟碱、鱼藤酮、除虫菊素、茴蒿素、茶皂素等防治菇房害虫。

6. 土洞清理

出菇结束后，菇棚要彻底清理，及时清除废弃培养料、杂物等，运离产地集中处理，并进行清洁卫生和消毒灭虫工作。处理后，菇棚通风干燥至下次使用。

案例2 林地棉柴栽培双孢菇技术

目前，栽培双孢菇的原料在我国北方地区以麦秸、稻草为主，但近年来随着现代农业机械化水平的提高，小麦以机械收割代替了人力收割，麦秸用于秸秆还田增加土壤肥力，并且造纸业大量用麦秸作为原料，而稻草则主要生产草苫作为温室的覆盖材料，导致食用菌业栽培基质原材料供给逐年递减。我国的棉花产量约占世界的1/4，年产棉柴的数量很大，但因其木质化成分较高，不易还田利用，大部分被当地群众当作燃料或废弃物，造成资源浪费和环境污染。

棉柴营养成分丰富，粗蛋白质含量高，且粗纤维含量丰富，是栽培双孢菇的优质原料；4年以上树龄林地的密闭度已达80%，农作物基本无法正常生长，大都处于闲置状态，闲置的林地又非常适宜种植双孢菇。本实例就林地棉柴栽培双孢菇的几个重要技术环节予以论述，以期给广大林区、棉区提供参考。

1. 棉柴加工

棉柴作为栽培双孢菇的一种新型基质，不像麦秸及稻草那样好利用。棉柴加工技术与标准，栽培料的配方，以及发酵工艺都与麦秸和稻草料有很大区别。采用专用破碎设备，将棉柴加工成长为10cm左右的片段状碎料最适合双孢菇栽培。加工的时间以12月为宜，因这时棉柴比较潮湿，内部含水量在40%左右，加工的棉柴合

格率在98%以上。干燥加工时会有大量粉尘、颗粒、棒状出现，需要喷湿后再加工。

2. 栽培季节

6月~7月上旬备料，7月中旬建堆发酵，8月中旬林地铺料发菌，9月上旬覆土，9月中旬开始出菇，到第二年6月中旬结束，这样可以保证在早秋和晚春2个季节出菇。

3. 栽培配方（按100m^2计算用量）

配方1：棉柴2000kg、牛粪1500kg、饼肥100kg、尿素5kg、碳酸氢铵8kg、过磷酸钙10kg、石膏30kg、生石灰40kg。

配方2：棉柴2500kg，牛粪1500kg，鸡粪250kg，饼肥50kg，硫酸铵15kg，尿素15kg，碳酸氢铵10kg，石膏50kg，轻质碳酸钙50kg，氯化钾7.5kg，生石灰97.5kg，过磷酸钙17.5kg。

4. 原料预湿

棉柴因组织致密、吸水慢和吃水量小的原因，预湿是必要的。水分过小极易发生“烧堆”。预湿方法：挖一沟槽，内衬塑料薄膜，然后往沟里放水，添加水量1%的石灰。把棉柴放入沟内水中，并不断拍打，浸泡1~2h，待吸足水后捞出。检查棉柴吃透水的方法是抽出几根长棉柴用手掰断，以无白心为宜。

5. 发酵

（1）发酵方法 目前制作双孢菇栽培料的工艺以二次发酵处理工艺最好。但考虑到在林地栽培双孢菇设施简陋的实际生产情况，推广二次发酵还存在诸多困难。但是，粉碎后的棉柴因透气性好的特点，在棉柴建堆发酵时，可采用简易发酵设施。

在地上挖一宽3.4m、长25m、深30cm的巨型槽，沿巨型槽四周建中间高2.5m、两边高2m、可穿脱的塑料棚衣，棚衣的四周设有可开关的通风窗口。需要翻堆时，可将棚衣脱掉，翻完再穿好。前发酵和后发酵在同一场地，下设通风道，上有通风窗，形成自然循环通风系统，保证发酵过程为全有氧发酵，以达到发酵料腐熟标准。

（2）发酵补水 由于棉柴吸水慢，吃水量小，蒸发散失水分快。因此，借翻堆的机会补水是保证棉柴发酵优良的重要措施。缺水的表现为白点层过密过深甚至达到料堆的底部，棉柴色浅。前两次补水，每次补水补到有少量水淌出为止。第三次翻堆在第二次翻堆4 天后进行，加入石灰粉使料的 pH 达 7.5。第三次翻堆 4 天后进行第四次翻堆，第四次翻堆 3 天后进行第五次翻堆。此时料堆宽、高不变，长度缩短。当料堆的表面积减小，不再补充水分。

6. 林地棉柴栽培双孢菇栽培模式

林地栽培采用“小畦铺厚料”的模式进行栽培，具体做法是每树行间做2 畦宽1m 的小畦，畦间过道宽0.5m，畦长30 ~ 50m；铺料厚度为 30 ~ 35cm，当料温稳定在 27℃ 左右、外界气温在 30℃ 以下时，就可以进行播种。

7. 覆土

当菌丝长至料厚的 2/3 时可以覆土。由于菌丝在以棉柴为主料的培养料上生长特别旺盛，需覆厚土才能将菌丝生长优势转变为出菇优势。覆土厚 4cm，可采用一次覆土法。

8. 建棚

覆土后，可在畦面上搭建拱棚。拱棚搭建时，采用 4m 长的竹片，竹片用 5 根铁丝和 2 个立柱固定，上面罩上塑料膜，搭成宽 2.5m、长 30 ~ 50m 的拱棚，两头留有进出口。温度低时可在拱棚上面覆盖草苫进行保温，还可在草苫上面覆盖一层塑料布防雨雪，以免压垮拱棚。

9. 效益

据目前市场调查，棉柴的单价是麦秸的 50%（加工后的成本为其 3/4)，如果用纯棉柴配方栽培双孢菇产量比麦秸要提高 15%，原料成本降低，用棉柴栽培双孢菇的收益高于麦秸。如按投入原料 1000 元计，用棉柴栽培能收入 14400 元，用麦秸能收入 6240 元，与麦秸相比，以棉柴为原料栽培双孢菇的收入增加 8160 元（表 7-1)。

采用棉柴发酵料不仅产量上优于传统的麦秸料、稻草料，而且具有发菌快、菌丝壮、出菇早、出菇期长、后劲足、成本低、省工等优点，为棉柴的开发利用找到一条新路子。出菇后的废料可作为优质有机肥回归农田，是一个具有发展前景的农业循环经济模式，可达到“生产发展、生态环境保护、资源再生利用、经济

表 7-1　棉柴与麦秸栽培双孢菇效益比较表

原料	原料单价/（元/kg）	原料总金额/元	平均单产/（kg/m^2）	菇总产量/kg	菇单价/（元/kg）	总收入/元
棉柴	0.3	1000	14.4	2400	6	14400
麦秸	0.4	1000	12.5	1040	6	6240

效益”四效合一的综合效果。

案例 3　利用农业有机废弃物生产食用菌，发展农业循环经济

农业有机废弃物是农业生产、农产品加工、畜禽养殖业和农村居民生活排放的有机废弃物的总称，主要包括农作物副产物（农作物秸秆、玉米芯、棉柴、棉籽壳、锯木屑、花生秧、花生壳）、畜禽粪便（牛粪、马粪、猪粪、鸡粪）、食品和饮料加工中的边角余料（木糖醇渣、酒糟、醋糟）、农产品加工废弃物等。本实例介绍利用农业有机废弃物生产食用菌的循环经济模式，以为有关企业、菇农提供参考。

1. 农业循环经济与食用菌

循环经济是对物质闭环流动型经济的简称，它不同于传统的依赖资源消耗的线性经济增长，而是通过对废弃物的再利用和再循环等社会生产和再生产活动来发展经济。它以资源循环为主要特征，将保护环境和发展经济有机结合起来，使所有的原料和能源在不断的循环过程中得到合理、高效的利用，它遵循“减量化、再利用、再循环”（3R）原则。

食用菌是农业循环经济链中的还原者，是联系生产者（绿色植物）和消费者（人类、动物）之间的物质和能量的纽带，是连接种植业、养殖业等多个产业的关键一环。正因为有食用菌生产这一环节，才形成了一个多物种共生、多层次搭配、多环节相扣、多梯级循环、多层次增值、多效益统一的物质和能量体系，构成食物链和农业生态系统的良性循环，促进生态的可持续协调发展。通过食用菌生产链条的延伸，可以实现循环经济发展构思，进一步提高相关产业的经济效益和竞争力。

2. 利用农业废弃物生产食用菌的农业循环经济模式

目前我国各个地区根据自身特点，分别发展了不同的以食用菌为纽带的农业有机废弃物的循环利用模式，比较有代表性的有利用秸秆、畜禽粪便生产双孢蘑菇的农业循环经济模式，如图7-1所示；浙江省淳安县以桑枝等农业废弃物为原料栽培食用菌发展形成了桑枝生产食用菌的农业循环经济模式，如图7-2所示；经实践证明利用农业有机废弃物生产食用菌的农业循环经济模式如图7-3所示。

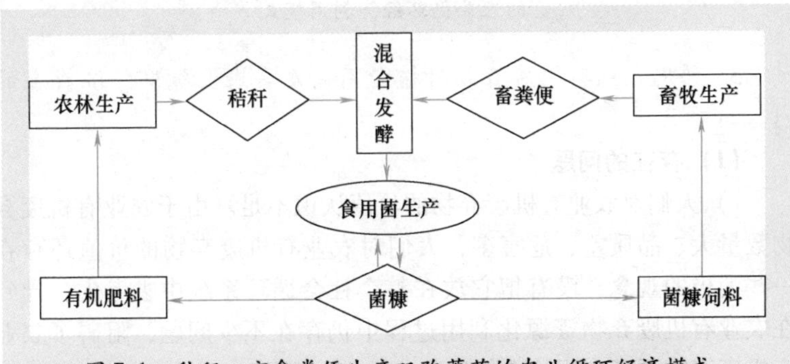

图7-1　秸秆、畜禽粪便生产双孢蘑菇的农业循环经济模式

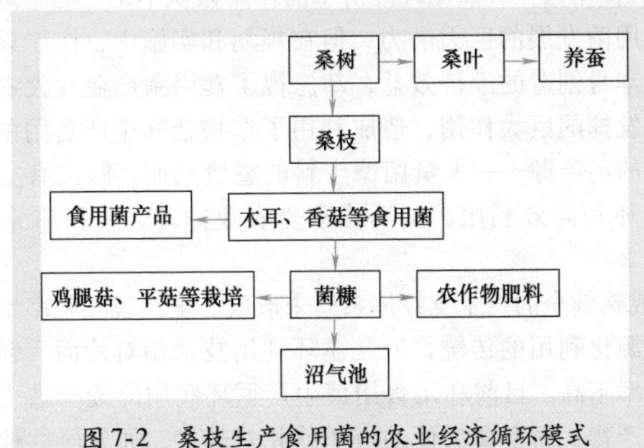

图7-2　桑枝生产食用菌的农业经济循环模式

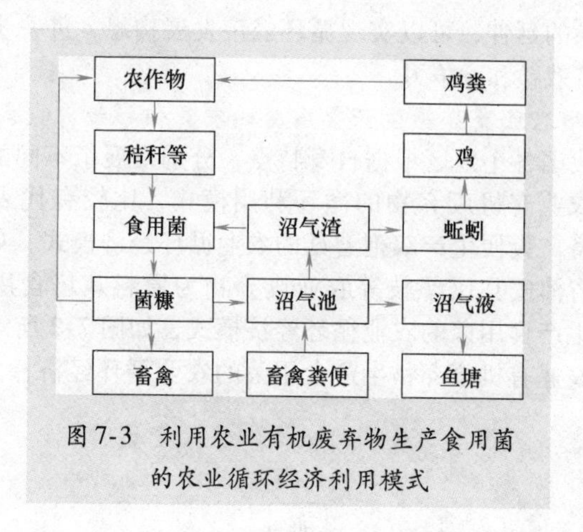

图 7-3 利用农业有机废弃物生产食用菌的农业循环经济利用模式

3. 利用农业有机废弃物种植食用菌发展农业循环经济存在的问题与对策

(1) 存在的问题

1) 人们对农业有机废弃物的价值认识不足。由于农业有机废弃物数量大、品质差、危害多，人们对农业有机废弃物的价值还存在一些消极的观念，没有把它放在整个社会循环系统中去考虑，导致在农业有机废弃物资源化利用过程中仍存在不少问题，阻碍了农业有机废弃物循环利用技术的发展、推广和应用。

2) 对食用菌在农业循环经济中的作用认识不足。有些地区早已认识到食用菌发展的巨大潜力，但在规划和实施中，往往只注重食用菌生产本身创造的经济效益，却忽视了食用菌产业在大农业生态循环中所发挥的巨大作用，造成利用了作物秸秆生产食用菌，却又要面对新的污染源——大量菌糠废料的尴尬局面。既没有实现资源的真正循环和高效利用，又不能享受农业循环经济所带来的多重效益。

3) 成熟健全的技术支撑体系尚未形成。虽然现在很多地方已有废弃物资源化利用的传统，但是循环利用技术相对片面，创新技术少，利用率不高。目前利用食用菌生产循环利用的废弃物主要是农作物的副产物，而畜禽粪便的应用就相对较少，如果通过种植粪草型食用菌，将发挥较大的经济效益。菌糠作为有机肥料时，如何合理地确定施用对象和施入量，以免浓度或施用比例过大，造成负面效应；还要考虑作物与菌糠之间是否存在一定的化学感应效应；菌糠作为饲料时应注意菌糠的品质、营养价值、饲养对象和其食用菌糠时间的长短等。

4）政府制定的有关扶持政策在一定程度上误导菇农。有些地方政府目前也出台一些有关的扶持政策，例如，每种植 $1m^2$ 粪草型菌（双孢蘑菇、草菇、姬松茸、大球盖菇等）政府补贴 10 元钱，在林地内每种植 $1m^2$ 的食用菌补贴 10 元等，但在种植过程中菇农不顾投料的多少而片面增加种植面积，造成了单位面积投料少、单位面积产量低、总产低（受外界气候影响大）、劳动量增大、投入增大等不良影响，极大地打击了菇农种菇的积极性，在一定程度上影响了食用菌行业的发展。

（2）对策

1）进一步提高食用菌产业循环经济模式的重要性。政府相关部门应深入了解食用菌产业的发展现状，了解食用菌产业在增加农民收入、发展循环农业方面的重要作用，深刻认识到食用菌产业是需要国家扶持的朝阳产业。大力提倡食用菌循环生产，大力推广循环生产技术，把食用菌循环经济模式中的循环利用视为新兴的产业来进行设计，大力发展再循环、再利用产业。

2）加强利用农业有机废弃物发展食用菌的农业循环经济技术研究。在食用菌的技术开发方面，应注重拓展食用菌的应用范围，加大对食用菌深加工技术的研究，实现食用菌生产的节能减排和循环高效利用，通过延伸循环型产业链，提升行业开发技术水平，使其不仅循环利用农业有机废弃物，而且还要作为一个新的产业链来推动农业循环经济的发展，扩大生态农业系统中的能量转化和物质循环的规模，提高农业的整体效益，同时促使食用菌产业在推进农业循环经济的过程中得以快速、健康发展。

3）加大农业循环经济技术的宣传力度。农业技术推广部门、各地食用菌协会除了推广食用菌生产技术外，还要把食用菌循环技术培训、宣传纳入日常的农业技术推广工作中，利用举办讲座、培训的机会宣传农业循环经济模式，让菇户能够认识到循环经济运用到

生产中对食用菌产业发展的重要促进作用，注重培养一批掌握成熟的农业循环经济技术的生产者，使普通菇农主动使用循环生产技术，逐步形成生产循环发展的观念，为食用菌产业的可持续发展奠定良好的科技基础。

4）完善农业循环经济的扶持政策。加大对食用菌产业龙头企业的扶持力度，让食用菌龙头企业集食用菌生产、深加工、废弃物处理等为一体，通过集约化处理食用菌菌渣，有效地降低菌渣处理成本，提高食用菌产品的市场竞争力。与此同时，还可以结合实际出台优惠政策吸引有条件的国内外企业进驻食用菌产业园区，融合循环经济理念，构建食用菌循环经济模式，最终实现食用菌循环经济模式的科学化、标准化与规模化。

利用农业有机废弃物发展食用菌产业是“低耗、高效、生态”的农业循环经济，合理利用食用菌营养特性的差异，多层次利用丰富的资源，成为建设环境友好型、资源节约型农业循环经济新的“增长点”，为建设社会主义新农村做出贡献。

附　　录

附录A　食用菌生产常用原料及环境控制对照表

表A-1　农作物秸秆及副产品化学成分（%）

	种类	水分	粗蛋白质	粗脂肪	粗纤维（含木质素）	无氮浸出物（可溶性碳水化合物）	粗灰分
秸秆类	稻草	13.4	1.8	1.5	28.0	42.9	12.4
	小麦秆	10.0	3.1	1.3	32.6	43.9	9.1
	大麦秆	12.9	6.4	1.6	33.4	37.8	7.9
	玉米秆	11.2	3.5	0.8	33.4	42.7	8.4
	高粱秆	10.2	3.2	0.5	33.0	48.5	4.6
	黄豆秆	14.1	9.2	1.7	36.4	34.2	4.4
	棉秆	12.6	4.9	0.7	41.4	36.6	3.8
	棉铃壳	13.6	5.0	1.5	34.5	39.5	5.9
	甘薯藤（鲜）	89.8	1.2	0.1	1.4	7.4	0.2
	花生藤	11.6	6.6	1.2	33.2	41.3	6.1
副产品类	稻壳	6.8	2.0	0.6	45.3	28.5	16.9
	统糠	13.4	2.2	2.8	29.9	38.0	13.7
	细米糠	9.0	9.4	15.0	11.0	46.0	9.6
	麦麸	12.1	13.5	3.8	10.4	55.4	4.8
	玉米芯	8.7	2.0	0.7	28.2	58.4	20.0
	花生壳	10.1	7.7	5.9	59.9	10.4	6.0
	玉米糠	10.7	8.9	4.2	1.7	72.6	1.9

（续）

	种类	水分	粗蛋白质	粗脂肪	粗纤维（含木质素）	无氮浸出物（可溶性碳水化合物）	粗灰分
副产品类	高粱糠	13.5	10.2	13.4	5.2	50.0	7.7
	豆饼	12.1	35.9	6.9	4.6	34.9	5.1
	豆渣	7.4	27.7	10.1	15.3	36.3	3.2
	菜饼	4.6	38.1	11.4	10.1	29.9	5.9
	芝麻饼	7.8	39.4	5.1	10.0	28.6	9.1
	酒糟	16.7	27.4	2.3	9.2	40.0	4.4
	淀粉渣	10.3	11.5	0.71	27.3	47.3	2.9
	蚕豆壳	8.6	18.5	1.1	26.5	43.2	3.1
	废棉	12.5	7.9	1.6	38.5	30.9	8.6
	棉仁粕	10.8	32.6	0.6	13.6	36.9	5.6
	花生饼	—	43.7	5.7	3.7	30.9	—
谷类、薯类	稻谷	13.0	9.1	2.4	8.9	61.3	5.4
	大麦	14.5	10.0	1.9	4.0	67.1	2.5
	小麦	13.5	10.7	2.2	2.8	68.9	1.9
	黄豆	12.4	36.6	14.0	3.9	28.9	4.2
	玉米	12.2	9.6	5.6	1.5	69.7	1.0
	高粱	12.5	8.7	3.5	4.5	67.6	3.2
	小米	13.3	9.8	4.3	8.5	61.9	2.2
	马铃薯	75.0	2.1	0.1	0.7	21.0	1.1
	甘薯	9.8	4.3	0.7	2.2	80.7	2.3
其他	血粉	14.3	80.4	0.1	0	1.4	3.8
	鱼粉	9.8	62.6	5.3	0	2.7	19.6
	蚕粪	10.8	13.0	2.1	10.1	53.7	10.3
	槐树叶粉	11.7	18.4	2.6	9.5	42.5	15.2
	松针粉	16.7	9.4	5.0	29.0	37.4	2.5

（续）

	种类	水分	粗蛋白质	粗脂肪	粗纤维（含木质素）	无氮浸出物（可溶性碳水化合物）	粗灰分
其他	木屑	—	1.5	1.1	71.2	25.4	—
	蚯蚓粉	12.7	59.5	3.3	—	7.0	17.6
	芦苇	—	7.3	1.2	24.0	—	12.2
	棉籽壳	—	4.1	2.9	69.0	2.2	11.4
	蔗渣	—	1.4	—	18.1	—	2.04

表 A-2　农副产品主要矿质元素含量

种类	钙（%）	磷（%）	钾（%）	钠（%）	镁（%）	铁（%）	锌（%）	铜/（mg/kg）	锰/（mg/kg）
稻草	0.283	0.075	0.154	0.128	0.028	0.026	0.002	—	25.8
稻壳	0.080	0.074	0.321	0.088	0.021	0.004	0.071	1.6	42.4
米糠	0.105	1.920	0.346	0.016	0.264	0.040	0.016	3.4	85.2
麦麸	0.066	0.840	0.497	0.099	0.295	0.026	0.056	8.6	60.0
黄豆秆	0.915	0.210	0.482	0.048	0.212	0.067	0.048	7.2	29.2
豆饼粉	0.290	0.470	1.613	0.014	0.144	0.020	0.012	24.2	28.0
芝麻饼	0.722	1.070	0.723	0.099	0.331	0.066	0.024	54.2	32.0
蚕豆麸	0.190	0.260	0.488	0.048	0.146	0.065	0.038	2.7	12.0
豆腐渣	0.460	0.320	0.320	0.120	0.079	0.025	0.010	9.5	17.2
酱渣	0.550	0.125	0.290	1.000	0.110	0.037	0.023	44.0	12.4
淀粉渣	0.144	0.069	0.042	0.012	0.033	0.016	0.010	8.0	—
稻谷	0.770	0.305	0.397	0.022	0.055	0.055	0.044	21.3	23.6
小麦	0.040	0.320	0.277	0.006	0.072	0.008	0.009	8.3	11.2
大麦	0.106	0.320	0.362	0.031	0.042	0.007	0.011	5.4	18.0
玉米	0.049	0.290	0.503	0.037	0.065	0.005	0.014	2.5	—
高粱	0.136	0.230	0.560	0.079	0.018	0.010	0.004	413.7	10.2
小米	0.078	0.270	0.391	0.065	0.073	0.007	0.008	195.4	15.6
甘薯	0.078	0.086	0.195	0.232	0.038	0.048	0.016	4.7	19.1

表 A-3　牲畜粪的化学成分（%）

类别		水分	有机质	矿物质	氮（N）	磷（P_2O_5）	钾（K_2O）
干粪	猪粪	—	82	—	3～4	2.7～4	2～3.3
	黄牛粪	—	90	—	1.62	0.7	2.1
	马粪	—	84	—	1.6～2	0.8～1.2	1.4～1.8
	牛粪	—	73	—	1.65～2.48	0.85～1.38	0.25～1
鲜粪	马粪	76.5	21	3.9	0.47	0.30	0.30
	黄牛粪	82.4	15.2	3.6	0.30	0.18	0.18
	水牛粪	81.1	12.7	5.3	0.26	0.18	0.17
	猪粪	80.7	17.0	3.0	0.59	0.46	0.43
	家禽	57	29.3	—	1.46	1.17	0.62
尿	马尿	89.6	8.0	8.0	1.29	0.01	1.39
	黄牛尿	92.6	4.8	2.1	1.22	0.01	1.35
	水牛尿	81.6	—	—	0.62	极少	1.60
	猪尿	96.6	1.5	1.0	0.38	0.10	0.99

表 A-4　各种培养料的碳氮比（C/N）

种　类	碳（%）	氮（%）	C/N
木屑	49.18	0.10	491.80
栎落叶	49.00	2.00	24.50
稻草	45.39	0.63	72.30
大麦秆	47.09	0.64	73.58
玉米秆	46.69	0.53	88.09
小麦秆	47.03	0.48	98.00
棉籽壳	56.00	2.03	27.59
稻壳	41.64	0.64	65.00
甘蔗渣	53.07	0.63	84.24
甜菜渣	56.50	1.70	33.24
麸皮	44.74	2.20	20.34

（续）

种　类	碳（%）	氮（%）	C/N
玉米粉	52.92	2.28	23.21
米糠	41.20	2.08	19.81
啤酒糟	47.70	6.00	7.95
高粱酒糟	37.12	3.94	9.42
豆腐渣	9.45	7.16	1.32
马粪	11.60	0.55	21.09
猪粪	25.00	0.56	44.64
黄牛粪	38.60	1.78	21.70
水牛粪	39.78	1.27	31.30
奶牛粪	31.79	1.33	24.00
羊粪	16.24	0.65	24.98
兔粪	13.70	2.10	6.52
鸡粪	14.79	1.65	8.96
鸭粪	15.20	1.10	13.82
纺织屑	59.00	2.32	22.00
沼气肥	22.00	0.70	31.43
花生饼	49.04	6.32	7.76
大豆饼	47.46	7.00	6.78

表 A-5　蘑菇堆肥材料配制方法

材　料	数量/kg	营养成分			
		碳/kg	氮/kg	碳氮比	磷/kg
稻草	400	181.56	2.52	72.05	0.3
干牛粪	600	438.00	9.90	44.24	5.1
尿素	6.73		3.10		

（续）

材　料	数量/kg	营养成分			
		碳/kg	氮/kg	碳氮比	磷/kg
硫酸铵	14.6		3.10		
合计		619.56	18.62	33.3	5.4

计算步骤：

1. 从表A-4查得，稻草含碳量45.39%，含氮量0.63%，计算出稻草中含碳素181.56kg，含氮素2.52kg。
2. 从表A-3中查得，干牛粪含碳量73%，含氮量1.65%，计算出干牛粪中含碳素438kg，含氮素9.90kg。
3. 主要材料中，碳素总含量为619.56kg，氮素总含量为12.42kg。蘑菇菌丝同化材料中的全部碳素，按照碳氮比为33.3计，需18.62kg，堆肥中尚缺氮素6.20kg。
4. 所缺氮素用尿素、硫酸铵补足。尿素含氮量为46%，硫酸铵含氮量为21.2%，按实氮量计，各用50%，需用尿素6.73kg，其中含氮素3.10kg；用硫酸铵14.6kg，其中含氮素3.10kg。
5. 从表A-2中查得，稻草含磷量为0.075%，从表A-3中查得，干牛粪含磷量为0.85%，分别计算堆肥中磷素含量共计5.4kg，约为堆肥材料的0.81%，其不足部分加入过磷酸钙补充。

表A-6　培养料含水量（一）

每100kg干料中加入的水/L	料水比（料:水）	含水量（%）	每100kg干料中加入的水/L	料水比（料:水）	含水量（%）
75	1:0.75	50.3	130	1:1.3	62.2
80	1:0.8	51.7	135	1:1.35	63.0
85	1:0.85	53.0	140	1:1.4	63.8
90	1:0.9	54.2	145	1:1.45	64.5
95	1:0.95	55.4	150	1:1.5	65.2
100	1:1	56.5	155	1:1.55	65.9
105	1:1.05	57.6	160	1:1.6	66.5
110	1:1.1	58.6	165	1:1.65	67.2
115	1:1.15	59.5	170	1:1.7	67.8
120	1:1.2	60.5	175	1:1.75	68.4
125	1:1.25	61.3	180	1:1.8	68.9

注：1. 风干培养料含结合水以13%计。

2. 含水量计算公式：$含水量（\%）=\frac{加水重量+培养料含结合水的量}{培养料干重+加入的水重量}\times 100\%$。

表 A-7　培养料含水量（二）

含水量（%）	料水比	含水量（%）	料水比	含水量（%）	料水比	含水量（%）	料水比	含水量（%）	料水比
15	1:0.176	31	1:0.449	47	1:0.885	63	1:1.703	79	1:3.762
16	1:0.190	32	1:0.471	48	1:0.923	64	1:1.777	80	1:4.000
17	1:0.205	33	1:0.493	49	1:0.960	65	1:1.857	81	1:4.263
18	1:0.220	34	1:0.515	50	1:1.000	66	1:1.941	82	1:4.556
19	1:0.235	35	1:0.538	51	1:1.040	67	1:2.030	83	1:4.882
20	1:0.250	36	1:0.563	52	1:1.083	68	1:2.215	84	1:5.250
21	1:0.266	37	1:0.587	53	1:1.129	69	1:2.226	85	1:5.667
22	1:0.282	38	1:0.613	54	1:1.174	70	1:2.333	86	1:6.143
23	1:0.299	39	1:0.639	55	1:1.222	71	1:2.448	87	1:6.692
24	1:0.316	40	1:0.667	56	1:1.272	72	1:2.571	88	1:7.333
25	1:0.333	41	1:0.695	57	1:1.326	73	1:2.704	89	1:8.091
26	1:0.350	42	1:0.724	58	1:1.381	74	1:2.846	90	1:9.100
27	1:0.370	43	1:0.754	59	1:1.439	75	1:3.000		
28	1:0.389	44	1:0.786	60	1:1.500	76	1:3.167		
29	1:0.408	45	1:0.818	61	1:1.564	77	1:3.348		
30	1:0.429	46	1:0.852	62	1:1.632	78	1:3.545		

注：1. 风干培养料，不考虑所含结合水。

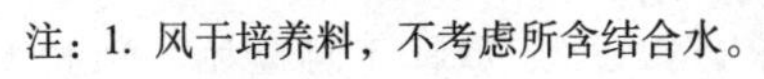

2. 计算公式：$含水量（\%）=\frac{（干料重+水重）-干料重}{总重量}\times 100\%$

表 A-8　培养料含水量（三）

要求达到的含水量（%）	每 100kg 干料应加入的水/L	料水比（料:水）	要求达到的含水量（%）	每 100kg 干料应加入的水/L	料水比（料:水）
50.0	74.0	1:0.74	58.0	107.1	1:1.07
50.5	75.8	1:0.76	58.5	109.6	1:1.10
51.0	77.6	1:0.78	59.0	112.2	1:1.12
51.5	79.4	1:0.79	59.5	114.8	1:1.15
52.0	81.3	1:0.81	60.0	117.5	1:1.18
52.5	83.2	1:0.83	60.5	120.3	1:1.20
53.0	85.1	1:0.85	61.0	123.1	1:1.23
53.5	87.1	1:0.87	61.5	126.0	1:1.26
54.0	89.1	1:0.89	62.0	128.9	1:1.29
54.5	91.2	1:0.91	62.5	132.0	1:1.32
55.0	93.3	1:0.93	63.0	135.1	1:1.35
55.5	95.5	1:0.96	63.5	138.4	1:1.38
56.0	97.7	1:0.98	64.0	141.7	1:1.42
56.5	100.0	1:1	64.5	145.1	1:1.45
57.0	102.3	1:1.02	65.0	148.6	1:1.49
57.5	104.7	1:1.05	65.5	152.2	1:1.52

注：1. 风干培养料含结合水的量以13%计。

2. 每100kg干料应加入的水计算公式：100kg干料应加入的水(L) = $\frac{含水量-培养料结合水的量}{1-含水率}$。

表 A-9　相对湿度对照表　　（%）

干球温度/℃	干球温度－湿球温度					干球温度/℃	干球温度－湿球温度				
	1℃	2℃	3℃	4℃	5℃		1℃	2℃	3℃	4℃	5℃
40	93	87	80	74	68	24	90	80	71	62	53
39	93	86	79	73	67	23	90	80	70	61	52
38	93	86	79	73	67	22	89	79	69	60	50
37	93	86	79	72	66	21	89	79	68	58	48
36	93	85	78	72	65	20	89	78	67	57	47
35	93	85	78	71	65	19	88	77	66	56	45
34	92	85	78	71	64	18	88	76	65	54	43
33	92	84	77	70	63	17	88	76	64	52	41
32	92	84	77	69	62	16	87	75	62	50	39
31	92	84	76	69	61	15	87	74	60	48	37
30	92	83	75	68	60	14	86	73	59	46	34
29	92	83	75	67	59	13	86	71	57	44	32
28	91	83	74	66	59	12	85	70	56	42	
27	91	82	74	65	58	11	84	69	54	40	
26	91	82	73	64	56	10	84	68	52		
25	90	81	72	63	55	9	83	66	50		

注：1 标准大气压＝101.325kPa。

表 A-10　光照强度与灯光容量对照表

光照强度/lx	白炽灯（普通灯泡）单位功率量/（W/m^2）	$20m^2$ 菇房灯光布置/W
1～5	1～4	25～80
5～10	4～6	80～120
15	5～7	100～140
20	6～8	120～160
30	8～12	160～240
45～50	10～15	160～300
50～100	15～25	300～500

注：勒克斯（lx），光照强度单位。等于 1 流明（lm）的光通量均匀照在 $1m^2$ 表面上所产生的度数。例：适宜阅读的光照强度为 60～100lx。

表 A-11　环境二氧化碳（CO_2）含量对人和食用菌的生理影响

二氧化碳含量（%）	人的生理反应	食用菌生理反应
0.05	舒适	子实体生长正常
0.1	无不舒适感觉	香菇、平菇、金针菇出现长菇柄
1.0	感觉到不适	典型畸形菇，柄长、盖小或无菌盖
1.55	短期无明显影响	子实体不发生（多数）
2.0	烦闷，气喘，头晕	子实体不发生（多数）
3.5	呼吸较为困难，很烦闷	子实体不发生（多数）
5.0	气喘，呼吸很困难，精神紧张，有时呕吐	子实体不发生（多数）
6.0	出现昏迷	子实体不发生（多数）

表 A-12　常用消毒剂的配制及使用方法

品名	使用浓度	配制方法	用　途	注意事项
乙醇	75%	95%乙醇75mL加水20mL	手、器皿、接种工具及分离材料的表面消毒 防治对象：细菌、真菌	易燃、防着火
苯酚（石炭酸）	3%~5%	95~97mL水中加入苯酚3~5g	空间及物体表面消毒 防治对象：细菌、真菌	防止腐蚀皮肤
来苏儿	2%	50%来苏儿40mL加水960mL	皮肤及空间、物体表面消毒 防治对象：细菌、真菌	配制时勿使用硬度高的水
甲醛（福尔马林）	5%或原液每立方米10mL熏蒸	40%甲醛溶液12.5mL加蒸馏水87.5mL	空间及物体表面消毒，原液加等量的高锰酸钾混合或加热熏蒸 防治对象：细菌、真菌	刺激性强，注意皮肤及眼睛的保护

（续）

品名	使用浓度	配制方法	用　　途	注意事项
新洁尔灭	0.25%	5%新洁尔灭50mL加蒸馏水950mL	用于皮肤、器皿及空间消毒 防治对象：细菌、真菌	不能与肥皂等阴离子洗涤剂同用
高锰酸钾	0.1%	高锰酸钾1g加水1000mL	皮肤及器皿表面消毒 防治对象：细菌、真菌	随配随用、不宜久放
过氧乙酸	0.2%	20%过氧乙酸2mL加蒸馏水98mL	空间喷雾及表面消毒 防治对象：细菌、真菌	对金属腐蚀性强，勿与碱性物品混用
漂白粉	5%	漂白粉50g加水950mL	喷洒、浸泡与擦洗消毒 防治对象：细菌	对服装有腐蚀和脱色作用，防止溅在服装上，注意皮肤和眼睛的保护
碘酒	2%~2.4%	碘化钾2.5g、蒸馏水72mL、95%乙醇73mL	用于皮肤表面消毒 防治对象：细菌、真菌	不能与汞制剂混用
升汞（氯化汞）	0.1%	取1g升汞溶于25mL浓盐酸中，加水1000mL	分离材料表面消毒	剧毒
硫酸铜	5%	取5g硫酸铜加水95mL	菌床上局部杀菌或出菇场地的杀菌 防治对象：真菌	不能储存于铁器中
硫黄	每立方米空间15~20g	直接点燃使用	用于接种和出菇场所空间熏蒸消毒 防治对象：细菌、真菌	先将墙面和地面喷水预湿，防止腐蚀金属器皿

（续）

品名	使用浓度	配制方法	用　途	注意事项
甲基托布津	0.1%或1:（500～800）倍	0.1%的水溶液	对接种钩和出菇场所空间喷雾消毒 防治对象：真菌	不能用于木耳类、猴头菇、羊肚菌的培养料中
多菌灵	1:1000倍拌料，或1:500倍喷洒	用0.1%～0.2%的水溶液	喷洒床畦消毒 防治对象：真菌、半知菌	不能用于木耳类、猴头菇、羊肚菌的培养料中
气雾消毒剂	每立方米2～3g	直接点燃熏蒸	接种室、培养室和菇房内熏蒸消毒	易燃，对金属有腐蚀作用

表 A-13　常用消毒剂的防治对象及使用方法

名　称	防治对象	用法与用量
甲醛	线虫	5%喷洒，每立方米喷250～500mL
石炭酸	害虫、虫卵	3%～4%的水溶液喷洒环境
漂白粉	线虫	0.1%～1%喷洒
二嗪农	菇蝇、瘿蚊	每吨料用20%的乳剂57mL喷洒
除虫菊酯类	菇蝇、菇蚊、蛆	见商品说明，3%乳油稀释500～800倍喷雾
磷化铝	各种害虫	每立方米9g密封熏蒸杀虫
鱼藤精	菇蝇、跳虫	0.1%水溶液喷雾
食盐	蜗牛、蛞蝓	5%的水溶液喷雾
对二氯苯	螨类	每立方米50g熏蒸
杀螨砜	螨类、小马陆弹尾虫	1:（800～1000）倍水溶液喷雾
溴氰菊酯	尖眼菌蚊、菇蝇、瘿蚊等	用2.5%药剂稀释300～400倍喷洒

附录 B 常见计量单位名称与符号对照表

量的名称	单位名称	单位符号
长度	千米	km
	米	m
	厘米	cm
	毫米	mm
	微米	μm
面积	公顷	ha
	平方千米（平方公里）	km^2
	平方米	m^2
体积	立方米	m^3
	升	L
	毫升	mL
质量	吨	t
	千克（公斤）	kg
	克	g
	毫克	mg
物质的量	摩尔	mol
时间	小时	h
	分	min
	秒	s
温度	摄氏度	℃
平面角	度	(°)
能量，热量	兆焦	MJ
	千焦	kJ
	焦［耳］	J

（续）

量的名称	单位名称	单位符号
功率	瓦［特］	W
	千瓦［特］	kW
电压	伏［特］	V
压力，压强	帕［斯卡］	Pa
电流	安［培］	A

参考文献

[1] 黄年来，林志彬，陈国良. 中国食药用菌学［M］. 上海：上海科学技术文献出版社，2010.

[2] 王世东. 食用菌［M］. 2 版. 北京：中国农业出版社，2010.

[3] 崔长玲，牛贞福. 秸秆无公害栽培食用菌实用技术［M］. 南昌：江西科学技术出版社，2009.

[4] 刘培军，张曰林. 作物秸秆综合利用［M］. 济南：山东科学技术出版社，2009.

[5] 陈清君，程继鸿. 食用菌栽培技术问答［M］. 北京：中国农业大学出版社，2008.

[6] 周学政. 精选食用菌栽培新技术 250 问［M］. 北京：中国农业出版社，2007.

[7] 张金霞，谢宝贵. 食用菌菌种生产与管理手册［M］. 北京：中国农业出版社，2006.

[8] 黄年来. 食用菌病虫诊治（彩色）手册［M］. 北京：中国农业出版社，2001.

[9] 郭美英. 中国金针菇生产［M］. 北京：中国农业出版社，2001.

[10] 陈士瑜. 菇菌生产技术全书［M］. 北京：中国农业出版社，1999.

[11] 刘崇汉. 蘑菇高产栽培 400 问［M］. 南京：江苏科学技术出版社，1995.

[12] 郑其春，陈荣庄，陆志平，等. 食用菌主要病虫害及其防治［M］. 北京：中国农业出版社，1997.

[13] 杭州市科学技术委员会. 食用菌模式栽培新技术［M］. 杭州：浙江科学技术出版社，1994.

[14] 牛贞福，刘敏，国淑梅. 秋季袋栽香菇菌棒成品率低的原因及提高成品率措施［J］. 食用菌，2012（2）：48-51.

[15] 牛贞福，刘敏，国淑梅. 冬季平菇生理性死菇原因及防止措施［J］. 北方园艺，2011（2）：180.

[16] 牛贞福，崔长玲，国淑梅. 夏季林地香菇地栽技术［J］. 食用菌，2010（4）：45-46.

[17] 牛贞福，国淑梅，崔长玲. 平菇绿霉菌的发生原因及防治措施［J］.

食用菌，2007（5）：56.

［18］牛贞福，刘敏．地沟棚金针菇优质高产栽培技术［J］．北方园艺，2008（8）：209-210.

［19］牛贞福，国淑梅，冀永杰，等．林地棉柴栽培双孢蘑菇技术要点［J］．食用菌，2013（6）：50-51.

［20］牛贞福，国淑梅．林地棉秆小畦覆厚料栽培双孢蘑菇高产技术［J］．食用菌，2013（1）：60-61.

［21］牛贞福，国淑梅．利用夏季闲置的蔬菜大棚和菇房栽培猪肚菇［J］．食药用菌，2012（6）：351-353.

［22］牛贞福，国淑梅．整玉米芯林地草菇栽培技术［J］．北方园艺，2012（11）：182-183.

［23］牛贞福，国淑梅．人工土洞大袋栽培鸡腿菇技术［J］．中国食用菌，2012（1）：60-62.